拒绝平庸，走向卓越

把“不可能”变为“可能”

绘本典藏版

没有想不到，只有做不到

MEIYOU XIANGBUDAO ZHIYOU ZUOBUDAO

连山 编著

江西美術出版社
全国百佳出版单位

图书在版编目（C I P）数据

没有想不到，只有做不到 / 连山编著. -- 南昌 : 江西美术出版社, 2017.7（2019.1重印）
ISBN 978-7-5480-5466-5

Ⅰ.①没… Ⅱ.①连… Ⅲ.①成功心理—通俗读物 Ⅳ.①B848.4-49

中国版本图书馆CIP数据核字(2017)第112542号

没有想不到，只有做不到

连山 编著

出 版：江西美术出版社
社 址：南昌市子安路66号 邮编：330025
电 话：0791-86566329
发 行：010-88893001
印 刷：深圳市彩美印刷有限公司
版 次：2017年10月第1版
印 次：2019年1月第2次印刷
开 本：880mm×1230mm 1/32
印 张：10
ISBN： 978-7-5480-5466-5
定 价：36.00元

前 言

无论是企业的经营，还是个人的发展，都是一个在不断开拓创新的思路中选择和变化的过程。思路是决定企业和个人成败的关键因素。思路不同，看待世界的视角不同，对待生活的心态不同，解决问题的方法不同，由此会产生截然不同的两种结局。思路错，则山穷水复；思路对，则柳暗花明。优秀者与平庸者的根本区别就在于他们是否能够主动寻找获得成功的好思路。优秀者能够不断思考，开拓创新，积极寻找新的思路突破人生中的一个个难题，最终取得成功；而平庸者墨守成规，缺乏思考，最终成为人生跑道上的落伍者。总之，企业经营没有思路不行，组织管理没有思路不行，个人生活工作没有思路不行……在逆境和困境中，有思路就有出路；在顺境和坦途中，有思路才有更大的发展。思路决定出路，有什么样的思路，就会有什么样的出路。对于普通人，思路决定自己一个人和一家人的出路；对于领导者，思路则决定一个组织、一个地方，乃至一个国家的出路。只有具备明确的思路，才能找到光明的出路。

现实生活中，我们常常会看到，那些思路灵活、善于思考的人，总是比别人强，他们能赚更多的钱，有不错的工作和良好的人际关系，身体健康，生活愉快，天天都过着高品质的生活，人生充满了无限的趣味。而那些缺乏思考、安于现状的人，虽然整天忙忙碌碌，却总是穷于应对人生，过着入不敷出、捉襟见肘的生活。

所以，贫穷的人与富足的人，他们的差别不只是钱，还在于贫穷的人生活在一种贫穷的思维中，而富足的人以特有的金钱观和行为模式，通过不懈的努力，让金钱为他们带来更多的金钱。每个人都有可能成为亿万富翁，在机遇面前人人都有机会。一生中，我们拥有许许多多选择人生的机会，关键在于我们的头脑中是否形成了正确的思路，并决心为之付出努力。一个善于开拓新思路的人，一定是一个善于发现机会和勇于开拓创新的人。能够努力寻找好的思路的人，比只会埋头苦干、不善思考的人更能获得成功，也更容易过上称心如意的生活。

这个世界上很多事情，只要你能找到正确的思路，并下定决心去做，就一定能做到。大多数人认为不可能的事，少数人做到了，因此成功的总是少数人。大多数人遇到比较困难的事，就觉得无论如何也做不到，于是打起退堂鼓回避问题，根本不去想有没有解决的办法。而那些取得成功的少数人不会被困难吓倒，他们总能迎难而上，积极思考，想办法克服困难。成功者之所以在众多的竞争者中一枝独秀，就是因为他们拥有出奇制胜的思路。人与人之间的差别，从根本上说就是自身思路的差异。

在竞争日趋激烈、节奏日益加快的今天，每天都会出现大量的错综复杂的问题，给人们的事业、工作、学习、生活等带来压力、障碍。要迅速有效地解决这些问题，就需要有正确的思路。正确的思路，是对错误滞后的思路的否定和突破，它可以帮助我们修正人生坐标，最大限度地发挥自身的潜能，高效地解决摆在面前的各种问题，冲破事业、生活等人生困局，在汹涌的时代大潮中立于不败之地。本书旨在帮助读者找到成功的思路、塑造成功的心态、掌握成功的方法，在现实中突破思维定式，克服心理与思想障碍，确立良好的解决问题的思路，提高处理、解决问题的能力，把握机遇，能为人之不能为，敢为人之不敢为，从而开启成功的人生之门。

目录
CONTENTS
没有想不到，只有做不到

第一篇 思路决定出路

第二篇 打好手中的坏牌

第三篇 只有想不到，没有做不到

第一篇

思路决定出路

PART 01

人生无处不套牢，思路决定出路

面对自我的困惑

人们常说“人贵有自知之明”，那就是既不高估自己，也不低估自己。认识到这一点容易，但要做到这一点，却非人人能及。

世上没有十全十美的人，有些缺点和性格是与生俱来并要带进坟墓的。只要看看那些伟大的成功者，你就能立即明白——他们都接受了自然的自我。

接受自己，对于正确地评价自我非常重要。纪伯伦曾在其作品里讲了一个狐狸觅食的故事。狐狸欣赏着自己在晨曦中的身影说：“今天我要用一只骆驼做午餐呢！”整个上午，它奔波着，寻找骆驼。但当正午的太阳照在它的头顶时，它再次看了一眼自己的身影，于是说：“一只老鼠也就够了。”狐狸之所以犯了两次相同的错误，与它选择“晨曦”和“正午的阳光”作为镜子有关。晨曦不负责任地拉长了它的身影，使它错误地认为自己就是万兽之王，并且力大无穷无所不能；而正午的阳光又让它对着自己缩小了的身影忍不住妄自菲薄。

大师笔下的这只狐狸与现实生活中的很多人十分相似。他们对自己的认识不足，过分强调某种能力或者凭空承认无能。在这种情况下，千万别忘了上帝为我们准备了另外一块镜子，这块镜子就是“反躬自省”，它可以使我们认识真实的自己。

尼采曾经说过：“聪明的人只要能认识自己，便什么也不会失去。”只有正确认识自己，才能正确确定人生的奋斗目标。只有有了正确的人生目标并充满自信地为之奋斗终生，才能此生无憾，即使不成功，也会无怨无悔。

思路突破：定位决定人生

一个人的发展在某种程度上取决于自己对自己的评价，这种评价有一个通俗的名词——定位。把自己定位成什么，你就是什么，因为定位能决定人生。

一个乞丐站在地铁出口处卖铅笔，一名商人路过，向乞丐杯子里投入几枚硬币，匆匆而去。过了一会儿，商人回来取铅笔，他说：“对不起，我忘了拿铅笔，因为你我毕竟都是商人。”几年后，商人参加一次高级酒会，遇见了一位衣冠楚楚的先生向他敬酒致谢。这位先生说，他就是当初卖铅笔的乞丐。他生活的改变，得益于商人的那句话：你我都是商人。故事告诉我们：当你定位于乞丐，你就是乞丐；当你定位于商人，你就是商人。

定位概念最初是由美国营销专家里斯和屈特于1969年提出的，当时他们的观点是，商品和品牌只有在潜在的消费者心中占有位置，企业经营才会成功。随后定位的外延扩大了，大至国家、企业，小至个人、项目等，均存在定位的问题，事关成败兴衰。

汽车大王福特自幼帮父亲在农场干活，12岁时，他就在头脑中构想如何用能够在路上行走的机器代替牲口和人力，而父亲和周围的人都要他在农场做助手。若他真的听从了父辈的安排，世间便少了一位伟大的工业家，但福特坚信自己可以成为一名机械师。于是他用1年的时间完成了其他人需要3年的机械师训练，随后又花2年多的时间研究蒸汽原理，试图实现他的目标，未获成功；后来他又投入到汽油机研究上来，每天都梦想制造一部汽车。他的创意被大发明家爱迪生所赏识，邀请他到底特律公司担任工程师。经过10年努力，在29岁时，福特成功地制造了第一部汽车引擎。今天在美国，每个家庭都有一部以上的汽车，底特律成为美国最大的工业城市之一，也是福特的财富之都。福特的成功，不能不归功于他定位的正确和不懈的努力。

反过来说，就算你给自己定位了，如果定的不切实际，或者没有一种健康的心态，也不会取得成功。

心中的瓶颈

希拉斯·菲尔德先生退休的时候已经积攒了一大笔钱，然而他忽发奇想，想在大西洋的海底铺设一条连接欧洲和美国的电缆。随后，他就开始全身心地推动这项事业。前期的基础性工作包括建造一条长约1600千米、从纽约到纽芬兰圣约翰的电报线路。纽芬兰长约640千米的电报线路要从人迹罕至的森林中穿过，所以，要完成这项工作不仅包括建一条电报线路，还包括建同样长的一条公路。此外，还包括穿越布雷顿角全岛共700千米长的线路，再加上铺设跨越圣劳伦斯海峡的电缆，整个工程十分浩大。

菲尔德使尽浑身解数，总算从英国政府那里得到了资助。然而，他的方案在议会上遭到了强烈的反对，在上院仅以一票的优势获得多数通过。随后，菲尔德的铺设工作就开始了。电缆一头搁在停泊于塞巴斯托波尔港的英国旗舰“阿伽门农”号上，另一头放在美国海军新造的豪华护卫舰“尼亚加拉”号上，不过，就在电缆铺设到8千米的时候，它突然被卷到了机器里面，被弄断了。菲尔德不甘心，进行了第二次试验。在这次试验中，在铺到320千米长的时候，电流突然中断了，船上的人们在甲板上焦急地踱来踱去。就在菲尔德先生即将命令割断电缆，放弃这次试验时，电流突然又神奇地出现了，一如它神奇地消失一样。夜间，船以每小时约6.5千米的速度缓缓航行，电缆的铺设也以每小时约6.5千米的速度进行。这时，轮船突然发生了一次严重倾斜，制动器紧急制动，不巧又割断了电缆。

但菲尔德并不是一个容易放弃的人。他又订购了1100千米的电缆，而且还聘请了一个专家，请他设计一台更好的机器，以完成这么长的铺设任务。后来，英美两国的科学家联手把机器赶制出来。最终，两艘军舰在大西洋上会合了，电缆也接上了头；随后，两艘船继续航行，一艘驶向爱尔兰，另一艘驶向纽芬兰，结果它们都把电线用完了。两船分开不到4.8千米，电缆又断开了；再次接上后，两船继续航行，到了相隔约13千米的时候，电流又没有了。就这样，电缆第三次接上后，铺了320千米，在距离“阿伽门农”号6米处又断开了，两艘船最后不得不返回爱尔兰海岸。

参与此事的很多人都泄了气，公众舆论也对此流露出怀疑态度，投资者也对这一项目丧失了信心，不愿再投资。这时候，如果不是菲尔德先生百折不挠的精神，不是他天才的说服力，这一项目很可能就此放弃了。菲尔德继续为此日夜操劳，甚至到了废寝忘食的地步，他绝不甘心失败。于是，第三次尝试又开始了，这次总算一切顺利，全部电缆铺设完毕，而没有任何中断，几条消息也通过这条漫长的海底电缆发送了出去，一切似乎就要大功告成了，但突然电流又中断了。

这时候，除了菲尔德和他的一两个朋友外，几乎没有人不感到绝望。但菲尔德仍然坚持不懈地努力，他最终又找到了投资人，开始了新的尝试。他们买来了质量更好的电缆，这次执行铺设任务的是“大东方”号，它缓缓驶向大洋，一路把电缆铺设下去。一切都很顺利，但最后在铺设横跨纽芬兰960千米电缆线路时，电缆突然又折断了，掉入了海底。他们打捞了几次，但都没有成功。于是，这项工作就耽搁了下来，而且一搁就是1年。

这一切困难都没有吓倒菲尔德。他又组建了一个新的公司，继续从事这项工作，而且制造出了一种性能远优于普通电缆的新型电缆。1866年7月13日，新的试验又开始了，

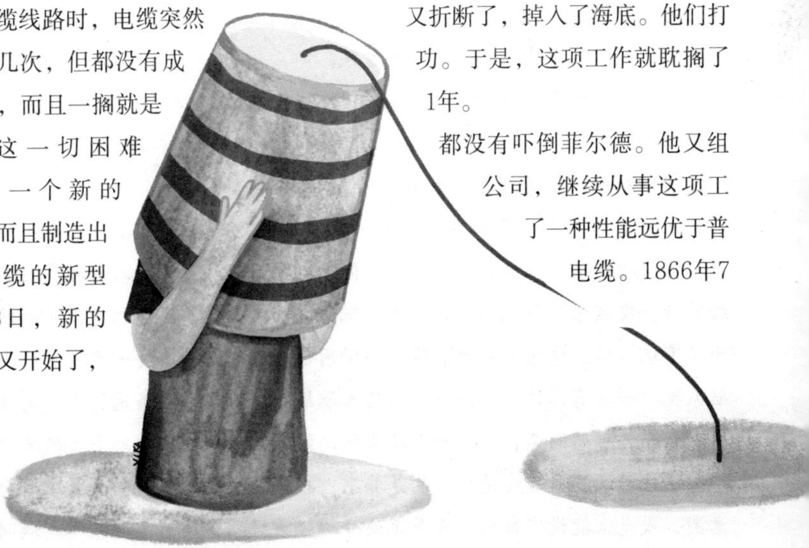

并顺利接通、发出了第一份横跨大西洋的电报！电报内容是：“7月27日。我们晚上9点到达目的地，一切顺利。感谢上帝！电缆都铺好了，运行完全正常。希拉斯·菲尔德。”不久以后，原先那条落入海底的电缆被打捞上来了，重新接上，一直连到纽芬兰。现在，这两条电缆线路仍在使用，而且再用几十年也不成问题。

思路突破：打破心中的瓶颈

几年前，举重项目之一的挺举项目中，有一种“500磅（约227千克）瓶颈”的说法，也就是说，以人的体力而言，500磅是很难超越的瓶颈，当时没有一个运动员能突破这个重量。一次，499磅的纪录保持者巴雷里比赛时所举的杠铃，由于工作人员的失误，实际上超过了500磅。这个消息发布之后，世界上有6位举重高手也紧接着举起了一直未能突破的500磅杠铃。

有一位撑竿跳的选手，一直苦练都无法越过某一个高度。他失望地对教练说：“我实在是跳不过去。”

教练问：“你心里在想什么？”

他说：“我一冲到起跳线时，看到那个高度，就觉得跳不过去。”

教练告诉他：“你一定可以跳过去。把你的心从竿上摔过去，你的身子也一定会跟着过去。”

他撑起竿又跳了一次，果然跃过了。

心，可以超越困难，可以突破阻挠；心，可以粉碎障碍，终会达成你的期望。

所谓瓶颈，其实只是心理作用。你的心中有瓶颈吗?

人的生活罗盘经常失灵，日复一日，有很多人在迷宫般的、无法预测也乏人指引的茫茫职场中失去了方向。他们不断触礁，可是别人却技高一筹地继续航行，安然应对每天的挑战，平安抵达成功的彼岸。为了维持正确的航线，为了不被沿路上意想不到的障碍和陷阱困住或吞噬，你需要一个可靠的内部导航系统。一具有用的罗盘，将为你陷入职场困境时指引一条通往成功的康庄大道。然而，可悲的是，太多的人从未抵达终点，因为他们借助失灵的罗盘来航行。这坏掉的罗盘可能是扭曲的是非感，或是蒙蔽的价值观，或是自私自利的意图，或是未能设定目标，或是无法分辨轻重缓急，简直不胜枚举。聪明人利用罗盘，可以获致恒久的成功。有智慧的卓越人士，选择可靠的路线，坚定地向前行进，可以渡过难关，安抵终点。

青蛙的处境

有一只青蛙生活在井里，那里有充足的水源。它对自己的生活很满意，每天都在欢快地歌唱。

有一天，一只鸟儿飞到这里，便停下来在井边歇歇脚。青蛙主动打招呼说："喂，你好，你从哪里来啊？"

鸟儿回答说："我从很远很远的地方来，而且还要到很远很远的地方去，所以感觉很劳累。"

青蛙很吃惊地问："天空不就是那么大点吗？你怎么说是很遥远呢？"

鸟儿说："你一生都在井里，看到的只是井口大的一片天空，怎么能够知道外面的世界呢？"

青蛙听完这番话后，惊讶地看着鸟儿，一脸茫然和失落的样子。

这是一个我们早已熟知的故事，或许你会感到好笑，但在现实生活中，仍可以见到许许多多的"井底之蛙"陶醉在自我的狭小领域中。这种自以为是的自足自得，只会导致眼光的短浅和心胸的狭隘。信息的落后和自我张狂会让自己和现实离得越来越远。特别是在竞争日趋激烈的今天，故步自封和过度的自我满足只会让你的世界越来越小，并时刻有被淘汰的危险。因此，每个人都应该走出"小我"，积极地提升自身的能力，开阔自己的视野，这样才能在汹涌的时代大潮中立于不败之地。

下面，我们再讲一个有关于青蛙的故事。在19世纪末，美国康乃尔大学做过一次有名的青蛙实验。他们把一只青蛙冷不防丢进煮沸的油锅里，在那千钧一发的生死关头，青蛙用尽全力，一下就跃出了那势必使它葬身的滚烫的油锅，跳到锅外的地面上，安全逃生。

半小时后，他们使用同样的锅，在锅里放满冷水，然后又把那只死里逃生的青蛙放到锅里，接着用炭火慢慢烘烤锅底。青蛙悠然地在水中享受"温暖"，等它感觉到承受不住水的温度，必须奋力逃命时，却发现为时已晚，欲

跃无力。青蛙全身瘫痪，终于葬身在热锅里。

在生活中，我们随处可以看到，许多人安于现状，不思进取，在浑浑噩噩中度日，害怕面对不断变化的环境，更不愿增强自己的本领，去发挥自身的优势以适应变化。最终在安逸中消磨了所有的生命能量。

思路突破：更高的目标为生命增色

不少人会有这样的体验，虽然每天准时上班，每天按计划完成该做的事，但总觉得生活得呆板，缺乏活力。似乎该做的事都已经做了，生活中再也找不到还能去做选择和努力的地方。曾经就有这样一个人们一致公认的成功人士，竟爬上楼顶，从上面跳了下去。

问题出在哪里？从表面上看，他是因为反复循着同样的生活方式，没有新鲜的感受，没有新的创意，产生了厌倦和疲劳，身心感到耗竭。

再往更深的层次看，也许是目标定得不够高，成功后就再看不到更高的奋斗目标了；也许有着不切实际的预期。这样，无论他的学业、事业多么成功，都无法达到预期的要求；也许是认识不到自己工作的成就和价值；也许是把自己的目标定得太窄，于是生活变得刻板，没有生气。

美国的本杰明·富兰克林（1706～1790）是举世闻名的政治家、外交家、科学家和作家。他的多方面才能令人惊叹：他4次当选宾夕法尼亚州的州长；他制订出《新闻传播法》；他发明了口琴、摇椅、路灯、避雷针、两块镜片的眼镜、颗粒肥料；他设计了富兰克林式的火炉和夏天穿的白色亚麻服装；他最先组织消防厅；他首先组织道路清扫部；他是政治漫画的创始人；他是出租文库的创始人；他是美国最早的警句家；他是美国第一流的新闻工作者，也是印刷工人；他创设了近代的邮信制度；他想出了广告用插图；他创立了议员的近代选举法；他的自传是世界上所有自传中最受欢迎的自传之一，仅在英国和美国就重印了数百版，现在仍被广泛阅读……

诚然，像富兰克林这样敢于尝试，并在各方面都显示出卓越才能的人是少见的。可是，这也足以说明：只要愿意，人无所不能。作为普通人，虽然我们不可能在各方面都有所建树，但如果我们敢于求新求变，试着涉足更广阔的领域，即使不能成名立万，也会使生活变得更加丰富多彩。长期单调乏味的生活常常会使最有耐性的人也觉得忍无可忍，读到这里，你完全应该相信：你还可以做好很多事情。

人生无处不套牢

在股市猛地热了起来的时候，有个词的使用频率突然增高，这便是——套牢。许多人被股市赚钱的光环所诱惑而奋不顾身地跳了进去，谁知股价非但不涨反而直线下跌，这就是被套牢了。凡是玩股票的人，没有一个喜欢自己被套牢的。可是大凡玩股票的人，没有一个幸免于此。

股市真可谓是人生大课堂。收市之后，你如果将眼光放得远一点，会忽然发现，人生真是无处不套牢。生而为人，出生前就被子宫套牢了。后来，上学了被学校套牢，工作了被单位套牢，结婚了被家庭套牢，死了被骨灰盒套牢。

说起来，人总是有一点贱，有些套子是自己钻的。股票是自己要买的，婚是自己要结的，国是自己要出的，儿子是自己要生的。假如买不到股票，人是会抱怨的；假如生不出儿子，人是会沮丧的；假如出不了国，人是会恼火的。有朋友终于拿到了绿卡，却立即愁眉苦脸起来，说是原本穷学生一个，万事没有关系，而现在要以一个美国人的标准来要求自己，车是什么档次的车，房子是什么档次的房子，衣服是什么衣服，工作是什么工作，凡此种种，不一而足，原来绿卡也是个圈套。这么一说，做人就难了。得到了朝思暮想的东西还要犯愁，甚至更愁，人生真是很无奈。

仔细想想，人又不能没有一点东西将自己套牢。过于自由，心里就空落落的，魂不守舍，食不甘味，这种那种的孤独就要来咬人。人不是被这个套牢，就是被那个套牢，一套接着一套，彻底的孤鬼儿一个是不可想象的。

而人要套自己是最无可救药的。有一个人热爱炒股，小有进账。然而他总是拨起算盘算自己理论上应该赚多少，而实际上少赚了多少，这样算来算去反而更不快乐。友人劝他何苦和自己过不去，留得“生命”在，还怕没钱赚？他觉得这话是对的，但心里忍不住还是惦记那飞走的铜钱。唉！不知道是人套钱，还是钱套人，天下的傻瓜们啊！

思路突破：人生不应该有太多负荷

人生不应该有太多的牵累与负荷。现在拥有的，我们应该珍惜；已经失去的，也没必要再为之哭泣。只要还有一颗乐观向上的心，人生就一定会一路充满阳光。

尤利乌斯是一个画家，而且是一个很不错的画家。他画快乐的世界，因为他自己就是一个快乐的人。不过没人买他的画，因此他想起来会有点伤感，但只是一会儿。

“玩玩足球彩票吧！”他的朋友们劝他，“只花2马克便可赢很多钱！”

于是尤利乌斯花2马克买了一张彩票，并真的中了彩！他赚了50万马克。

“你瞧！”他的朋友都对他说，“你多走运啊！现在你还经常画画吗？”

“我现在就只画支票上的数字！”尤利乌斯笑道。

尤利乌斯买了一幢别墅并对它进行了一番装饰。他很有品位，买了许多好东西：阿富汗地毯、维也纳橱柜、佛罗伦萨小桌、迈森瓷器，还有古老的威尼斯吊灯。

尤利乌斯很满足地坐下来，点燃一支香烟静静地享受他的幸福。突然，他感到好孤单，便想去看看朋友。如同在原来那个石头做的画室里一样，他把烟往地上一扔，然后就出去了。

燃烧着的香烟躺在地上，躺在华丽的阿富汗地毯上……一个小时以后，别墅变成一片火的海洋，它完全烧没了。

朋友们很快就知道了这个消息，他们都来安慰尤利乌斯。

“尤利乌斯，真是不幸呀！”他们说。

“怎么不幸了？”他问。

“损失呀！尤利乌斯，你现在什么都没有了。”

“什么呀？不过是损失了2个马克。”

荒芜的花园

每个人心中都有一座美丽的大花园。如果我们愿意让别人在此种植快乐，同时也让这份快乐滋润自己，那么我们心灵的花园就永远不会荒芜。

罗曼太太是美国的一位贵妇人，她在亚特兰大城外修了一座花园。花园又大又美，吸引了许多游客，他们毫无顾忌地跑到罗曼太太的花园里玩耍。

年轻人在绿草如茵的草坪上跳起了欢快的舞蹈；小孩子扎进花丛中捕捉蝴蝶；老人蹲在池塘边垂钓；有人甚至在花园当中支起了帐篷，打算在此度过他们浪漫的盛夏之夜。罗曼太太站在窗前，看着这群快乐得忘乎所以的人们，看着他们在属于她的园子里尽情地唱歌、跳舞、欢笑。她非常生气，就叫仆人在园门外挂了一块牌子，上面写着：“私人花园，未经允许，请勿入内。”可是这样做并不管用，那些人还是成群结队地走进花园。罗曼太太只好让她的仆人前去阻拦，结果发生了争执，有人竟拆走了花园的篱笆墙。

后来罗曼太太想出了一个绝妙的主意，她让仆人把园门外的那块牌子取下来，换上了一块新牌子，上面写着：“欢迎你们来此游玩。为了安全起见，本园的主人特别提醒大家：花园的草丛中有一种毒蛇，如果哪位不慎被蛇咬伤，请在半小时内采取紧急救治措施，否则性命难保。最后告诉大家，离此地最近的一家医院在威尔镇，驱车大约50分钟即到。”

这真是一个绝妙的主意，那些贪玩的游客看了这块牌子后，对这座美丽的花园望而却步了。可是几年后，有人再到罗曼太太的花园去，却发现那里因为园子太大，走动的人太少而真的杂草丛生，毒蛇横行，几乎荒芜了。孤独、寂寞的罗曼太太守着她的大花园，她非常怀念那些曾经来她的园子里玩的快乐的游客。

篱笆墙是农家用来把房子四周的空地围起来的类似栅栏的东西，有的上面还有荆棘。篱笆墙的存在是向别人表示这是属于自己的“领地”，要进入必须征得自己的同意。罗曼太太用一块牌子为自己筑了一道特别的“篱笆墙”，随时防范别人的靠近。这道看不见的篱笆墙就是自我封闭。

自我封闭，顾名思义就是把自我局限在一个狭小的圈子里，与外界断绝交流与接触。自我封闭的人就像契诃夫笔下的套中人一样，把自己严严实实地包裹起来，因此很容易陷入孤独与寂寞之中。自我封闭的人在情绪上

的显著特点是情感淡漠，不能对别人给予的情感表达做出恰当的反应。在这些人脸上，很少看到笑容，总是一副冷冰冰、心事重重的样子。这无形之中就告诉周围的人：我很烦，请别靠近我！周围的人自然也就退避三舍，敬而远之。不难想象，一个自我封闭的人要获得巨大的成功该是多么的艰难！由此，自我封闭者要正视现实，要勇敢地介入社会生活，找机会多接触和了解他人，在与他人的交往中获得益处。

思路突破：别让自己成为孤岛

合群就是与别人合得来。合群作为一种性格特征，具有既能够接受别人，同时也能被人接受的社会适应性特点。合群的人乐于与人交往，他们不封闭自己，愿意向别人敞开心扉。同时，合群的人往往是善解人意、热情友好的，他们在与人相处时，正面的态度（如尊敬、信任、喜悦等）多于反面的态度（如仇恨、嫉妒、怀疑等）。因此，他们能建立和谐的人际关系，有较多的知心朋友。

但是，生活中也确实常有些人过于自我封闭，他们或自命清高，不善于交往；或过于自卑，缺乏积极从事交往活动的勇气，总以为别人瞧不起自己。

心理学家指出，这种自我封闭的性格有碍于建立和谐的人际关系，因而不适应现代社会生活的需要，同时还会使人在心理上缺乏安全感和归属感，形成退缩感和孤独感，从而也有碍于人的身心健康。

那么，究竟怎样才能改变自我封闭的性格呢？

★学会关心别人

如果你期望被人关心和喜爱，你首先得关心别人和喜爱别人。关心别人，帮助别人克服困难，不仅可以赢得别人的尊重和喜爱，而且，由于你的关心引起了别人的积极反应，会给你带来满足感，并增强你与人交往的自信心。

★学会正确评价自己

古语说："人贵有自知之明。"在人际交往中，你对自己的认识越正确，你的行为就越自然，表现也越得体，结果也就越能获得别人的肯定，这种评价对于克服自我封闭的心理障碍是十分有利的。

★学会一些交际技能

如果你在与人交往时总是失败，那么由此而引起的消极情绪当然会影响你的合群性格。如果你能多学习一点交往的艺术，自然有助于交往的成功。例如，多掌握几种文体活动技能，如跳舞、打球之类，你会发现自己在许多场合都会成为受人欢迎的人。

★保持人格的完整性

《礼记》中说："水至清则无鱼，人至察则无徒。"与人相处时，当然不应苛求别人，而应当采取随和的态度，但那是有限度的。因为随和不是放弃原则，迁就亦非予取予求。如果那样，根本不会得到别人的信任和尊重，也就无法使自己合群了。

保持人格完整的最好办法，是在平素的待人接物中，把自己的处事原则明白地表现出来，让别人知道你是怎样一个人。这样，别人就会知道你的作风，而不会勉为其难地要你做你不愿做的事，而你也不会因需要经常拒绝别人而影响彼此间的关系了。

★学会和别人交换意见

合群性格的形成有赖于良好的人际关系，而良好的人际关系肇始于相互的了解，人与人之间的相互了解又要靠彼此在思想上和态度上的沟通。因此，经常找机会与别人谈谈话，聊聊天，讨论某些问题，交换一些意见是十分必要的。

PART 02 心态成就一切

冷漠是堵心墙

一位建筑设计大师一生杰作无数，阅历丰富，但他最大的遗憾，正如人们批评的那样，就是把城市空间分割得支离破碎，楼房之间的绝对独立加速了都市人情的冷漠。过完70岁寿辰，大师意欲封笔，而在封笔之作中，他想打破传统的楼房设计形式，力求在住户之间开辟一条交流和交往的通道，使人们的生活充满大家庭般的欢乐与温馨。

一位颇具胆识和超前意识的房地产商很赞同他的观点，出巨资请他设计。作品果然不同凡响。然而，大师的全新设计叫好不叫座。社会上炒得火热，市场反应却非常冷淡，乃至创出了楼市新低。

房地产商急了，急命市场调研。调研结果出来，让人大跌眼镜：人们不肯掏钱买房的原因，是嫌这样的设计虽然令人耳目一新，但邻里之间交往多了，不利于处理相互间的关系；在这样的环境里，活动空间大了，孩子们却不好看管；还有，空间一大，人员复杂，对防盗之类的事也十分不利……

大师听到反馈，心中痛惜不已：我只识图纸不识人，这是我一生中最大的败笔。

我们可以拆除隔断空间的砖墙，但谁又能拆除人与人之间坚厚的心墙？

心墙不除，人心会因为缺少氧气而枯萎，人会变得忧郁、孤寂。爱是医治心灵创伤的良药，爱是心灵得以健康生长的沃土。爱，以和谐为轴心，放射出温馨、甜美和幸福。爱把宽容、温暖和幸福带给了亲人、朋友、家庭和社会。

当你孤独时，你会获得许多关于爱的美丽传说；当你陷入困境时，你会得到许多充满爱心的人的关怀和帮助。有两个重病人同住在一间病房里，房子很小，只有一扇窗子可以看见外面的世界。其中一个病人的床靠着窗，他每天下午可以在床上坐1个小时，另外一个人则终日都得躺在床上。

靠窗的病人每次坐起来的时候，都会描绘窗外的景致给另一个人听。从窗口可以看到公园的湖，湖内有鸭子和天鹅，孩子们在那儿撒面包片，放模型船，年轻的恋人在树下携手散步，人们在绿草如茵的地方玩球嬉戏，头顶上则是美丽的天空。

另一个人倾听着，享受着每一分钟。一个孩子差点跌到湖里，一个美丽的女孩穿着漂亮的夏装……病友的诉说几乎使他感觉到自己亲眼目睹了外面发生的一切。

在一个晴朗的午后，他心想：为什么睡在窗边的人可以独享外面的风景呢？为什么我没有这样的机会？他觉得不是滋味，而且越是这么想，就越想换位子。这天夜里，他盯着天花板想着自己的心事，另一个人忽然惊醒了，拼命地咳嗽，一直想用手按铃叫护士进来。但这个人只是旁观而没有帮忙，他感到同伴的呼吸渐渐停止了。第二天早上护士来时，那人已经死去，他的尸体被静静地抬走了。

过了一段时间，这人开口问，他是否能换到靠窗户的那张床上。他们搬动他，将他换到了那张床上，他感觉很满意。人们走后，他用肘撑起自己，吃力地往窗外望……

窗外只有一堵雪白的墙。

如果这个人不起恶念，在晚上按铃帮助另一个人，他还可以听到美妙的窗外故事。可是现在一切都晚了，他看到的是什么呢？不仅是自己心灵的丑恶，还有窗外的白墙——一堵冷漠的心墙。几天之后，他在自责和忧郁中死去。命运对每一个人都是公平的，窗外有土也有星，就看你能不能磨砺一颗坚强的心，一双智慧的眼，透过岁月的风尘寻觅到灿烂的星星。

思路突破：与人分享幸福和快乐

如果一个人有充足的理由去抱怨他的不幸的话，这个人一定是海伦·凯勒。海伦出生时便是聋、哑、盲者，她被剥夺了同她周围的人进行正常交际的能力，只有她的触觉能帮助她把手伸向别人，体验爱别人和被他人所爱的幸福。

但是，由于一位虔诚而伟大的教师向海伦伸出了友爱之手，这位小姑娘终于成了一个欢乐、幸福、成绩卓越的女性。海伦小姐曾经写道：任何人出于他的善良的心，说一句有益的话，发出一次愉快的笑，或者为别人铲平粗糙不平的路，这样的人就会感到欢欣是他自身极其亲密的一部分，以致使他终身追求这种欢欣。

海伦·凯勒正是同别人分享了优良而称心的东西，从而使自己得到更大的快慰。与别人分享的东西愈多，你获得的东西就越多。

曾有这样一个小孩，他实在是一个极为孤独而不幸的小孩。他出生时，脊柱拱起，呈怪异的驼峰状，而且他的左腿弯曲。

这个孩子的家庭很穷。在他还不满1岁的时候，他的母亲辞世了。他慢慢长大，但别的孩子都避开他，因为他身体畸形，而且他无法令人满意地参加孩子们的活动。这个孩子名叫查理·斯坦梅兹，一个孤独不幸的儿童。

但是上天并没有忽视这个儿童。为了补偿他身体的畸形，他被赐予了非凡的敏锐和聪慧。查理5岁时能做拉丁语动词变位，7岁时学习了希腊语，并懂得了一些希伯来语，8岁时就精通了代数和几何。

在大学里，查理的每门功课都胜人一筹。在毕业时，他用储蓄的钱租用了一套衣服，准备参加毕业典礼。但在消极心态的影响下，人们常常考虑不周，这所大学的当局在布告栏里贴了一个通告，免除查理参加毕业典礼的资格。

这件事使查理不再努力让人们尊敬他，而去努力培养同人们的友谊。为了实践自己的理想，他来到了美国。

在美国，查理四处寻找工作。由于其貌不扬，他多次受到冷遇。最后，他终于在通用电气公司谋到了一份工作，当绘图员，周薪12美元。除了完成规定的工作外，他还花很多时间研究电气，并努力培养和同事之间的友谊。

查理工作努力，成绩显著。他一生获得了200多种电气发明的专利权，写了许多关于电气理论和工程的书籍和论文。他懂得做好了工作便会得到赞赏，也懂得做出了贡献，便会使这个世界更有价值。他积累财富，买了一所房子，并让他所认识的一对青年夫妇和他同享这所房子。这样，查理过上了幸福的生活。

别跟自己过不去

在宁静的生活中，大多数人都是富有爱心的，充满宽容的。如果你犯了错，而且真诚地请求宽恕，绝大多数人不仅会原谅你，还会把这事儿忘得一干二净，使你再次面

对他们时一点愧疚感也没有。我们这种亲切的态度对所有人都一样，没有人种、地域、民族的分别，但就只对一个人例外。谁？没错，就是我们自己。

可能有人会怀疑："人类不都是自私的吗？怎么可能严以律己，宽以待人？"是的，人总是会很容易原谅自己，不过，这只是表面上的饶恕而已，在深层的思维里，我们一定会反复地自责："为什么我会那么笨？当时要是细心一点就好了。"

如果你还不相信，请再想想自己有没有犯过严重的错误，如果有，那你一定仍在耿耿于怀，并没真正忘了它。表面上你原谅了自己，实际上你将自责收进了潜意识里。我们可以对他人这么宽大，难道自己就没有资格获得这种仁慈的待遇吗？

没错，我们是犯了错。但除了上帝之外，谁能无过？犯错只表示我们是平常之人，不代表就该承受地狱般的折磨。我们唯一能做的只是正视这种错误的存在，在错误中学习，以确保未来不会发生同样的憾事。接下来就应该获得绝对的宽恕，然后就得把它忘了，继续往前行进。

犯错对任何人而言，都不是一件愉快的事情。一个人遭受打击的时候，难免会格外消沉。在那一段灰色的日子里，你会觉得自己就像拳击场上失败的选手，被那重重的一拳击倒在地上，头昏眼花，满耳都是观众的嘲笑和惨败的感觉。那时，你会觉得已经没有力气爬起来了！可是，你终究会爬起来的。而且，你还会慢慢恢复体力，平复创伤，你的眼睛会再度张开，看见光明的前途。你会淡忘掉观众的嘲笑和失败的耻辱，你会为自己找一条合适的路——不要再去做挨拳头的选手。

思路突破：找个理由干杯

法国影片《野鹅敢死队》里的男主人公简·德斯，因筹划"野鹅行动计划"而与昔日的老搭档佛克曼谋面时，曾说了一句看似无可奈何实则深思熟虑的话。

佛克曼："我们已经有9年没有见过面了吧？"

简·德斯："不，10年了！"

佛克曼（若有所思地）："我们那些伙伴……"

简·德斯（打断他的话）："噢，别提他了——来，我们来找个理由干一杯吧！”

老友重逢，不由得抚今追昔，缅怀故人，感慨生命与人生的无常和无奈……

是啊，找个理由干一杯！——即便毫无干杯的理由！纵然危在旦夕，人，也不能让烦恼和忧愁把自己憋死！我们虽然没有能力拒绝所有的不幸和痛苦，但我们却同样没有任何义务去承受任何忧伤和悲哀。让烦恼和忧愁统统见鬼去吧！

人生是丰富多彩而又艰难曲折的。苦乐忧欢、坦途坎坷、成败荣辱、花前月下、落日西风……对谁都一样；盘根错节、繁杂纷呈、五光十色、千姿百态……绝不像傍晚听音乐那样舒畅陶然，也不像夏日喝啤酒那样开心惬意。世界不给贝多芬欢乐，但他却咬紧牙关扼住命运的咽喉，用痛苦去铸造欢乐来奉献给世界。他找到了干杯的理由——为弹奏痛苦与欢乐的主旋律，干杯！

因此，干杯吧，哪怕仅仅就为了迄今为止，我们都还活着！

钢琴有黑键有白键。人生有时想来，也好比钢琴，你不能只触黑键不触白键。所以，真正精彩的人生，就好比经典的围棋棋局，黑白交错，互相渗透。在说长不长、说短却也不短的人生中，人们尝过痛苦也享过快乐，从别人那儿悟出了一些滋味来。其中之一是：知足知不足，有为有弗为。坦率地说，来到世界的每一个人智力虽有高低但都差不了很多，成功重在毅力。这世上有那么多美丽的诱惑，因此，终生踏踏实实地追求一个人生目标，就成了件非常非常困难的事了。特别是今天，选择的机会太多太多，像满天的星斗。这当然是好事，让社会充满了竞争和选择的活力。但太多的机会又何尝不是美丽的陷阱？它们一个个分散了你有限的生命，也使人有了更多一事无成的可能。

朋友，别跟自己过不去，我们应该感谢生命，珍惜生命。不管有没有理由，我们先来干一杯！

抑郁是一种失落

美国医学协会曾发起一项对10余个国家和地区约3.8万人的调查活动，结果显示，平均有5%的人患有抑郁症，抑郁症发病率最高的年龄段在

25～30岁之间，其中女性的比例明显高于男性。来自美国的资料显示，抑郁症病人中有2/3的人曾有自杀观念，其中有10%～15%的人最终自杀，所有自杀者中有70%的人有抑郁症状。我国20世纪90年代对7个主要省市的调查表明，约有27‰的人患有精神障碍（其中抑郁症位居首位），一半的病人在20～29岁发病。

沮丧只是一时的情绪失落，但抑郁不同。专家告诉我们，生活中充满了大大小小的挫折和失败，常常我们最梦寐以求的东西，却再也不存在了，我们最心爱的人，再也不能回到我们身边了。每当这些时刻来临的时候，我们都会体验到悲伤、痛苦、甚至绝望。通常，由这些明确现实事件引起的抑郁和悲伤，是正常的、短暂的，有些甚至有利于个体的成长。但是，有些人的抑郁症状并没有十分明确的外部诱因；另外一些人，虽然在他们的生活中发生了一些负面事件，但是，他们的抑郁症状持续得很久，远远超过了一般人对这些事件的情绪反应，而且抑郁症状日趋恶化，严重地影响了工作、生活。

抑郁就好像透过一层黑色玻璃看事物。无论是考虑你自己，还是考虑世界，任何事物看来都处于同样的阴郁而暗淡的光线之下，“没有一件事做对了”、“我彻底完蛋了”、“我无能为力，因此也不值一试”、“朋友们给我来电话仅仅是出于一种责任感”。回想过去，你的记忆中充满着一连串的失败、痛苦和亏损，而那些你曾经认为是成功的事情，以及你的爱情和友谊，现在看来都一文不值了。你的回忆已经染上了抑郁的色彩。消极的思想与抑郁相伴，情绪低落导致消极的思想和回忆，同时，消极的思想和回忆又导致情绪低落，如此反复下去，便形成一个持久而日益严重的抑郁恶性循环。

思路突破：豁达是一种人生态度

幸福的人只记得一生中的满足之处，不幸的人则只记得相反的内容。

三伏天，禅院的草地枯黄了一大片。“快撒点草种子吧！好难看哪！”小和尚说。

师父挥挥手：“随时！”

中秋，师父买了一包草籽，叫小和尚去播种。

秋风起，草籽边撒、边飘。“不好了！好多种子都被吹飞了。”小和尚喊。

“没关系，吹走的多半是空的，撒下去也发不了芽。”师父说，“随性！”

撒完种子，跟着就飞来几只小鸟啄食。“要命了！种子都被鸟吃了！”小和尚急得跳脚。

“没关系！种子多，吃不完！”师父说，“随遇！”

半夜一阵骤雨，小和尚早晨冲进禅房：“师父！这下真完了！好多草籽被雨冲走了！”

“冲到哪儿，就在哪儿发芽！”师父说，“随缘！”

一个星期过去了。原本光秃的地面，居然长出许多青翠的草苗。一些原来没播种的角落，也泛出了绿意。

小和尚高兴得直拍手。

师父点头：“随喜！”

随不是跟随，是顺其自然，不怨恨，不躁进，不过度，不强求。

随不是随便，是把握机缘，不悲观，不刻板，不慌乱，不忘形。

不要幻想生活总是那么圆圆满满，也不要幻想在生活的四季中享受所有的春天，每个人的一生都注定要跋涉沟沟坎坎，品尝苦涩与无奈，经历挫折与失意。

落英在晚春凋零，来年又灿烂一片；黄叶在秋风中飘落，春天又焕发出勃勃生机。这何尝不是一种达观，一种洒脱，一份人生的成熟，一份人情的练达。

懂得这一点，我们才能挺起脊梁，披着温柔的阳光，找到充满希望的起点。

悲观挡住了阳光

悲观态度或乐观态度，是人类典型的也是最基本的两种倾向。

悲观者和乐观者在面对同一个事物和同一个问题时，会有不同的看法。下面是两个见解不同的人在争论三个问题：

第一个问题——希望是什么？

悲观者说：是地平线，就算看得到，也永远走不到。

乐观者说：是启明星，能告诉我们曙光就在前头。

第二个问题——风是什么？

悲观者说：是浪的帮凶，能把你埋藏在大海深处。

乐观者说：是帆的伙伴，能把你送到胜利的彼岸。

第三个问题——生命是不是花？

悲观者说：是又怎样，开败了也就没了！

乐观者说：不，它能留下甘甜的果。

突然，天上传来了上帝的声音，也问了三个问题：

第一个：一直向前走，会怎样？

悲观者说：会碰到坑坑洼洼。

乐观者说：会看到柳暗花明。

第二个：春雨好不好？

悲观者说：不好！野草会因此长得更疯！

乐观者说：好，百花会因此开得更艳！

第三个：如果给你一片荒山，你会怎样？

悲观者说：修一座坟茔！

乐观者反驳：不！种满山绿树！

于是上帝给了他们两样不同的礼物：

给了乐观者成功，给了悲观者失败。

同样是人，会有截然不同的人生态度。不同的人生态度会造就截然不同的人生风景；同样是人，会因截然不同的世界观，导致截然不同的人生结局。

美国医生做过这样一个实验：让患者服用安慰剂。安慰剂呈粉状，是用水和糖加上某种色素配制的。当患者相信药力，就是说，当他们对安慰剂的效力持乐观态度时，治疗效果就显著。如果医生自己也确信这个处方，疗效就更为显著了。这一点已通过实验得到了证实。悲观态度由精神引起而又会影响到组织器官，有一个意外的事故证明了这一点。一位铁路工人意外地被锁在一个冷冻车厢里，他清楚地意识到如果出不去，就会冻死。不到20个小时，冷冻车厢被打开，他已经死了，医生证实是冻死的。可是，人们仔细检查了车厢后发现，冷气开关并没有打开。那位工人确实死了，因为他确信，在冷冻的情况下是不能活命的。所以，在极端的情况下，极度悲观会导致死亡。

思路突破：克服悲观的10个方法

其实，悲观的心态并不可怕，只要你决定调整心态，一切困难都可以克服。

一定要懂得积极态度所带来的力量，要相信希望和乐观能引导你走向胜利。

即使处境危难，也要寻找积极因素。这样，你就不会放弃努力。

有幽默感的人，才有能力轻松地克服厄运，排除随之而来的倒霉念头。

既不要被逆境困扰，也不要幻想奇迹，要脚踏实地，全力以赴去争取。

不管多么严峻的形势向你逼来，你都要努力去发现有利的因素。过后，你就会发现自己到处都有一些小的成功，这样，自信心自然也就增长了。

不要把悲观作为保护你失望情绪的缓冲器。乐观是希望之花，能赐人以力量。

失败时，你要想到你曾经多次获得过成功，这才是值得庆幸的。10个问题，你做对了5个，那么还是完全有理由庆祝一番，因为你成功地解决了5个问题。

在闲暇时，你要努力接近乐观的人，观察他们的行为。通过观察，乐观的火种会慢慢地在你内心点燃。

要知道，悲观不是天生的。就像人类的其他态度一样，悲观不但可以减轻，而且通过努力还能转变成一种新的态度——乐观。

如果乐观使你成功地克服了困难，那么你就应该相信这样的结论：乐观是成功之源。

PART 03 不会改变难成功，创新产生奇迹

在旧观念中沉湎

在一家效益不错的公司里，总经理叮嘱全体员工：“谁也不要走进8楼那个没挂门牌的房间。”但他没解释为什么，员工都牢牢记住了总经理的叮嘱。

一个月后，公司又招聘了一批员工，总经理对新员工又交代了同样的话。

“为什么？”这时有个年轻人小声嘀咕了一句。

“不为什么。”总经理满脸严肃地答道。

回到岗位上，年轻人还在不解地思考着总经理的叮嘱，其他人便劝他干好自己的工作，别瞎操心，听总经理的，没错。但年轻人却偏要走进那个房间看看。

他轻轻地叩门，没有反应，再轻轻一推，虚掩的门开了，只见里面放着一个纸牌，上面用红笔写着：把纸牌送给总经理。

这时，同事们开始为他担忧，劝他赶紧把纸牌放回去，大家替他保密。但年轻人却直奔15楼的总经理办公室。

当他将那个纸牌交到总经理手中时，总经理宣布了一项惊人的决定：“从现在起，你被任命为销售部经理。”

“就因为我把这个纸牌拿来了？”

“没错，我已经等了快半年了，相信你能胜任这份工作。”总经理充满

自信地说。

果然，上任后，年轻人把销售部的工作搞得红红火火。

像故事中的年轻人一样要勇于走进某些禁区，你会采摘到丰硕的果实。打破条条框框的束缚，敢为天下先的精神正是开拓者的风貌。

思路突破：要勇于突破自己

有个顽童无意间在悬崖的边鹰巢里发现了一颗老鹰的蛋，他一时兴起，将这颗蛋带回父亲的农庄，放在母鸡的窝里，想看看能不能孵出小鹰来。

果然如顽童的期望，那颗蛋孵出了一只小鹰。小鹰跟着同窝的小鸡一起长大，每天在农庄里追逐主人喂饲的谷粒，一直以为自己是只小鸡。

某一天，母鸡焦急地咯咯大叫，召唤小鸡们赶紧躲回鸡舍内，慌乱之际，只见一只雄壮的老鹰俯冲而下，小鹰也和小鸡一样，四处逃窜。

经过这次事件后，小鹰每次看见在远处天空盘旋的老鹰身影，总是不禁喃喃自语："我若是能像老鹰那样，自由地翱翔在天上，不知该有多好。"

而一旁的小鸡总会提醒它："别傻了，你只不过是只鸡，是不可能高飞的，别做那种白日梦吧。"

小鹰想想也对，自己不过是只小鸡。

直到有一天，一位驯兽师和朋友路过农庄，看见这只小鹰，便兴致勃勃要教会小鹰飞翔，而他的朋友则认为小鹰的翅膀已经退化无力，劝驯兽师打消这个念头。

驯兽师却不这么想，他将小鹰带到农舍的屋顶上，认为由高处将小鹰掷下，它自然会展翅高飞。不料小老鹰只轻拍了几下翅膀，便落到鸡群当中，和小鸡们四处找寻食物。

驯兽师仍不死心，再次带着小鹰爬上农庄内最高的树上，掷出小鹰。小鹰害怕之余，本能地展开翅膀，飞了一段距离，看见地上的小鸡们正忙着追寻谷粒，便立时停了下来，加入鸡群中争食，再也不肯飞了。

在朋友的嘲笑声中，驯兽师这次将小鹰带到悬崖上。小鹰锐利的眼光看去，大树、农庄、溪流都在脚下，而且变得十分渺小。待驯兽师的手一放开，小鹰展开宽阔的巨翼，终于实现了它的梦想，自由地翱翔于天际。

我们每个人都曾经如同小鹰一般，曾拥有过翱翔天际、悠游自在的美妙梦想。有趣的是，这些伟大的梦想，往往也就在周围亲友的一句句“别傻了”、“不可能”声中逐渐萎缩，甚至破灭。

就算侥幸遇上一位懂得欣赏我们的驯兽师，硬将我们带到更高的领域，往往我们也会像小鹰回头望见地上争食的鸡群一般，再次飞回地上，加入往日那个不敢梦想的群体里。可悲啊，那些在陈旧观念中安于现状的人们。

所以，我们要勇于突破自己的局限。用新的眼光去看世界，切莫在老的观念中沉湎，切莫让自己失去向上发展的勇气和动力。

“恐龙族”的改变之痛

一亿年前，地球上到处是体积硕大的恐龙。后来，地球上发生变故，恐龙在很短的时间内灭绝。直到现在，科学家还不能确定究竟当时发生了什么，唯一能确定的事，就是恐龙因为无法适应这种变故，而遭到绝迹的下场。

能变通者才能生存，“物竞天择，适者生存”的准则，不仅适用于上古时代，同样也适用于科技文明的现代社会。不论是生物学家还是经济学家都承认，在一场激烈的竞赛中，凡是不能适应者，都会被淘汰。

在各个工作场所中，我们可以看到仍然有太多的“恐龙式人物”存在。这些“恐龙式人物”的特征大致如下：顽固、严苛、立定不前、缺乏弹性。

在工作上，“恐龙族”最大的障碍就是无法适应环境。在他们周围有许多学习新技术、继续深造、更换职务、创新企业的机会，但是他们往往视而不见，根本无心寻求新的突破。

工作与生活永远是变化无穷的，我们每天都可能面临改变，新产品和新服务不断涌现，新技术不断被引进，新的任务被交付，新的同事、新的老板……这些改变，也许微小，也许剧烈，但每一次的改变，都需要我们调整心态重新适应。

“恐龙族”不喜欢改变，他们安于现状，没有野心，没有创新精神，没有工作热忱，不设法改进自己，不让自己有资格做更好的工作。

“恐龙族”不肯承认改变的事实。他们不愿为自己制造机会，而情愿受所谓运气、命运的摆布。因为不相信自己能掌握命运，所以会选择错误，不是在平坦的道路上蹒跚前进，就是一辈子坐错位置。

不再成长，使得“恐龙族”过去所有的优点，逐渐都变成缺点。譬如，对工作的野心转变为钩心斗角，对公司的忠诚转变为对上司逢迎拍马，对下属粗率无礼。

“恐龙族”忘记了一个很重要的道理：一个人能否获得成就，就看他是不是愿意标新立异，敢于尝试。乐于冒险，喜欢试验，能变通，这些才是获得成功的途径。

思路突破：变化是最好的适应法则

一位搏击高手参加比赛，自负地以为一定可以夺得冠军，却不料在最后的赛场上，遇到一个实力相当的对手。双方皆竭尽了全力出招攻击，搏击高手发觉，自己竟然找不到对方招式中的破绽，而对方的攻击却往往能够突破自己的防守。

他愤愤不平地回去找到师父，一招一式地将对方和他对打的过程再次演练给师父看，并央求师父帮他找出对方招式中的破绽。

师父笑而不语，在地上划了一道线，要他在不擦掉这条线的前提下，设法让这条线变短。

搏击高手苦思不解，最后还是放弃思考，请教师父。

师父在原先那条线的旁边，又划了一道更长的线，两者相较之下，原先的那条线看起来变得短了许多。

师父开口道："夺得冠军的重点，不在于如何攻击对方的弱点。正如地上的长短线一样，只要你自己变得更强，对方正如原先的那条线一般，也就无形中变得较弱了。如何使自己更强，才是你需要苦练的。"

天才并不是天生的强者，他们的意识与自我创新力并非与生俱来，而是在后天的努力中逐渐形成的。我们应该明白，最好的适应和生存法则便是创新和变化。

最大的危险是不冒险

利奥·巴士卡利雅说："希望就有失望的危险，尝试也有失败的可能。但是不尝试如何能有收获？不尝试怎么能有进步？不做也许可以免于受挫折，但也失去了学习或爱的机会。一个把自己限于牢笼中的人，是生活的奴隶，无异于丧失了生活的自由。只有勇于尝试的人，才拥有生活的自由，才能冲破人生难关。"

这正是他对自己生活的总结。小时候，人们常常告诫他，一旦选错行，梦想就不会成真，还告诉他，他永远不可能上大学，劝他把眼光放在比较实际的目标上。但是，他没有放弃自己的梦想，不但上了大学，还拿到了博士学位。当他决定抛弃已有的一份优越工作去环游世界时，人们说他最终会为此后悔，并且拿不到终生教职，但是，他还是上了路。结果，他回来后不但找到了一份更好的工作，还拿到了终生教职。当他在南加州大学开办“爱的课程”时，人们警告他，他会被当作疯子。但是，他觉得这门课很重要，还是开了。结果，这门课改变了他的一生。他不但在大学中教“爱的课程”，还被邀请到广播、电视台举办爱的讲座，受到美国公众的欢迎，成为家喻户晓的爱的使者。他说：“每件值得的事都是一次冒险。怕输就错失游戏的意义。冒险当然有带来痛苦的可能，可是不去冒险的空虚感更痛苦。”

事实上，无论我们选择试还是不试，时间总会过去。不试，什么也没有；试，虽然有风险，但总比空虚度过丰富，总会有收获。只有当我们选择尝试时，我们才能不断发现自己的潜力，从而找到最适合自己的事业，并冲破人生难关。

思路突破：冒险奏出生命的最强音

不论何时，只要尝试做事的新办法，人们就要把自己推向冒险之途。假如你想致力于改良事物的现况，就不得不欣然冒险。

成功者最大的特点就是具有想用新的点子做实验及冒险的意愿。进取的人和普通人最明显的差别就在于：进取的人在态度上勇于冒险，能鼓舞他人去从事一无所知的事物，而非尽玩些安全的游戏。如果做事怕冒险的话就没办法把事情做好了。

说到冒险精神，人们就会联想到发现美洲新大陆的哥伦布。

哥伦布还在求学的时候，偶然读到一本毕达哥拉斯的著作，知道了地球是圆的，他就牢记在脑子里。经过很长时间的思索和研究后，他大胆地提出，如果地球真是圆的，他便可以经过极短的路程而到达印度了。自然，许多自以为有常识的大学教授和哲学家们都嘲笑他的意见。他们觉得，他想向西方行驶而到达东方的印度，岂不是傻人说梦话吗？他们告诉他，地球是平的，然后又警告道，他要是一直向西航行，他的船将驶到地球的边缘而掉下去……这不是等于走上自杀之路吗？

然而，哥伦布对这个问题很有自信，只可惜他家境贫寒，没有钱让他去实现这个理想。他想从别人那儿得到一点钱，助他成功，但一连空等了17年，

还是失望，所以，他决定不再向这个“理想”努力了。因为使他忧虑和失望的事情太多了，竟使他的红头发也完全变白了——虽然当时他还不到50岁。

灰心的哥伦布，这时只想进西班牙的修道院，去度过后半生。正在这时候，罗马教皇却怂恿西班牙皇后伊莎贝露帮助哥伦布。教皇先送了65元给哥伦布，算是路费；但他自觉衣服过于褴褛，便用这些钱买了一套新装和一匹驴子，然后启程去见伊莎贝露，沿途穷得竟以乞讨糊口。皇后赞赏他的理想，并答应赐给他船只，让他去从事这种冒险的工作。为难的是，水手们都怕死，没人愿意跟随他走。于是哥伦布鼓起勇气跑到海滨，捉住了几位水手，先向他们哀求，接着是劝告，最后用恫吓手段逼迫他们去。另一方面他又请求女皇释放了狱中的死囚，并许诺他们如果冒险成功，就可以免罪恢复自由。

1492年8月，哥伦布率领3艘船，开始了一次划时代的航行。刚航行几天，就有两艘船破了，接着他们又在几百平方公里的海藻中陷入了进退两难的险境。他亲自拨开海藻，才得以继续航行。在浩瀚无垠的大西洋中航行了六七十天，也不见大陆的踪影，水手们都失望了，他们要求返航，否则就要把哥伦布杀死。哥伦布兼用鼓励和高压两手，总算说服了船员。

天无绝人之路，在继续前进中，哥伦布忽然看见有一群飞鸟向西南方向飞去，他立即命令船队改变航向，紧跟这群飞鸟。他知道海鸟总是飞向有食物和适于它们生活的地方，所以他预料到附近可能有陆地。果然，他们很快发现了美洲新大陆。

当他们返回欧洲报喜的时候，又遇上了四天四夜的大风暴，船只面临沉没的危险。在十分危急的时刻，他想到的是如何使世界知道他的新发现，于是，他将航行中所见到的一切写在羊皮纸上，用蜡布密封后放在桶内，准备在船毁人亡后，使自己的发现能够留在人间。

哥伦布他们总算很幸运，终于脱离了危险，胜利返航了。无须赘言，哥伦布如果没有不怕困难、不怕牺牲、勇往直前的进取精神，“新大陆”能被早日发现吗?

哥伦布那种无畏、勇敢和百折不回的精神，真值得作为我们的模范。当水手们畏惧退缩的时候，只有他还要勇往直前；当水手们“恼羞成怒”警告他再不折回，便要叛变杀了他时，他的答复还是那一句话：“前进啊！前进啊！前进啊！”

看看哥伦布，再看看我们自己，我们没有任何理由不去修正自己，以便建立起勇于去冒险的坚定信念。然而，可悲的是，固守传统观念的中国人，崇尚“稳中求胜”。可是，随着时代的发展，这种思想已明显落伍。常人的机遇，常人的成功，往往存在于危险之中，你想要美好的机遇吗？你想要事业的成功吗？那就要敢冒风险，投身危险的境地，去探索，去创造，不要瞻前顾后，不要惧怕失败。

给自己一个好的改变

下面一个故事，会对我们有所启示。

动物园里新来了一只袋鼠，管理员将它关在一片有着1米高围栏的草地上。

第二天一早，管理员发现袋鼠在围栏外的树丛里蹦蹦跳跳，立刻将围栏的高度加到2米，把袋鼠关了进去。

第三天早上，管理员还是看到袋鼠在栏外，于是又将围栏的高度加到3米，又把袋鼠关了进去。

隔壁兽栏的长颈鹿问袋鼠：“依你看，这围栏到底要加到多高，才能关得住你？”

袋鼠回答道：“很难说，也许5米高，也许10米，甚至可能加到100米高——如果那个管理员老是忘了把围栏的门锁上的话。”

在过往的岁月中，相信您一定非常努力地追求过很多东西，比如财富、名望、爱情、尊严……

你得到了吗？得到之后，幸福与快乐是否也随之而来？而你是否真的快乐？

问题可能在于我们的出发点是否正确。大多数人都认为：“先让我得到，然后再为快乐操心。”而当他们耗尽心血，终于爬到成功顶峰时，环顾周围，却蓦然发现，自己的家人、朋友、同事竟已被踏在底下，而自己是如此的孤独与不快乐。

或许这时你不禁要问：“我哪里做错了，怎会如此？”而一些从未成功过的朋友，也一直都喜欢问同样的问题。故事中袋鼠的回答应是最好的答案：如果不将栅门锁好，围栏加得再高也是枉然。

每一个人现在所处的境况，正是以往自己所抱的想法造成的。所以，如想改变未来的生活，使之更加顺利，必得先改变此时的想法。坚持错误的观念，固执不愿改变，即使再努力，恐怕也体会不到成功带来的喜悦。

思路突破：人生的精彩在改变中

一个平凡的上班族迈克·英泰尔，37岁那年做出了一个疯狂的决定：他放弃薪水优厚的记者工作，把身上仅有的3块多美元捐给街角的流浪汉，只带了干净的内衣裤，由阳光明媚的加州，靠搭便车与陌生人的好心，横越美国。

他的目的地是美国东岸北卡罗来纳州的“恐怖角”（Cape Fear）。

这是他精神快崩溃时做的一个仓促决定。某个午后他“忽然”哭了，因为他问了自己一个问题：如果有人通知我今天死期到了，我会后悔吗？答案竟是那么的肯定。虽然他有好工作、亲友、美丽的同居女友，他发现自己这辈子从来没有下过什么赌注，平顺的人生从没有高峰或谷底。

一念之间，他选择北卡罗来纳的恐怖角作为最终目的，借以象征他征服生命中所有恐惧的决心。

他检讨自己，很诚实地为他的“恐惧”开出一张清单：打从小时候他就怕保姆、怕邮差、怕鸟、怕猫、怕蛇、怕蝙蝠、怕黑暗、怕大海、怕飞、怕荒野、怕热闹又怕孤独、怕失败又怕成功……他无所不怕，却又似乎“英勇”地当了记者。

这个懦弱的37岁男人上路前竟还接到奶奶的纸条：“你一定会在路上被人杀掉。”但他成功了，4000多里路，78顿饭，仰赖82个好心的陌生人。

一路上，他没有接受过任何金钱的馈赠，在雷雨交加中睡在潮湿的睡袋里，也有几个像杀手或抢匪的家伙使他心惊胆战。他在游民之家靠打工换取住宿，还碰到不少患有精神疾病的好心人。他终于来到了恐怖角。

恐怖角到了，但恐怖角并不恐怖。原来“恐怖角”这个名称，是一位16世纪的探险家取的，本来叫“Cape Faire”，被讹写为“Cape Fear”，只是一个失误。

迈克·英泰尔终于明白：“这名字的不当，就像我自己的恐惧一样。我现在明白自己为什么一直害怕做错事，我不是恐惧死亡，而是恐惧生命。”

花了6个星期的时间，到了一个和自己的想象无关的地方，他得到了什么？

得到的不是目的，而是过程。虽然他绝不会想要再来一次，但这次经历在他的回忆中是甜美的信心之旅，仿如人生。

真的，人生真不过如此了。当你在一个安逸的环境中沉湎得太久时，一切都已成定势，你只是顺着生活的惯性在走路，心中已没有了追求事业和成功的热切渴望。一个人只有勇于去改变，才能让事业和生活的轨道脱离原来的固有模式，朝着新的方向驰骋。给自己一个好的改变吧，这是你事业成功的必由之路。

PART 04 借口太多导致贫穷

患上“借口症”

我们来看看几个常见的借口是如何的荒谬。

年龄借口

两个儿时的玩伴，十几年后聚在一起，大家都大为感慨，于是亲切地聊起来。然而，令人吃惊的是，两人竟都说自己已经“老”了。“现在只是为了孩子赚钱，还有十几年就要退休养老了，没有其他想法了。”

老天，才三十五六岁！怎么就等待退休养老呢?

怪不得我们这个社会有那么多失败者，他们不努力去追求成功，却随意找借口，迎接和等待人生的失败。

按说这两位玩伴现在都具有很好的条件去设立某个目标，努力攀登。遗憾的是，他们竟然放弃了一切追求，年龄的借口和其他的交谈都显露了他们消极失败的心态。三十五六岁就说“老”了。事实恰恰相反，三十五六岁的人生是最有作为、精力最旺盛的时候。因为这个时候，人们因吸收广泛的生活养料而比较成熟，更容易认识和把握自己。

许多大成功者，都是在30～60岁的年龄阶段达到自己事业的顶峰的。北京天安制药集团总裁吕克键，49岁才开始辞职创业；山东乳山百万富翁养蛐专家辛启泰，50岁才从海边滩涂上寻找到成功之路；四川“蚊帐大王”杨百万66岁才从摆小摊开始做生意；美国前总统里根73岁还参加竞选。

拿破仑·希尔对2500人进行分析，发现很少有人在40岁以前取得事业上的大成功。美国著名的汽车大王福特，40岁还没有迈出成功的重要步伐。美国钢铁大王安德鲁·卡耐基取得巨大成功之时，已过40岁。希尔本人出版第一本成功学著作时已是45岁，之后他为事业成功还奋斗了42年，当他80岁的时候还在出书。

年龄，绝不能成为不成功的借口。

工作中的借口

我们经常会听到这样或那样的借口。借口在我们的耳畔窃窃私语，告诉我们不能做某事或做不好某事的理由，它们好像是“理智的声音”，“合情合理的解释”，冠冕而堂皇。上班迟到了，会有“路上堵车”、“手表停了”、“今天家里事太多”等借口；业务拓展不开，工作无业绩，会有“制度不行”、“政策不好”或“我已经尽力了”等借口。事情做砸了有借口，任务没完成有借口。只要有心去找，借口无处不在。借口就是一块敷衍别人、原谅自己的“挡箭牌”，就是一副掩饰弱点、推卸责任的“万能器”。

寻找借口，就是把属于自己的过失掩饰掉，把应该自己承担的责任转嫁给社会或他人。这样的人，在企业中不会成为称职的员工，在社会上也不是大家可信赖和尊重的人。这样的人，注定只能是一事无成的失败者。

教育和文凭的借口

“我没有受过良好的教育”，“我没有文凭”，这是不少人常用的借口。学校教育、文凭教育，仅仅是千万条求知途径中的一种。要知道从学校的书本上学东西，常常有很大的局限性，真正的教育来自社会大学和自学。

我们看看那些成功人物的教育与文凭情况：“椰树集团”董事长王光兴，初中文凭；“果喜集团”总裁张果喜，小学文凭；治秃专家赵章光，高中文凭；美国钢铁大王安德鲁·卡耐基13岁开始工作，几乎没接受什么正规教育；美国石油大王洛克菲勒，高中辍学；日本松下幸之助只有小学四年级的学历；香港富商李嘉诚，初中辍学……这些成功者的知识与能力全靠自学而来。

受到良好的学校教育，当然对成功有帮助，没有受到学校教育、没有文凭的人，只要愿意，自学永远不晚。

资金借口

“我没有资金，所以我不能成功……”

事实是，有资金可以帮助我们成功，但没有资金，只要想办法同样可以创业赚钱，同样可以成功。其实，资金来源途径很多：积少成多地积累，大雪球是由小雪球滚成的；向亲朋好友借钱集资；寻找一个能生财的门路；抓住机会找银行贷款；或找有钱单位和个人合伙；集资入股……许多做大生意的人都不是靠个人的资金，而是充分利用了银行、信用社以及社会闲散资金。

失败者大都喜欢找借口，成功者却大都拒绝找借口，向一切可以作为借口的原因或困难挑战。富兰克林·罗斯福因患小儿麻痹症而下身瘫痪，他是最有资格找借口的。可是他以信心、勇气和顽强的意志向一切困难挑战，居然冲破美国传统束缚，连任四届美国总统。他以病残之躯，在美国历史上，也在人类历史上写下了光辉灿烂的成功篇章。

此外，还有“运气”借口、“健康”借口、“出身”借口、“人际关系”借口等。希尔在他的《思考致富》里将一位个性分析专家编的借口表列出来，竟然有50个之多（在下一节里，我们会继续就失败者的著名托词做出探讨）。希尔说：“找借口解释失败是全人类的惯常做法。这种做法同人类历史一样源远流长，且对成功有着致命的破坏力。”

思路突破：不找借口找原因，不找借口找方法

当你面对失败时，不要寻找借口，而应找出失败的原因。

一个人做事不可能一辈子一帆风顺，就算没有大失败，也会有小挫折。而每个人面对失败的态度也都不一样，有些人不把失败当一回事，他们认为“胜败乃兵家之常事”。也有人拼命为自己的失败找借口，告诉自己，也告诉别人：他的失败是因为别人扯了后腿、家人不帮忙，或是身体不好、运气不佳等。在现实生活中，不把失败当一回事的人实在不多，而这种人也不一定会成功，因为如果他不能从失败中吸取教训，就算有过人的意志也没用。但不敢面对失败，老是为失败寻找借口，也不能获得成功。

为自己的失败寻找借口的人一般都不承认自己的能力有问题，固然有很多失败是来自于客观因素，是无法避免的，但大部分失败却都是因主观原因造成的。

面对失败是件痛苦的事，就如同自己拿着刀割伤自己一样，但不这样做又能如何？人要追求成功就必须找出失败的原因来，以便对症下药。

要找出失败的原因并不很容易，因为人常会下意识地逃避，因此应双管齐下，自己检讨，也请别人批评。自己检讨是主观的，有正确的，也有不正确的；别人批评是客观的，当然也有正确的和不正确的，两者相比较，便能找出失败的真正原因了，这些原因一定和你的个性、智慧、能力有关。你应该好好分析这些问题，诚实地面对，并自我修正。如果能这么做，那你就不会再犯同样的错误，并且成功得比较快。如果一碰上失败就找借口，那你失败的机会很可能会多于成功的机会，因为你并未从根本上解决“病因”，当然也就要时常发病了！

50个著名托词

不成功的人有一种共同的性格特征，他们知道失败的原因，并且有一套托词。

少数托词由事实证明是有道理的，但是托词不能当钱用！世界只希望知道一件事：你成功了没有？

一个性格分析家编了一份常用的托词单子，你在读这份单子时，请细心检讨自己，从而判定这些托词中有多少是你自己常用的。一旦知道了自己的虚伪与无能，你就必须毫不犹豫地抛弃它们，从而更加肯定自己的能力，向成功发起冲刺。

假如我年轻些……

假如我可以做自己想做的事……

假如我生来富有……

假如我能碰到“贵人”……

假如我具有别人的才能……

假如我没有家累……

假如我有足够的“势力”……

假如我有钱……

假如我受过良好教育……

假如我找得到工作……

假如我身体健康……

假如我有时间……

假如生能逢时……

假如人家了解我……

假如周遭情况不同……

假如能重活一遍……

假如我不在乎“他们”说的话……

假如过去让我有机会……

假如我现在有机会……

假如他人没有“怀恨我”……

假如没有任何事阻碍我……

假如我没有这么多烦恼……

假如我嫁（娶）对人……

假如人们不这么笨……

假如我的家人不这么奢侈……

假如我对自己有信心……

假如我不是时运不济……

假如我不是生来命运不佳……

假如“该是什么就会是什么”是不正确的……

假如我不用这么辛苦工作……

假如我没有损失我的财产……

假如我敢维护自己的权利……

假如我曾把握机会……

假如没有人刺激我……

假如我不用料理家务和照顾孩子……

假如我可以存点钱……

假如老板赏识我……

假如有人能帮助我……

假如我的家人了解我……

假如我住在大都市……

假如我能早一步……

假如我有空……

假如我有他人的个性……

假如我不这么胖……

假如人家知道我的才能……

假如我能有个“机会”……

假如我能偿清债务……

假如我没有失败……

假如我知道该怎么做……

假如没有人反对我……

朋友，你还要说什么呢？所有这些都只能证明你是弱者！还不行动，更待何时？如果人有勇气正视自我，看清自我，则完全可以发现错误，并加以改正。

制造托词来解释失败，这是我们惯常的做法。这种习惯与人类的历史同样古老，这是成功的致命伤！为何人们不放弃他们喜爱的托词？答案是明显的。人们之所以会保护他们的托词，是因为托词是他们制造的！

思路突破：莫让托词成习惯

制造借口是人类的习惯，这种习惯是难于打破的。柏拉图说过：“征服自己是最大的胜利，被自己所征服是最大的耻辱和邪恶。”

另一位哲学家也有相同的看法，他说："当我发现别人最丑陋的一面正是我自己本性的反映时，我大为惊讶。"艾乐勃·赫巴德说："我对自己一向是个谜，为何人们用这么多的时间制造借口以掩饰他们的弱点，并且故意愚弄自己？如果用在正确的用途上，这些时间足够矫正这些弱点，那时便不需要借口了。"

以往你也许有一种合理的借口，不去追求你的理想，但是这一借口现在应该抛弃了，因为你已经有了开启人生财富之门的万能钥匙。

这把万能钥匙是无形的，却是强大有力的！对你而言，它是所有欲望的金杖。使用这把钥匙，不会受到处罚；但是如果你不使用它，则必须付出代价。这个代价就是失败。如果你使用这把钥匙，将会获得极大的报酬。

这种报酬是值得你全力以赴的。你愿意从此开始，对吧？相信你自己！

你一定会成功的！

苦等机遇降临

机遇之神经常敲响大门，但人们可能不敢去开启，因为他们开始犹豫，害怕敲门的不是天使，而是魔鬼。但就是在犹豫的刹那间，机遇之神溜走了。然后人们又开始悔恨：为什么自己没有抓住机遇？这样的情况我们每天都会耳闻目睹。很多人在机会降临的时候犹豫不决，在机会转瞬即逝之后又开始悔恨。

一位探险家在森林中看见一位老农正坐在树桩上抽烟斗，于是他上前打招呼说："您好，您在这儿干什么呢？"

这位老农回答："有一次我正要砍树，但就在这时风雨大作，刮倒了许多参天大树，这省了我不少力气。"

"您真幸运！"

"您可说对了，还有一次，暴风雨中的闪电把我准备焚烧的干草给点着了。"

"真是奇迹！现在您准备做什么？"

"我正等待发生一场地震把土豆从地里翻出来。"

这位老农是坐等机会者。他这样坐等机会，也许偶尔有机会光顾于他，但不会很多，所以他只能这样侥幸地苟且偷生。而探险家则是主动寻找机会者，机会出现，就会一鸣惊人，成为响当当的成功者。显然，青年人应该有探险家的精神。如果你失业，不要希望差事会自动上门，不要期待政府、工会会打电话请你去上班，或期待解聘你的公司会请你吃回头草，天下没有这么好的事情。

人们总是这样说："如果给我一个机会……"或者是："为什么我的机会那么少？"其实这种想法都很可怜。只要世界还在变，机会就是无限的。朋友，抛开顾虑，创造你的机遇吧！跨出第一步，闯进机遇的网络之中，任由机遇把你带到遥远的地方去。不要怕，因为机遇往往在无畏的人面前出现。

思路突破：成功机会不会自动降临

有一位名叫西尔维亚的美国女孩，她的父亲是波士顿有名的整形外科医生，母亲在一家声誉很高的大学担任教授。她的家庭对她有很大的帮助，她完全有机会实现自己的理想。她从念中学的时候起，就一直梦寐以求要当上电视节目的主持人。她觉得自己具有这方面的才干，因为每当她和别人相处时，即便是生人也都愿意亲近她并和她长谈。她知道怎样从人家嘴里掏出心里话。她的朋友们称她是他们的"亲密的随身精神医生"。她自己常说："只要有人愿给我一次上电视的机会，我相信我一定能成功。"

但是，她为达到这个理想而做了些什么呢？她什么也没做，而是等待奇迹出现，希望一下子就当上电视节目的主持人。

西尔维亚不切实际地期待着，结果什么奇迹也没有出现。

谁也不会请一个毫无经验的人去担任电视节目主持人。而且，节目的主管也没有兴趣跑到外面去搜寻人，相反都是别人去找他们。

另一个名叫辛迪的女孩却实现了西尔维亚的理想，成了著名的电视节目主持人。辛迪并没有白白地等待机会出现。她不像西尔维亚那样有可靠的经济来源，所以白天去打工，晚上在大学的舞台艺术系上夜校。毕业之后，她开始谋职，跑遍了洛杉矶的广播电台和电视台。但是，每一个地方的经理对她的答复都差不多："不是已经有几年经验的人，我们是不会雇用的。"

但是，她不愿意退缩，也没有等待机会，而是走出去寻找机会。她一连几个月仔细阅读广播电视方面的杂志，最后终于看到一则招聘广告，北达科他州有一家很小的电视台招聘一名预报天气的女主持人。

辛迪是加州人，不喜欢北方。但是，有没有阳光、是不是下雪都没有关系，她只是希望找到一份和电视有关的职业，干什么都行！她抓住这个工作机会，动身到北达科他州。

辛迪在那里工作了2年，最后在洛杉矶的电视台找到了一个工作。又过了5年，她终于得到提升，成了她梦想已久的节目主持人。西尔维亚那种失败者的思路和辛迪成功者的观点正好背道而驰。她们的分歧点就在于，西尔维亚在10年当中，一直停留在幻想上，坐等机会，期望时来运转，然而时光却流逝了。而辛迪则是采取行动。首先，她充实了自己；然后，在北达科他州受到了训练；接着，在洛杉矶积累了比较多的经验；最后，终于实现了理想。

失败者谈起别人获得的成功总会愤愤不平地说："人家有好的运气。"他们不采取行动，总是等待着有一天他们会走运，他们把成功看作降临在"幸运儿"头上的偶然事情。而成功者都是勤奋的人，他们从来都不指望运气的降临，只是忙于解决问题，忙于把事情做好。

PART 05 职场冷战，要争才能赢

不敢抗争

有的人总是逆来顺受，任劳任怨，安分守己，埋头苦干，对人对事谨小慎微，从不会随便得罪别人，即使别人得罪了自己，也不会怀恨在心，更不会以牙还牙。对于别人的一点点恩惠，也牢记心中找机会给予报答。他是被欺压的绝好对象，最苦最累没人肯干的工作必定是这种人去干，最有油水可捞的事必定与他无缘。

这些人是理所当然的“受气包”。他们的一个最基本的特征就是埋头苦干，不争不夺，害怕受到伤害，害怕承担责任，不敢突破常规，不敢表现情绪……做什么事都瞻前顾后，畏首畏尾。

这些人总是一味地忍让、退缩，主张“和”为贵，强调“忍”为上，结果往往不能守住自己的底线，不战而降。

这些人总想当然地认为，只要遵守原则，就会自

然而然地得到想要的结果，去争夺是对原则的一种违背，因而是不道德的也是不可取的。老实人以安分守己为美德，以争权夺利为丑恶，以不争为高尚。但是在现代社会，不敢争斗，不去争斗就不会有机会送上门来，更不会有免费的午餐供你享用。

然而任何的争夺都要冒一定的风险，任何的斗争都可能会有流血牺牲，一些人被这种可能的后果震慑，从此便变成了软弱者，处处吃亏，处处被人占便宜。

思路突破：要勇于抗争

一些人日夜苦干，可到头来，一切功劳却被“大尾巴狼”一口叼走，实在是可怜。这种情况在职场中最为突出。

如果你是初进公司，而又有比较突出的工作能力和较高的学历。心胸豁达的上司认为你是可用之才，也许会大力提拔你。小心眼的上司却会对工作突出的你耿耿于怀，怕你抢了他的风头，阻碍他的仕途。小心眼上司的最大特征是将他人的业绩揽到自己头上，还时不时使个绊子。使绊子倒还不影响工作情绪，最怕的是业绩被抢，完成工作的成就感刹那间灰飞烟灭，个人在公司里的价值似乎也荡然无存，除了心寒，还有什么？

小吾从毕业时进入的公司跳槽出来后，在一家刚成立的咨询公司做客户工作。3个多月做下来，小吾发现，自己做成的客户，汇报到老板那里却都变成了顶头上司的业绩。顶头上司原本是凭借骄人的工作经历被招进公司直接做客户总监的，仅比小吾早进公司两个多月。据说客户总监在小吾进公司前业绩平平，小吾进公司后，才有了点“高歌猛进”的意味（“高歌猛进”是老板在工作总结会上的表扬用词），而老板完全不知道这其中有很多是小吾的成绩。小吾与朋友们说起这些事，最常用的一个词是“郁闷”。如果不是就业形势不乐观，小吾可能已经开始寻找下一家公司了。可是现在，难道只有忍气吞声吗?

忍气吞声固然是职场中人棱角磨圆的表现，但胆识仍是职业成功不可或缺的要素。其实，最经济的办法就是不动声色地抗争，利用和老板直接对话的机会汇报自己的工作，多提对公司发展有价值的建议。这样你的业绩显而易见，更不会给那些小心眼的上司留下可乘之机。

再说，无论职位高低，所有的员工都是给老板打工的，所有的老板都希望员工忠于自己。只要在老板心目中确立良好的人格地位，你的“大尾巴狼”上司想抢你的业绩就难了。

自我推销是人生难题

一个人若想获得成功，必须善于推销自己。推销自己是一种才华、一种艺术。有了这种才华，你就不愁吃，不愁穿了，因为当你学会了推销自己，你就几乎已可推销任何值得拥有的东西。有的人具备了这项才华，而有的人就不这么幸运了。

每天我们都在推销——不论我们对推销是否在行。

当我们推销自己的时候，我们必须对种种情况有所了解。

我们是什么人？我们必须提供的是什么？我们的优点在哪儿？缺点呢？别人对我们有什么反应？我们的目的又何在？

对这些探测性的问题，必须以我们所认识的最确切的方式来回答，因为它是设立一个推销计划的基础，不论政治界或商业界都一样。每一个人都必须找出自己的答案、自己的特点、自己的风格。跟你亲近的人士，也许不好意思指出你的缺点——奇装异服、不良习惯等，因此当你考虑推销自己的最佳方案时，不得不诚实地对自己评价一番。

“你要推销的第一个对象，是你自己。”心理医生罗西诺夫说，“你愈练习好像对自己很有信心，就愈能造成一种你很行的气氛。你必须感觉到，你有权呼吸，占据一个空间，并感觉到很自在。”你的态度全部反映在你的举手投足之间。

一个感到自在的人，就会坐在整个椅面上，而不会只坐在边缘上。如果他是个高大的人，他就不会缩着脖子。“推销自己时可信程度的重要性，远超过任何你要推出的产品或观念。你必须有办法直直地盯住对方的眼睛，使他深信你是个可靠的人。”

例如，在找工作的时候，尽可能把你成功的例子呈现出来。对一位艺术家或作家来说，这种过程是传统性的；但对其他人来说，这同时可以很有效

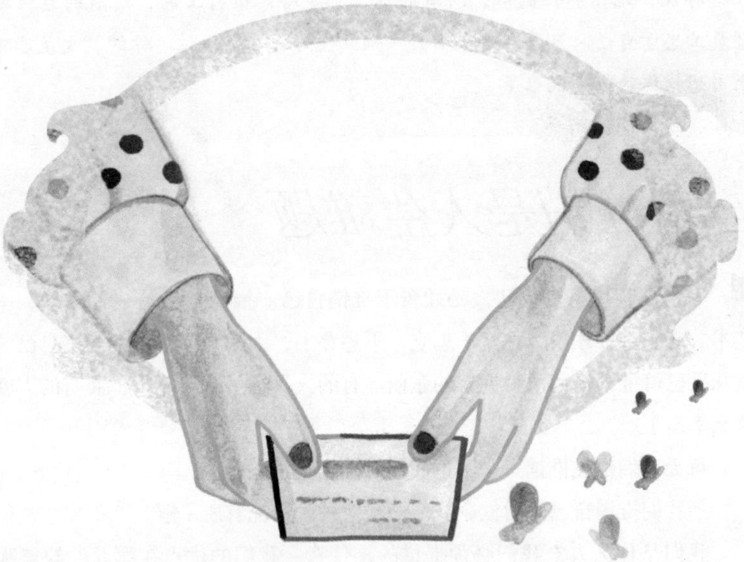

地表现出你如何解决一个特殊的问题。如果你曾帮忙创造了一项产品，你应该拿出照片来，加上一段简短的文字，说明该产品优于其他产品的特点。常常一种视觉上的印象，会比单是文字的说明更具有深刻而长久的效果，而且也会比你的自述强得多。

推销自己时你一定要看起来很有信心，绝不能表现出很害怕的样子，让人觉得你好像刚被人从一架飞机中推出来一样。

最重要的是，你要认为你有资格担任那项职务，如果你被雇用的话，你认为你会做得很好。

此外，当你推销自己的时候，别担心做错事。但一定要从错误中得到教训。

推销是一种才华，就像是绘画的能力，这需要培养个人的风格；没有风格的话，你只是芸芸众生中的一个而已。推销自己是一种才能，也是一种艺术。有了这种才能，人们才可能安身立命，才能抓住机遇，使自己立于不败之地。能够将自己推销给别人的人才能推销世界上任何有价值的东西。而不懂得这些的人就不那么幸运了，他们把自己包在安于现状的套子里，不敢向自己提出挑战，亦不敢将自己的形象公之于众。这类人会时时碰壁，一无所成。其中的原因很简单：他们不善于推销自己。

思路突破：学会自我推销的技巧

推销自我对一个人的成功来说十分重要。推销自我一般有如下几种技巧：

★要学会表现自己

青年人大多喜欢表现自己，但如果表现不好，就容易给人一种夸夸其谈、轻浮浅薄的印象。因此，最大限度地表现你的美德是最好的办法，这是你的行动而不是你的自夸。

靠别人发现，终归是被动的。靠自己积极地表现，才是主动的。成功者善于积极地表现自己最高的才能、德行，以及各种各样的处理问题的方式。这样不但表现了自己，也吸收了别人的经验，同时获得了谦虚的美誉。学会表现自己吧——在适当的场合、适当的时候，以适当的方式向你的领导与同事表现你的业绩，这是很有必要的。

★将期望值降低一点

人有百种，各有所好。假如你投其所好仍然没能被对方接受，你就应该重新考虑自己的选择。倘若期望值过高，目光盯着热门单位，就应该适时将期望值下降一点，换一个稍稍冷门的单位，或到一个与自己专业技术相关的行业去自荐。美国咨询专家奥尼尔说："如果你有修理飞机引擎的技术，你可以把它变成修理小汽车或大卡车的技术。"

★适当表现你的才智

一个人的才智是多方面的，假如你是想表现你的口语表达能力，你就要在谈话中注意语言的逻辑性、流畅性和风趣性；如果你想要表现你的专业能力，当上司问到你的专业学习情况时就要详细说明，你也可以主动介绍，或者问一些与你的专业相符的新工作单位的情况；如果你想要让上司知道你是一个多才多艺的人，那么当上司问到你的兴趣爱好时就要趁机发挥或主动介绍，以引出话题，如果上司本身就是一个爱好广泛的人，那么你可以主动拜师求艺。至于表现自己的忠诚与服从，除了在交谈上力求热情、亲切、谦虚之外，最常用的方式是采取附和的策略，但你尽量讲出你之所以附和的原因。上司最喜欢的是你能给他的意见和观点找出新的论据，这样既可以表现你的才智，又能为上司教育别人增加说理的新材料。

★推销自己应自然地流露而不是做作地表现

会表现的人都是自然地流露而不是做作地表现。成功者从不夸耀自己的功绩，而是让其自然地流露。在你向领导汇报工作时，不妨说：“我做了某事……但不知做得怎么样，还望您多多指点，您的经验丰富。”这样，你好像是在听取领导的指点，而实际上你已经表现了自己，又充分体现了你谦虚的美德。如果你以请功的口气直接向你的领导说，我做了某事，这事很不简单，做起来真不容易，其具有怎么怎么高的价值。这样，你只会降低自己在领导心目中的价值。

谁都知道竞争残酷

人生所有美好的东西都是通过竞争获得的。名也罢，利也罢，地位也罢，都离不开一个“争”字。即便是爱情，不懂得竞争，也只能是“一厢情愿苦痴迷”。

毋庸讳言，人生所有的成功都是在竞争中产生的。战场上的争雄，职场上的晋升，官场上的高就，商场上的逐利……无论在哪一个行业、领域里出人头地，都是以竞争开始并以竞争结束的——竞争之后方知成败。

所以，有人说，人生就是一个竞技场，“物竞天择，适者生存”，不管是什么人，要想活得顺利，活得滋润，活得舒适，活得幸福，就必须积极参与到同周围人“争名逐利”的竞争中去。

在有些人的字典里，没有“竞争”二字，他们从来不参与竞争。他们的处世原则是与世无争，另外他们也认为自己没有竞争的能力，在心底把自己归为弱者一类。

其实，谁都不是天生的强者，任何人的竞争意识都不是与生俱来的，而是在后天的奋斗中逐渐形成的。通过学习，谁都能有胆有识，敢于竞争。

不要因为弱小而不敢与人竞争，弱者有自己生存的方式，要相信弱者不败，要勇敢面对敌人。

自然界有一条定律，弱者自有自己的空间。的确，无论是强者还是弱者都有一套适应自然法则的本领，只要你认真地生活着，只要你拥有自己游刃有余的空间，充分发挥自己的优势，你的优势会弥补你的不足，你定能获得别人苦苦求索也无法得到的东西。

另外，弱者在强大的竞争丛林中生存也是一种本领。自然界中有一类攀缘的植物，在高大树木的夹缝中生存，从而给自己找到一个安全的空间。在人类社会中，弱者同样可以生存于夹缝之中。为什么呢？因为强者并非一人。几个强者之间激烈竞争过程中，往往会产生一个真空地带。这是强者送给他们的一个大好机会。

总之，在自然界与人类社会中并无绝对的强弱之分，如果你是弱者，你不妨聪明地保护自己，在强者的夹缝中寻找广阔的天地。

思路突破：积极竞争才能赢

竞争是文明的世界赖以诞生、存在和发展的内驱力，它也是对自我消极状态的一种尖锐挑战。

投入有益的竞争，就能激发自己的创造活力；参与有益的竞争，才会推动群雄竞技，造成百花齐放、百家争鸣、百业兴旺的局面。

在崇尚竞争、尊崇超越的知识经济社会，不论你是否愿意，你实际上都处于激烈的竞争之中。如缺乏竞争意识或不愿投入竞争，就会被无情的竞争大潮所吞没。

要树立战胜高手、又不怕败于高手的心理。宁可100次败在高水平的人面前，也不去花费时间100次地战胜能力平平的人。

竞争是推动人们去重视人才、开发人才、培养人才的火车头。正当的竞争是促进人才成长和事业发展的重要因素。人才竞争是社会竞争的核心，竞争能刺激社会对人才的需求，这种社会需求，是人才辈出的强大驱动力。竞争也能使人们转变价值观念，将人才推到风口浪尖上展示才华。竞争中所产生的压力，能在奋斗者身上转化为进取的动力。竞争也是使人们提高目标期望、培养创新意识、激发创造力的熔炉，是推动人们拼搏不已的长鞭。

从宏观上看，竞争能优化人才资源的配置，能优化人才的结构和素质。同时，竞争也是发掘人才和选拔人才的良好途径。

既然竞争是人才成长的良好动因，那么，成才者就要努力营造竞争环境，并适应这种你追我赶、不甘落后、奋勇争先的气氛。在欧洲，曾流传着两句格言："当你走入失败者之群的时候，你会发现，他们之所以失败，都是因为他们从来不曾走进鼓励人前进的环境。""一个人要善于从迟疑、消极、烦闷中走出来，并进入激励奋发者的环境，因为这种环境是无价之宝。"在竞争环境中，要效法先行者，必须奋起直追，为了使自己不被淘汰，就要奋争不已。这样，才能激发并保持争先创优的强者心理。而一旦失去竞争的环境，就容易使人安于现状，不思进取，最终为社会所淘汰。

竞争使你无法平庸，无法松懈，无法抑制自己夺魁的欲望，除非你自甘销声匿迹。

积极“加盟”竞争，并在竞争中锻造才气和智慧，这才是我们的正确选择。

自身的分量取决于自己

名作家杏林子的《现代寓言》里有这样一个故事。说有一只兔子长了三只耳朵，因而备受同伴的嘲讽，大家都说他是怪物，不肯跟他玩。为此，三耳兔很是悲伤，时常暗自哭泣。

有一天，他终于下定决心，把那一只多出来的耳朵忍痛割掉了，于是，他就和大家一模一样，也不再遭受排挤，他感到快乐极了。

时隔不久，他因为游玩而进入另一片森林。天啊！那里的兔子竟然全部都是三只耳朵，跟他以前一样！但由于他已少了一只耳朵，所以这里的兔子们嫌弃他，不理他，他只好怏怏地离开了。从此，他领悟到一个真理：不相信、不看重自己，只会让人看不起你，因为别人总是通过你的眼光来看你的。

这个寓言提醒了人们，要想别人尊重你，首先就要尊重自己，这是一个不变的准则。有些人在职场中生存，受到别人的欺负和挤兑，饱受冷落和打击，实属一个没有分量的小人物，这跟他们一贯看轻自己的行事风格是密不可分的。所以我们要学会不卑不亢，尽力去摆脱“人为刀俎，我为鱼肉”的局面。

思路突破：自重方能赢得他人尊重

现实生活中，人需要彼此尊重，在比自己强的人面前，不要畏缩；在比自己弱的人面前，不要骄纵。学问有深浅，地位有高低，但所有的人，人格都是平等的。

世界名著《简·爱》中的男主人公罗彻斯特身为庄园主，财大气粗，对女主人公说过：“我有权蔑视你！”他自以为在地位低下又其貌不扬的简·爱面前，有一种很“自然”的优越感。但有坚强个性又渴望平等的简·爱，坚决地维护了自己的尊严，寸步不让，反唇相讥：“你以为我穷、不好看就没有自尊吗？不！我们在精神上是平等的！正像你和我最终将通过坟墓平等地站在上帝面前一样。”这番话强烈地震撼了罗彻斯特，使他对简·爱产生了由衷的敬佩。

心理学家的研究表明，希望自己受人尊重、爱好荣誉是每个人的高级心理需求，是无可厚非的。虽然想受人尊重要经过别人的权衡，但实际上却取决于每个人自尊的程度。

有一则寓言很有意思：

有一天，龙王与青蛙在海滨相遇，打过招呼后，青蛙问龙王：“大王，你的住处是什么样的？”龙王说：“珍珠砌筑的宫殿，贝壳筑成的阙楼；屋檐华丽而有气派，厅柱坚实而又漂亮。”龙王说完，问青蛙：“你呢？你的住处如何？”青蛙说：“我的住处绿藓似毡，娇草如茵，清泉汩汩，白石映天。”说完，青蛙又向龙王提出了一个问题：“大王，你高兴时如何？发怒时又怎样？”龙王说：“我若高兴，就普降甘露，让大地滋润，使五谷丰登；若发怒，则先吹风暴，继而打闪放电，让千里以内寸草不留。那么，你呢？”青蛙说：“我高兴时，就面对清风朗月，呱呱叫上一通；发怒时，先瞪眼睛，再鼓肚皮，最后气消肚瘪，万事了结。”

青蛙在龙王面前，充分表现了自信，龙宫固然美丽，可我青蛙的居所也别具一格，可谓不卑不亢。只有心灵健全的人，才能切实地做到这一点。

在现实生活中，有的人不惜出卖人格，不惜降低自己的尊严，去逢迎那些在某一点上比自己强的人，哪怕逢迎者对自己傲慢无礼。这种“卑己而尊人”的行为是不值得称道的。

PART 06 曲径通幽，恋爱要懂转个弯

抓不住爱情

生活中人们有时反应迟钝，对微妙的情愫不敏感，常常与爱情擦肩而过。

本来，摸准对方的心思就不是一件容易的事。由于复杂的心理、生理和社会的各种因素，各人有不同的性格、感情表达方式。对种种“爱的信息”的选择、捕捉、识别十分困难和复杂，但爱情确实是可以感知的，并且多半是靠直觉。

眼睛是心灵的窗户。恋爱中的姑娘与小伙子是没有秘密的，他们眼中那奇异而多彩的光芒是会泄露一切的。人们都有这种感觉，恋爱中的女子，即使相貌平平，在那段时间，都变得眼波流转，光彩四射，爱情的生发就是具有这般魔力。当意中人出现的时候，她的目光总是不由自主地被吸引过去，她既渴望他发现她的凝视，又怕与他目光相接。在集会的场合，她的目光从人头攒动的缝隙处凝视他；在工作间隙，她的眼光总是追随着他的一举一动。如果总有一双灵动的眼睛在注视你，你可别装作没发现，这是她自己都未必意识到的爱的信息。

在她对你产生爱慕之心后，总希望自己的言谈举止能引起你的注意，总是千方百计地寻找接近你的机会，总会想方设法地了解你的事情。她是否经常与你不期而遇，与你谈天说地或只是默默地陪伴你走一段路程？她是不是

常常问起你的家庭情况，让你讲述你的过去，描画未来的蓝图？她的兴趣爱好是不是忽然发生很大改变，以你的兴趣为兴趣，主动“补课”？她是不是常向你谈起自己的童年，给你看儿时的照片，讲从前的朋友，告诉你自己家里的情况？她是不是对你格外关心，总是悄悄地给你出人意料的帮助？如果是，那就说明她已经钟情于你。

被异性爱慕的信息是千变万化的，不能只根据一两种现象就做出判定并采取行动，应该尽可能地用更多的异常现象互相印证。如果一时拿不准，可以有意识地做一些试探性的举动，不要急于表白。

需要注意的是，当你自己爱上某人时，常常对别人的言行过于敏感，错以为别人对自己有“意思”，其实根本没这回事。这时的你，只是在单相思罢了。

思路突破：求爱有方法

“关关雎鸠，在河之洲；窈窕淑女，君子好逑。”两性相悦，如此优雅，唯有人类。无论人或动物，有一点是相通的，即通常情况下，动物的求欢，总是雄性处在主动状态，雌性处在被动状态。当然也有例外，但是绝少发生的。这是造物主的安排。

求爱必须有所恃，怡人的仪表、雅致的风度、丰厚的财富，这些自然是求爱成功的先决条件。但具备这些条件不等于求爱就一定成功，不具备这些条件，也不等于不能求爱。在相应文化、年龄、社会地位的男女之间，男子向女子展开求爱攻势，技巧起着十分重要的作用，技巧才是求爱成功的充要条件。求爱技巧如用一个简练的方程式表示，可以归纳为：

爱情=面皮+功夫+嘴巴+投其所好

试解如下：

面皮，面皮厚的意思。面皮厚，死缠着你喜欢的女子不放，又不使其讨厌。说想说的话，做想要做的事，不羞羞答答，理直气壮地说你爱她。

功夫，功夫深的意思。“只要功夫深，铁杵磨成针。”试把你喜欢的女人当成终将被你摧毁的堡垒，兢兢业业，埋头苦干，任劳任怨，不计报酬。女人的心肠总是软的，一天不行一个月，一个月不行一年，功到自然成。

嘴巴，嘴巴甜的意思，甜言蜜语，甜而不腻。让她觉得你是世界上最忠实的雄性。瘦的话，说她苗条；胖的话，说她丰满；不算漂亮的说她漂亮。

投其所好，就是察言观色，说她想听的，给她想要的。打喷嚏的时候给她递手帕，笑的时候陪她笑，哭的时候为她擦眼泪。

听说还有最狠的一招，就是屡试不爽的“电话牵引法”。

刚开始的时候，前两周每天固定一个时间打电话给她，最好是晚上，轻松地和她聊聊天。坚持下来，让她不自觉地形成习惯，就像到点要等着看看精彩的电视剧一样，她慢慢地会产生强烈的约会意识，到这个点就会想起你的电话和你来。

集中火力猛攻两周，让你的电话成为她晚间生活的一部分，完全渗进她的思维之中。

两周后，你告诉她，最近比较忙，要隔一天打给她。不用担心，这时，你已经占据主动了，效果会比天天打好。在不打电话的那一天里，她会期待明天的电话，回味昨天的内容。

一周后，你又说要出差了，不能天天打了。“距离产生美”。你在那遥远的地方，她难免会牵肠挂肚。而且，你在外地的长途，会更让她感受到你对她的重视。

“电话牵引法”是借用了“虚实相生”的道理，或者引用文艺理论的名词，叫“隐含的读者”、“有意味的想象空白”。你就像在设一个填空题，让对方来自动地填空。

爱在细小处失去

如果缺乏细腻，在家庭生活中常会忽视一些细小方面的体贴，爱就会在这些小小的地方失去。

芝加哥的约瑟夫·沙巴斯法官曾处理过4万件婚姻冲突的案子，并使2000对夫妇和好。他说："大部分的夫妇不和，并不是很重要的事引起的，大都是一些细微的事情没有处理好。因此，当丈夫离家上班的时候，太太向他挥手道别，可能就会使许多夫妇免于离婚。"

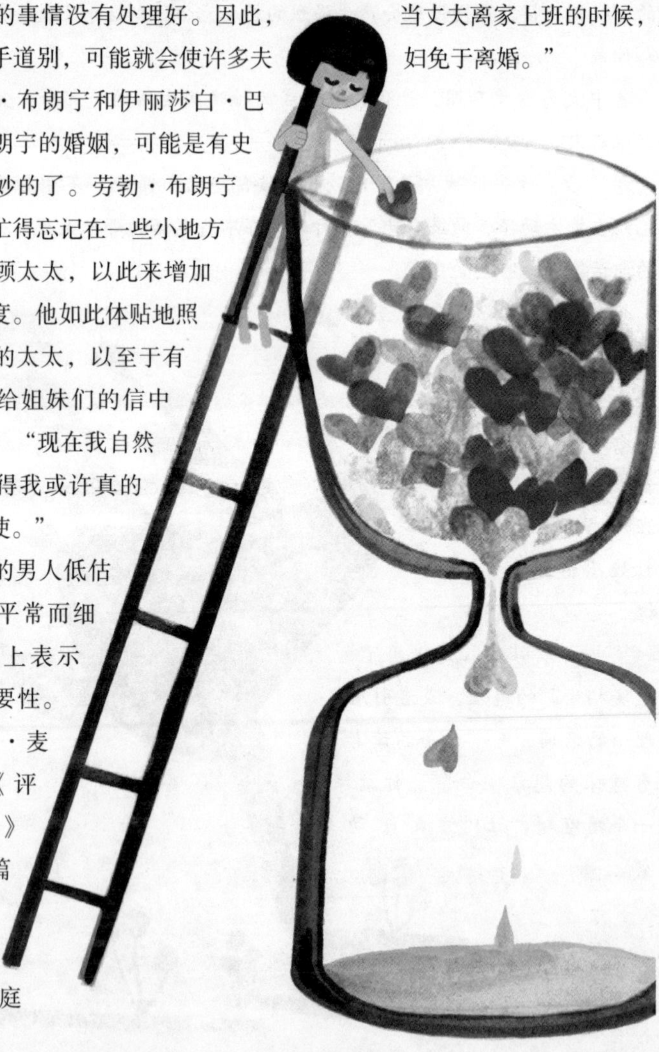

劳勃·布朗宁和伊丽莎白·巴瑞特·布朗宁的婚姻，可能是有史以来最美妙的了。劳勃·布朗宁永远不会忙得忘记在一些小地方赞美和照顾太太，以此来增加爱情的深度。他如此体贴地照顾他残废的太太，以至于有一次她在给姐妹们的信中这样写着："现在我自然地开始觉得我或许真的是一位天使。"

太多的男人低估了在这些平常而细微的事情上表示体贴的重要性。正如盖诺·麦道斯在《评论画报》中的一篇文章所说的："美国家庭真需要弄一些新噱头。例如，在床上吃早饭，其实是大多数女人喜欢放纵一下的事情。在床上吃早饭，对于女人，就像私人俱乐部对于男人一样，会收到奇特的效果。”

人们一生的婚姻史就像串在一起的念珠。忽视婚姻中所发生的小事，夫妇之间就会不和。艾德娜·圣·文生·米蕾在她一首小小的押韵诗中说得好：并不是失去的爱破坏我美好的时光，但爱的失去，都是在小小的地方。

在雷诺有好几个法院，每周有6天为人办理结婚和离婚，而每有10对来结婚，就有一对来离婚。这些婚姻的破灭，你想究竟有多少是由于真正的悲剧引起的呢？其实少之又少的。假如你能够从早到晚坐在那里，听听那些不快乐的丈夫和妻子所说的话，你就会知道“爱的失去，全都是一些细节问题所造成的”。

如果你想维护幸福快乐的家庭生活，就要注意一些细节问题，而且要花点心思来对待自己的家庭生活。

思路突破：细节决定爱情成败

如果有人发现女人身上的微小变化，她会有一种被认同的满足感。

几乎所有的姑娘，多多少少会有对男友表示过不满。其中最常见的是，当她从美发厅出来，梳着一个新发型，或新买了一件漂亮的衣服，兴致勃勃地等待男友赞美的时候，她的男友却好像视而不见。

“喂，你到底发现没有，我是不是哪里跟以前不大一样了？”即使她这样问，他也还像是没有察觉到的样子：“哦，是吗？”再不然就是：“你的意思是说，你的发式变了，是吗？”或者：“哦，好像你的衣服有点变化，对不对？”

像这样的回答，往往使她大为扫兴，甚至使双方都不愉快。如果女友今天的发型或服饰突然有了变化，作为她的男友，起码也应该主动问一句：“今天你去过美发厅了？”或是：“你穿的这件衣服是今天刚买的吗？”

只要你有意无意地问一声，她就会感到满意，不会因为你无动于衷而独自生闷气了。

如果你是细心的男人，能够做出这些看似琐碎的事情，也许会给自己带来有益于恋情的好运。

自作聪明，反为所累

有一位男性初恋时，在对方写给他的情书上胡乱批改，以至于挑出了十来个错别字。非但如此，他还将被自己批改过的情书和回信一同寄给对方。谁知这信寄了以后，就好像石沉大海，再也没有姑娘的消息了。

原因是什么呢？姑娘早就讨厌了："好像就你是一个大学问家，就你的知识渊博，写个错别字还需要你正儿八经地写信来指教。"姑娘的自尊心受到伤害，你为什么不知道她的内心世界呢？对姑娘的脸面你怎么也毫不顾及呢？一般来说，女性对于自己未去过的地方，总是有一种想去探求的好奇，并希望有个"知情人"当向导。否则，她们会感到茫然无措。

因此，当你和你的女友同行时，切不要自作聪明地瞎冲乱撞，而应该选择自己熟悉的地方，避免出现迷路而又不知所措的场面。

思路突破：牢骚没有好处

现在的年轻人当中，有很多人遇到自己不满的事总是很明确地表现出来。而在社会中，经常心怀不满而怨天尤人的人是很受排斥的。因为人们把这种人看成是"一天到晚只会发牢骚的讨厌鬼"，甚至将其看成是心愿和思想不正常的人。

但是对女性来说，她并不认为自己是有怨气而不受欢迎的人。然而"有诸内必形诸外"，无论她怎样掩饰，终于要表现出她的不满和抱怨。这时，你责备她只会任性、抱怨，必然会引起她的反感。

因此，即使你要反驳她，也应该采取"先顺后逆"的说话方式，即首先赞同她的观点，仿佛与她站立在同一立场上，然后再用"但是"、"不过"等词来一个转变，向她陈述你不同的意见。

要博得女性芳心，首先必须力求避免她以任何方式拒绝你的追求。因此，在谈话之间必须十分小心，要研究谈话方式，什么事尽量先顺从她，与她保持一致。实在不行时，也应在"但是"上多动脑筋，狠下功夫，如此，才能使她很快地接受你的意见。

不会来点“甜言蜜语”

笨嘴拙舌的人与甜言蜜语无缘，他永远也尝不到甜言蜜语带来的甜头。

不论是一见钟情的少男少女，还是同舟共济几十年的老夫老妻，绵绵情话总是说了又说，讲了又讲。每每听到爱人说“我爱你”，总是能激起万般柔情，千种蜜意。恋爱总离不开交谈，这似乎是经验之谈，对初次相见的男女来说尤其如此。

艾莉结婚刚进入第三个年头，就和丈夫分居了。她对律师说：“他一定是有问题。每天回家很少和我说话，吃完饭就一下躺到沙发上看电视，再也不想起来，一直到深夜。看完最后一个电视节目，就爬上床，也不问我是否劳累，是否有兴趣，就要求做爱，一句多情的话也没有，实在让人难以忍受。”

艾莉需要的并非什么奢侈品，只是丈夫那柔情蜜意的私语。

美国加州医学院精神与心理临床研究专家巴巴克说：“对许多妇女来说，恋爱与感受到爱远比做爱重要。尤其对那些忙于家务、整天带孩子的妇女来说，更是如此。那种巧妙的、带刺激性的私语往往使她们获得真正的快慰。”

42岁的卡克与达娜已结婚8年，他记得曾一度羞怯于向妻子倾吐自己满腔的爱。“有一天晚上，我深吸了一口气后，滔滔不绝地向她倾诉了对她的柔情，对她的爱恋。我告诉她：对我而言，你是世界上最不平常的女子。我这番热情洋溢的话使她万分激动，连我自己也感动不已。现在，我一有机会便向她诉衷肠，而我每次都觉得感情比以前更为炽烈。”

可是，应该说什么呢？怎样说才能使说的人不至于做作，听的人不觉得肉麻呢？卡耐基建议说：“当你感到一股穿堂风吹过或觉得闷热时，你说些什么呢？你会脱口而出：‘真凉快！’或是：‘真热！’无须多想，也用不着长篇大论，爱的语言就是这样。如果你正和爱人待在一间屋里，你觉得能和她在一起真高兴，那你就对她说：‘和你在一起我真高兴。’”

思路突破：甜言蜜语妙处多

恋爱中的男女相处的时候，有时甜言蜜语非常受用，尤其是爱情已到了接近谈婚论嫁的阶段，你不妨大胆些，在言语间多放点“蜜”。

女人有爱听温柔、甜蜜语言的天性，沐浴在爱河中的人的字典里，是没有老套的字眼的。任何海誓山盟，“爱你爱到骨头里”的话也可说，不必怕肉麻。

与她久别重逢时你可以讲：“好像在做梦，多么希望永远不要清醒。”

你以充满爱意的眼神望着你的心上人：“总是惦念着你！我的感觉，好像一直跟你在一起。”这是“无法忘怀、时时忆起”的心境，只要谈过恋爱的男女，一定有此经验。相爱之初，热烈的甜言蜜语绝对不会使人感到厌烦，也许还认为不够呢！

“你喜欢我吗？”你不妨大胆地问。

“说说看，喜欢到什么程度？”或用这样的语气追问。

有很多女性使用如此甜蜜的词句来表达爱意。像这样的言语接二连三地向男性表示“永远不变的纯真爱情”，女性便会沉浸在自我陶醉之中。而男性的反应也会是积极的。

当然，在爱情上“我爱你”的言辞用得过多，未免有庸俗之感，倘若换用“我需要你”，就显得有实际的感觉。“需要”与“爱”所表现的感受，对男性而言，似乎前者胜于后者。男性在社会活动中，喜欢被人发现自己的存在价值。

恰当地运用甜言蜜语，可以使两人之间的爱情温度逐渐升高。然而这样的话只能用两人听得到的声音互相呼应，如果在许多朋友面前得意地大声说出来，周围的人会感觉很扫兴，还会很恶心。

“怎么了？愁眉苦脸的熊猫，明天工作一定会顺利进行，振作吧！”你选用这很开朗的呼唤与安慰，这时他会回答：“我是愁眉苦脸的熊猫，那么你是花蝴蝶？”

甜蜜的称呼也会使两人心心相印。他的心情会逐渐变好，感觉到你赐予的爱情的温暖。

PART 07 人脉是你最大的存折

不敢和陌生人说话

有些人往往害怕见陌生人，例如：在聚会上，他们想不到有什么风趣或是言之有物的话可说；在求职面试中他们拼命想给人好印象……事实上，无论何时何地，我们遇上陌生的人，心里都会七上八下，不知该怎样打开话匣子。

然而，你应该知道，懂得怎样毫无拘束地与人结识，能使我们扩大朋友

的圈子，使生活丰富起来。

多年来，美国著名记者阿迪斯以记者身份往返世界各地，他和陌生人的谈话有许多令他毕生难忘。他说："这就好像你不停地打开一些礼物盒，事前却完全不知道里面有什么。老实说，陌生人的引人入胜之处，就在于我们对他们一无所知。"

阿迪斯说："跟我谈过话的陌生人，几乎每一个都使我获益匪浅。"在公园里遇到的一个园丁告诉阿迪斯关于植物生长的知识比他从任何地方学到的都多。埃及帝王谷一个计程车司机请阿迪斯到他没铺地板的家里吃茶，让他认识到一种与自己迥然不同的生活方式。在挪威奥斯陆，一个曾经参加过大战的战士带阿迪斯到海边一个荒凉高原，他告诉阿迪斯战争是让人痛心的，这片高原就是曾经的战场。

我们过去从来没有见过的人，能帮助我们认识自己。因为我们可能对一个陌生人说出我们时常想说但不敢向亲友说的心里话，他们因此便成了我们认识自己的一面新镜子。如果运气好，和陌生人的偶遇还会发展成为终生不渝的友谊。阿迪斯说："世界上没有陌生人，只有还未认识的朋友。"

下次遇到陌生人时，该怎样与之交往呢？这无疑已成了一个要面对的问题。

思路突破：和陌生人一见如故的技巧

在与陌生人接触的过程中，人们常常希望达到一定的目的，这就迫切需要尽可能地拉近彼此情感的距离。这个时候，如果能给对方造成"一见如故"的感觉，很多问题就会迎刃而解。要想做到这一点，我们应该注意以下几点技巧：

★了解对方，投其所好

当一个人特意要去结识一个从未打过交道的陌生人时，也应该把这一过程当成一次不可忽视的挑战，事先做充分的准备。一方面，可以通过多种渠道了解对方的背景、经历、性格、喜恶；另一方面，在对对方基本情况了如指掌的前提下，设想有可能出现的问题，做好以不变应万变的心理准备。然后，在交往之中针对对方的特点有的放矢，投其所好，令其大有"相见恨晚"之感，从而成功赢得对方信任。

★寻求共同点

所谓“酒逢知己千杯少”，两个意气相投的人在一起总觉得有说不完的话。因此，我们在和陌生人交往时，不妨多多寻求彼此在兴趣、性格、阅历等方面的共同之处，使双方在越谈越投机的过程中，获得更多关于对方的信息，迅速拉近距离，增进感情。

★谈谈周围的环境

阿迪斯有一次坐火车，身边坐了一位沉默寡言的女士，一连几个小时他千方百计引她说话都未成功。等到还有半个小时就要分手时，他们经过一个小海湾，大家都看到远处岬角上一座独立无依的房屋。她凝视着房子，一直到看不到它为止。然后她突然说道：“我小时候就生活在这种杳无人迹的地方，住在一座灯塔里。”接着她讲述了那种生活的荒凉与美丽。

★以对方为话题

有一次，阿迪斯听见一位太太对一个陌生的女士说：“你长得真好看。”也许，我们大多数人都没有说这种话的勇气，不过我们可以说：“我远远就看见你进来，我想……”或是：“你正在看的那本书正是我最喜欢的。”

★提出问题

许多难忘的谈话都是从一个问题开始的。阿迪斯常常问别人：“你每天的工作情况怎样？”通常人们都会热心回答。

一定要避免令人扫兴的话题。可能没有人愿意听你高谈阔论诸如狗、孩子、食物、菜谱、自己的健康、高尔夫球，以及家庭纠纷之类的事。所以，在谈话中最好不要谈及这些问题。

丘吉尔就认为有关孩子的话题是不宜老挂在嘴边的。有一次，一位大使对他说：“温斯顿·丘吉尔爵士，你知道吗？我还一次都没跟您说起我的孙子呢。”丘吉尔拍了拍他的肩膀说：“我知道，亲爱的伙伴，为此我实在是非常感谢！”

★表示信任

两个陌生人之间总会因为素昧平生、互不了解而产生一层隔膜，并且时常由于两人的矜持和互不信任而造成交流失败。所以，我们不妨主动一点，率先冲开这一层障碍，把对方当成熟悉的朋友，采取恰当的方式向其坦率地吐露心声，用真诚和信任叩响对方的心扉。

闻一多是一个平易近人、深受人们爱戴的学者，他朴实无华的言谈往往会深深地打动听众的心，请看下面这段演讲：“今天承诸位光临，得到同诸位见面的机会，感激之余，就让我们趁此正式地、公开地向诸位伸出我们这只手吧！请诸位认清，这是‘无缚鸡之力’的书生的手，不可能也不愿意威逼人，因此也不受威逼。这只‘空空如也’的穷措的手，不可能也不愿意去利诱人，因此也不受人利诱，你尽可瞧不起它，但是不要怕它，其实有什么可怕呢？不信，你闻闻，这上面可有血腥味儿？这只拿了一辈子粉笔的手，是随时可以张开给你们看的。你瞧，这雪白的一把粉笔灰，正是它的象征色。我再说一句，不要怕，这是一只洁白的手啊！然而也不可以太小看它。更有许许多多这样的手和无数的拿锄头的手、开机器的手、打算盘的手、拉洋车的手，乃至缝衣、煮饭、扫地、擦桌子的手——团结捏在一起，到那时你自然会惊讶这些手的神通，因为它们终于扭转了历史，创造了奇迹。我们现在是用最诚恳的心，向大家伸出这双洁白干净的手。希望大家同我们合作，并且给我们指教！”

★以谦虚赢得好感

谦虚是一种美德，谦虚者常常给人留下有礼貌、有素养、有深度的印象。面对陌生人时，飞扬跋扈只会让人退避三舍，而谦逊得体的言谈举止能够充分体现自己的涵养和平易近人的性格，为对方带来亲切随和的感受，消除其胆怯、羞涩的心理。

解放战争时期，有一次刘少奇同志为华北记者团的同志做了一次工作报告，报告的开始是这么说的：“很久以前，就想和你们做新闻工作的同志谈一次话，我过去只和新华社的同志谈过，和多数同志没谈过。谈到办报，我是外行，没办过报，没写过通讯，只是看过报。因此，你们工作的甘苦我了解得不真切。但是，作为一个读者，我可以向你们提点要求。你们写东西是为了给人家看的，你们是为读者服务的。看报的人说好，你们的工作就是做好了。看报的人从你们那得到材料，得到经验，得到教训，得到指导，你们的工作就是做好了……”刘少奇的讲话给在场的同志留下了深刻的印象。

礼物能办大事

有人经过调查研究指出，日本产品之所以能成功地打入美国市场，其秘密武器之一就是小礼物。换句话说，小礼物在商务交际中起到了不可估量的作用。

当然，这句话也许有点言过其实。但是日本人做生意，确实是想得最周到的。特别是在商务交际中，小礼品是必备的，而且根据不同人的喜好，设计得非常精巧，可谓人见人爱，很容易让人爱礼及人。

小礼物起到了非同小可的作用，而精明的日本人此举之所以成功，在于他们摸透了外国商人的心理，又运用了自己的策略。一是他们了解了外国人的喜好而投其所好，以取得别人的好感；二是他们准备了令人可以接受的礼品，因为他们深知欧美商业法规严格，送大礼物反而容易引火烧身，而小礼物绝没有行贿受贿之嫌；三是他们又很执着于本国的文化和礼节。

如今商品社会，往往是“利”“礼”相关，先“礼”后“利”，有礼才有利，这已经成为商务交际的一般规则。在这方面，道理不难懂，难就难在操作上，你送礼的功夫必须像日本人 样到家，不显山露水，却能够打动人心。

人们都讲礼尚往来，这是人之常情，在求人办事时也不例外。

礼物是一种友情的表示，中国早就有“投之以桃，报之以李”的习俗。出远门旅游捎回一点当地特产，或个人喜庆赠送一点敬贺礼品，表达彼此间的一番情谊是有必要的，这是一种诚挚的感情交流，是发自内心的赠予，是感情的物化。

送礼作为一种文化现象，自有其特定的规律，不能盲目去做，随心所欲。它反映出送礼者的文化修养、交际水平、艺术气质以及对受礼人的了解程度和关系远近。在一定意义上讲，送礼是一门特殊的交际艺术。

思路突破：把握送礼的4个准则

送礼须懂得规矩，不是什么礼都能送出去的。所以，办事求人送礼应遵循一定的准则，这样才能起到应有的作用，达到自己的目的。在生活中，送礼的准则主要有：

★轻重得当准则

一般而言，礼物的轻重选择以对方能够愉快地接受为原则，力争做到少花钱多办事，或多花钱办好事。

礼物不能太轻，礼物太轻了意义不大，亲朋好友有可能误认为你小气或瞧不起他。求人办事时给对方送礼，礼物太轻，对方不会把你的事放在心上，从而影响办事效果。

但是，礼物也忌太贵重，除非对方是爱占便宜的人，一般人可能会婉言谢绝，因为这样重的礼人日后不好还礼。还轻了，怕你不高兴，照着你送的价值还，有可能会加大他的支出负担。

礼物轻重得当也是一种艺术。

★间隔适宜准则

送礼的时间间隔也很有讲究，过于频繁或间隔过长都不合适。长时间不给对方送礼，即使是亲朋好友，也难免会觉得你人情淡薄。如果你频频登门送礼，或许是因为你重情义，或许是因为你办事心切，殊不知，这样会适得其反，对方可能会怀疑你怀有某种目的而对你心存疑虑，使你欲速不达。

掌握好合适的时间间隔送上你的礼品，既可培养感情，又能达到办事的目的。

★风俗禁忌准则

送礼前要对受礼人的身份、爱好、禁忌等有所了解，以免礼不得当，使双方感到尴尬。例如，对方结婚，忌送“钟”，因为“钟”与“终”谐音，“送终”总归是不吉利的。此外，要尊重对方的民族习惯，如牛是印度教的圣物，你要是送对方牛肉干会让他愤怒不已。

因此，送礼时，请考虑周全，以免节外生枝。

★注重意义准则

就礼物本身而言，其价值不在于花费金钱的多少，而在于它所体现的意义。任何礼物都体现送礼者特有的心意，或酬谢，或敬贺，或爱恋等。所以，根据你想表达的心意选择你的礼品，会让对方充分体会到你的情义，从而备感珍惜。

比如，给上级送一幅他喜爱的字画，会让他对你另眼相看；给母亲买一件暖和的羊毛衫，她会夸你孝顺；给心上人送一串别致的手链，他（她）会认为你有品位……这样符合对方兴趣爱好、富有意义的礼品，更能打动对方的心。

隐私之地是非多

罗曼·罗兰说："每个人的心底，都有一座埋葬记忆的小岛，永不向人打开。"马克·吐温也说过："每个人像一轮明月，他呈现光明的一面，但另有黑暗的一面从来不给别人看到。"这座埋葬记忆的小岛就是隐私世界。有的人在交朋友时，随便侵入朋友的隐私地带。他们认为，朋友之间，应该推心置腹，坦诚相见，不存在什么隐私不隐私的。抱有这种观点并侵入朋友隐私世界的人，不但不可能交到朋友，而且会伤害到别人。不错，朋友之间是应该坦诚相见，推心置腹，但在隐私问题上，这一道理是行不通的。如果要交朋友，就不要侵入朋友的隐私世界。

在隐私世界中，一般总是有些令人不快、痛苦、羞愧的事情，比如恋爱的破裂、夫妻的纠纷、事业的失败、生活的挫折、成长中的过失、感情上的纠葛……隐私不对他人造成威胁，不给社会带来危害。你的朋友，不论与你如何亲密无间，不分你我，都有权利把隐私埋葬起来，不向你透露。如果你尊重朋友，就要避免打听朋友的隐私。这不是冷漠，而是善解人意的体现。知道了朋友的隐私，对朋友、对自己只有坏处，没有好处，会给朋友增加心理负担，也给自己增加保密的义务。有的人就好打听别人的隐私，津津乐道，以此为快，这是不健康心理的反映，是趣味低级和庸俗作风的表现。

如果你无意中知道了朋友的隐私，最好把它从记忆中抹掉，至少也要把好嘴巴这道关口，守口如瓶，不能泄露出来，要注意避免谈论朋友的隐私。撕开朋友痊愈的伤疤，暴露朋友隐匿的秘密，只能使朋友尴尬、不快，饱尝痛苦和羞愧，而且会给搬弄是非的小人提供中伤、打击、散布流言蜚语的材料。

朋友心里面存有隐私是非常合理的事情，我们要给予尊重，让朋友保留一片秘密的天空。侵入朋友隐私世界只能给自己和他人带来不利。

思路突破：尊重是维系友谊的灵魂

如果说真诚是维系友谊的基础的话，尊重便是维系友谊的灵魂。

卢梭说："如果说爱情使人忧心不安的话，则尊重是令人信任的；一个诚实的人是不会单单爱而不敬的，因为，我们之所以爱一个人，是因为我们认为那个人具有我们所尊重的品质。"

别林斯基说过："自尊心是一个人灵魂中的伟大杠杆。"人人都有自尊欲望，即便是奴隶——只不过他们的自尊欲被奴隶主压抑了。

自重是自尊的前提，正如巴尔扎克所说的那样："谁自重，谁也会得到尊重。"所谓自重，即心理上的自我约束和行为上的合理规范。这里包含一个"度"的概念。任何心理行为都不可超过一定的"度"，比如谦逊，过度了就是自卑，人一自卑，便不自重了。再如自信，过度了是骄傲，人一骄傲，也有失自重。潇洒过度显得浪荡，而检点过分便显得呆板。浪荡与呆板，都是行为上的不自重。

自重了，便达到了自尊，然而，仅仅自尊是不够的，重要的是尊重你身边的每一个人，尤其是你的朋友。

据说，美国人交朋友的第一条准则是"为对方保密"，不管这算不算第一准则，但从保持友情来说，这确实是一个重要的准则。特别是知心朋友，由于无所不谈，连自己的隐私、做过的见不得人的事都可能让你知道了，你如果张扬出去，就等于置朋友于死地。当朋友把自己的"隐私”告诉你时，即使没有叫你保密，也表明了他对你的极度信任。对此你只有为他分忧解愁的义务，而没有把这种隐私张扬出去的权利。如果张扬出去，势必会失去朋友的信任，以后人家就再也不敢把自己的“隐私”告诉你了。如果是无意间的“泄密”，那还有情可原，认真向朋友做点说明，还可取得朋友的谅解。假使是故意张扬，以充当“小广播”为能事，那就连最起码的做人道德都没有了，想换取别人的尊重就更不可能了。

因此，学会尊重人，实在是很重要的，只有尊重别人，自己才会被尊重。很难想象一个随意打听别人隐私、传播别人隐私的人会拥有知己。

有色眼镜害人害己

一些人特别容易讨厌别人，觉得别人虚伪、矫情、功利、庸俗，是道德不好的人，而且他们常常觉得自己受到了不公正的对待，别人总是有意跟他们作对。所以，这些人的情绪比较低落，态度比较悲观，好生怒气、怨气、不平之气。

难道生活就真的那么不公平吗？绝对不是，问题往往出在一个人的主观态度上。生活就像一面镜子，你对它哭，它就会对你哭；你对它笑，它也会对你笑。如果你容易讨厌别人，这跟你的思想观念和行为方式有很大关系。

道德是我们社会和人生中不可或缺的组成部分，但仅仅是其中一部分而已，而有的人的问题就在于把道德看作社会和人生的全部。他们总是戴着道德的有色眼镜去看人看事，而现实中的人又总是不免有这样那样的缺点。于是他们就觉得接受不了，觉得别人都太庸俗、太势利，心中产生排斥情绪。事实上，在潜意识中，他们是把自己看成道德的化身了。这样一来，凡是自己看不上、合不来的人就被打上不道德的烙印，极端的道德感会使人变得褊狭和冷酷，这种心态转化为行动，就会使人开始厌恶别人，离群索居，不愿与人交往。

思路突破：拥有好人缘的奥秘

好人缘，是人际关系的润滑剂，也是为人处世的支撑点。没有好人缘寸步难行，有了好人缘走遍天下。人缘的好坏，对一个人的事业和生活有重要的影响。那么，怎样才能有个好人缘呢？

★微笑

微笑是人际交往中最简单、最积极、最易被人接受的一种方法。微笑代表友善、亲切和关怀，是社交中最一般的礼貌和最基本的修养。微笑不用花费什么力气，却能使他人感到舒服。在与他人的交往中，微笑是热情友好的表示，是一股温暖的春风。在才能和智慧不相上下的人群中，谁拥有更多的微笑，成功便在更大的程度上属于谁。笑口常开是社交艺术的真谛。世界著名的希尔顿饭店的创办人康拉德·希尔顿说："如果我的旅馆只有一流的设备，而没有一流的微笑服务的话，那就像一家永不见温暖阳光的旅馆。"从这个意义上说，微笑是一种无价之宝，没有微笑就没有财富。用微笑来服务，用微笑来处世，世界将变得更温暖，事业将变得更顺利，生活将变得更如意。

★称赞

对别人成绩的称赞，既是一种鼓励和肯定，又是一种信任和友好的表示。这样做也最容易赢得友谊，在某种意义上说，友谊就是一种互相交换赞誉的轻松游戏。与人交往，请不要吝惜称赞之辞，这样做，不仅能给被称赞的对象以鼓舞和鞭策，还将给你带来积极的人际效应。

★厚道

在处理人际关系时，不能待人刻薄，使小心眼。别人有了成绩，不能眼红，更不能嫉妒；别人出了问题，不能幸灾乐祸，落井下石，更不能给别人"穿小鞋"。在"文化大革命"中，一些利欲熏心的势利小人，见风使舵，甚至卖友求荣。但陈毅、谭震林等老干部，面对巨大的政治压力，始终坚持实事求是，没写过一份违心的材料，保护了一大批下属，这种高风亮节，受到人们的赞扬。唐代《国史补》中记载了一个"呷酒节帅"的故事：一名叫任迪简的判官，一次赴宴迟到，按规矩该罚酒。倒酒的侍卫一时疏忽，错把醋壶当酒壶，给任判官斟了满满一盅醋，任判官一喝，酸不可支。他知道军吏李景治军极严，若讲出来，侍卫必有杀身之祸，于是咬紧牙关一饮而尽，结果"吐血而归"。事情传出，"军中闻者皆感泣"。这种为人厚道的品格，为人们所称道。

VITKA

PART 08

办事的本事最难学

极端走不得

有的人过分坚持原则，容易走极端，把原则抬高到一个不适当的位置，结果造成许多不良的后果。其根本原因乃在于他们并没有真正理解这些原则的内涵。启蒙他们的重要任务之一，就是要使他们从以原则为纲转向以结果为本，在办事过程善于利用人情的弹性空间。

那些性格比较耿介者往往给人以一种不近情理的感觉。他们冷面无情又一片公心，他们顽固不化又能以身作则。从社会发展的角度说，我们的确需要一部分这样的人坚守住某些信念的堡垒，但是同样出于这一角度，我们更希望他们能以灵活和务实的态度把这些原则变成使众人受益的现实。

显而易见，不通晓人情，片面坚持原则的做法有一定的不良后果。从社会来讲，它事实上阻碍了创新和尝试，因为任何新生事物总是以异于传统的面目出现的，不能学会宽容和权变，就很可能会成为一种妨碍进步的力量。从个人角度来讲，片面坚持原则使自己应该做成的事没有做成，自身利益受到损害，自己从事的某项事业也可能因人际关系僵化而陷入孤立无援的状态，空有大志而无从实现。

思路突破：办事务必通晓人情

通晓人情，就是要有一种设身处地、将心比心的情感体验的态度。从正面讲，就是要“己欲立而立人，己欲达而达人”。就好像肚子饿了要吃饭，应该想到别人肚子也饿了，也要吃饭；身上冷了要穿衣，应想到别人也与你一样。懂得这些，你就要“推食食人”、“解衣衣人”。刘邦就知道这种道理，所以他在韩信眼中是个通人情的人，并且使韩信欠下自己的人情债不忍背叛。

汉王四年，韩信平定了齐国，他向汉王刘邦上书说：“我愿暂代理齐王。”刘邦大怒，转念一想，他现在身处困境，需要韩信，就答应了。韩信的力量更加壮大，齐国人蒯通知道天下的胜负取决于韩信，就对他说：“相你的‘面’，不过是个诸侯；相你的‘背’，却是个大福大贵之人。当前，刘、项二王的命运都悬在你手上，你不如两方都不帮，与他们三分天下，以你的贤才，加上众多的兵力，还有强大的齐国，将来天下必定是你的。”

韩信说：“汉王待我恩泽深厚，他的车让我坐，他的衣服让我穿，他的饭给我吃。我听说，坐人家的车要分担人家的灾难，穿人家的衣服要思虑人家的忧患，吃人家的饭要誓死为人家效力，我与汉王感情深厚，怎能为个人利益而背信弃义。”

过了几天，蒯通又去见韩信，告诉他时机失去了便不再来，韩信犹豫不决，只因汉王对他情深义重。

我们姑且不论刘邦以后如何处死了韩信，但就人情世故而言，刘邦做得很成功，他能令韩信在想到背叛时心中产生了愧疚之意，不忍去做。

通晓人情从反面讲，就是要“己所不欲，勿施于人”。你爱面子，就别伤别人面子；你要自己受人尊重，就不能不尊重别人。

“只许州官放火，不许百姓点灯”的事，也不是没有人做。

项羽就是其中之一。虽然他有“霸王”的美称，却只有霸者的习气，没有王者的风范。他自己想称王，却想不到手下的弟兄也想做官。该赐爵的时候，爵印就在他手中，棱角都磨损了，他还是舍不得颁发下去。

因此，与其说项羽败给刘邦，还不如说他输给了人情。

做事不分轻重缓急

有的人在处理日常生活的方方面面时，的确分不清哪个更重要，哪个更紧急。他们以为每个任务都是一样的，只要时间被忙忙碌碌地打发掉，他们就从心眼里高兴。

很多人是根据事情的紧迫感，而不是事情的优先程度来安排先后顺序的。

把一天的时间安排好，这对于成就大事是很关键的。

行动没有章法，眉毛胡子一把抓，不能分清轻重，这样不会一步一步地把事情做得有节奏、有条理，反而会导致很坏的结果。

在紧急但不重要的事情和重要但不紧急的事情之间，你首先去办哪一个？面对这个问题你或许会很为难。

在现实生活中，有些人就是这样，正如法国哲学家布莱斯·巴斯卡所说：“把什么放在第一位，是人们最难懂得的。”对他们来说，这句话不幸言中，他们完全不知道怎样把人生的责任按重要性排列。他们以为去做本身就是成绩，其实大谬不然。

思路突破：把握帕累托法则

帕累托法则又称作“80/20定律”。其内容是“一个团体中比较重要的项目，大多由团体中的少数所构成”。譬如，占全部人口20%以下的人所犯的罪，约占全部犯罪案件的80%；占全公司人数20%以下的业务员所完成的业绩，约占全公司业绩的80%；占开会人数20%以下的人员所提的建议，约占全部发言的80%。

也就是说，重要的东西大都集中在较小的部分，其比例为80比20。如果在工作的时候，能够集中精力于重要的20%，就等于完成了80%。也就是说，工作量不见得一定要做到80%，只要能掌握住重要的20%，就一切OK了。无论工作或是读书，想要把该做的全部做完，总是不太可能的，一个人做事免不了会受到时间、空间的限制。因此，如果不先把重要的部分掌握住，到最后可能就没时间，也没机会了。如果抱着凡事尽力的完美主义，到头来往往是事事落空。

如果能把握这条80/20定律，就不用担心事情太多了。事先尽量分出事情的轻重缓急，然后全力完成重要的部分就可以了。没有必要一个也不放过，即使留下一些事情没做，会有一点小麻烦，也不会是致命的问题。做事应该着眼于大处。所以，这条定律不只适用于学生、上班族，对于所有的人都是很有用的。

虽然生意兴隆是件好事，但如果电话太多，光是接电话就让人受不了，因为接电话的时候，什么事也不能做，时间就白白浪费了。不过，幸好这种电话问题，也能用帕累托法测解决。

假设一天接到100个电话，然而，这100个电话不可能是100个人分别打的，根据帕累托法则，有20%的人打了好几次，约占全部电话的80%。

所以，只要处理这较常打来的20%的电话就可以了，而事实也的确如此。

方法成就事业

聪明的方法是成就事业不可或缺的条件。

在一次数学课上，老师给大家出了这样一道数学题：将1～100之间的所有自然数相加，和是多少？老师承诺，谁做完这道题谁就可以放学回家。

为了能尽快回家享受自由快乐的美好时光，同学们都努力地算了起来，有的人甚至额头上都渗出了汗。只有小高斯一人静静地坐在自己的座位上。他一只手撑着下巴，一只手在无意识地摆弄着手中的铅笔，他在寻找一种可以快速解答这个问题的办法。

过了一会儿，小高斯举手交答案了。

“老师，这道题的答案是5050。”小高斯很自信地说。

“你可以给出你的方法吗？别人可连一半都没有加完啊！”老师略带吃惊地问。

“当然。你看，99+1=100，98+2=100……依此类推，到49+51=100，50+50=100时，我们恰好得到了50个100是5000，然后再加上单个的100是5100，但这里的50加了两次，所以要减去，最后结果就是5050了。”

老师对小高斯的解答十分满意，并确信他将来一定会有所作为。后来高斯真的成了世界知名的数学家。

小高斯的故事告诉我们，做任何事情，既要勤奋刻苦又要开动脑筋，这往往会达到事半功倍的效果。然而，有些人办事时却不喜欢思考，也不讲究办事的方法。他们干什么事都是急匆匆的，于是常常因为缺乏方法而出现差错。“凡事三思而后行”，在充分思考的基础上，找到最佳的方法，方能做到结果准确无误。

思路突破：进行充分的思考

世上流传着一句十分有名的谚语，叫作“Use your head”。许多有名的智者一生都在遵循这句话，为人类解决了很多原本被认为根本解决不了的问题。

在现代社会里，每个人都在想尽一切办法来解决生活中的问题，而最终的强者就是运用办法最得当的那部分人。

世界著名电脑商IBM的前任总裁华特森就是一个特别注重办事方法的人，而且十分舍得花费时间和金钱来培训员工们想办法的能力。他曾对外界信誓旦旦地说：“IBM每年员工教育训练费用的增长，必须超过公司营业额的增长。”事实也确实如此。

在全世界IBM管理人员的桌上，都会摆着一块金属板，上面写着“THINK”。

这一字箴言，是IBM的创始人汤姆·华特森创造的。

1911年12月，华特森还在NCR（国际收银机公司）担任销售部门的高级主管。

有一天，寒风刺骨，淫雨霏霏，华特森从一大早就主持了一个销售会议。会议进行到下午时，气氛沉闷，无人发言，大家逐渐显得焦躁不安。

这时华特森突然在黑板上写了一个很大的“THINK”，然后对大家说：“我们共同的缺点是，对每一个问题都没有充分思考，别忘了，我们都是靠动脑赚得薪水的。”

在场的NCR总裁约翰·巴达逊对“THINK”这一单词大为赞赏，当天，这个字就成为NCR的座右铭。3年后，它随着华特森的离职，变成了IBM的箴言。

方圆有法则

处世办事只知“方”，少权变常碰壁，一事难成；只知“圆”，多机巧却是没有主见的墙头草。“方圆之理”才是智慧与通达的成功之道。

得意时早回头，失败时别灰心，这是人们根据长期生活积累而得到的经验之谈。俗话说：“圆的不稳，方的不滚。”圆为灵活性，为随机应变，为具

体问题具体分析；方为原则性，为坚守一定之规，为以不变应万变。刘邦便是忍一时之气而最终夺得天下的。

做人需要内方外圆。过于坚硬必被折断，过于扩张必会裂开。为人处世也是如此，不能过于倔强耿直。

既知退而知进兮，亦能刚而能柔。

安身处世要懂得进退，既有原则又要灵活。

时势变迁，事物的发展也随之变化，因而对策也要随之改变。做人须内里端方正直，对外灵活圆通。笔直的树木不能形成阴凉，过于直率的人容易得罪人，就不会有朋友。与人相处要随和之中有耿直，处理事情要精细之中有果断，认识道理要正确之中有通达灵活。

以正直克己持身，贵在处世有灵活变通不固执己见的权变。处世缺乏变通灵活的心眼，就像木头人一般，无论走到哪里都会被人认为碍手碍脚。

由于种种原因，人有时不得不违心地处世待人，在此种情势下，亦应相应采取补救之策。

思路突破：可方可圆，是为人处世的最高境界

可方可圆，是为人的因果律，又是大自然的法则。《易经》中说：“天行健，君子以自强不息。”又说：“地势坤，君子以厚德载物。”在这里，圆，象征着运转不息、周而复始的天体；方，象征着广大旷远、宽厚沉稳的地象。北京有个著名的天坛公园，公园分东、西、南、北四门，四四方方。园内主体建筑是祈年殿，整个大殿呈圆形：圆基座，圆柱体，浑圆顶。可谓象征天圆地方的精心设计。

可方可圆，是经世治国的方略。圆，象征着风调雨顺、国泰民安的祥和；方，象征着天下归心、四海升平的景象。圆，又寓意五湖四海、经天纬地的博大襟怀；方，又寓意“古往今来，物是人非，天地里，唯有江山不老”的山川造化。

中国的铜钱，外面圆圆的，中间是棱角分明的方孔，它寓示着“外圆内方”的做人处世的道理。一个人如果过分方方正正，有棱有角，必将碰得头破血流；但是一个人如果八面玲珑，圆滑透顶，总是想让别人吃亏，自己占便宜，也必将众叛离亲。因此，做人做事必须方外有圆，圆中有方，外圆内方。

而如何把握好何时何事可“方”，何时何事可“圆”，这就是人生成功的要诀所在。

《庄子·天下篇》中说：“矩虽然可以用来画方，但是矩本身不是方的，所以说矩不可以为方；规虽然可以用来画圆，但规本身不是圆的，所以说规也不可以为圆。”《算经》中说：“方中有圆者，谓之圆方；圆中有方者，谓之方圆。”古人的论述再一次说明了可方可圆的道理，值得我们去效法。

事情总在变

人不可能都是“诸葛亮”，事事能掐会算。因此，在实践中学习，在实践中调整自己的行动，就是十分重要的了。

这就是说，在托人办事的过程中，及时地根据此时此地和彼时彼地情况的变化，来审视和调节自己，适时地采取相应的变通措施，才可能避免或减少失败。事变我变，人变我变，不把希望盯在某一点上。成功的可能性变小了，就全力争取，奋勇拼搏。

某地一教师，辞职经商，与人合作，办了一个电子产品经营商店，然而生意不景气。他立即改变门路，与合作者商谈，办起了一所电器维修学校，求学者络绎不绝，不仅受到上级领导和群众的欢迎，而且经济收入颇丰。如今经上级批准已扩大为民办的一所大学，闻名省内外。

作为当事者，一旦行动起来，就不能不从多方面考虑。但要想办法使自己处于正常竞争的心理状态。这样，你就少了一份失败的危险，而多了一份成功的希望！

思路突破：换一种思维，赢得一片新天地

曾有这样一则故事。

日本北海道冬季严寒，积雪期长达4个月。积雪对农作物而言，固然有防虫与防寒等好处，但积雪时间太久的话，会影响农民播种。

铲除残雪，得花大钱；等阳光来融雪，天公又常不作美。因此，农民只好撒泥土来融解积雪，但泥土太重，融雪的效果也不好。所以，几十年来，积

雪问题一直困扰着北海道的农民。

有一天，一个老农夫试着把炉中的黑灰撒在积雪上，没想到，效果非常好，一举解决了数十年的难题。

黑灰不但较泥土易于搬动，而且吸热性好，融雪的效果优于泥土数倍，再说移出黑灰，等于把火炉打扫干净，真是一举两得。

黑灰原是废物，经过农夫动脑变成极有用之物，这真是应验了一句话：只要肯动脑，垃圾也能变成黄金。

某大鞋厂的老板派两名销售经理到非洲考察新鞋销售的市场潜力，两人回国后先后向老板报告，甲经理兴味索然地说，“非洲人不穿鞋子，因此市场没有开发的价值，我们不必去了。”

乙经理则另有一种说辞，他兴致勃勃地指出：“非洲大多数的人都还没有买鞋子，这个市场潜力无穷，应赶快进行开发，先抢得商机。”结果乙经理受到重用，甲经理不久后离职。

为了提高生活品质，人人应充实自己，扩大视野，在日常生活中培养健康、合理的思考模式，作为行动的指导原则。

换一种思维方式，把问题倒过来看，不但能使你在工作中找到峰回路转的契机，也能使你得到生活上的快乐。

有一个老妇人，她生有两个女儿。大女儿嫁给一个浆布的为妻，小女儿嫁给了一个修伞的人，两家过得都不错。看着两个女儿丰衣足食，老妇人原本应该高兴才对，可是她却每日都很愁苦，因为每当天气晴好的时候，老妇人就为小女儿家的生意担忧：晴天有谁会去她那里修理雨伞呢？而到了阴天的时候，她又开始为大女儿担心了：天气阴暗或者下雨，就不会有人去她那里浆被单啊！就这样，无论是刮风下雨天，还是晴好的天气，她都在发愁，眼见骨瘦如柴了。

这一天，村里来了个智者，他听老妇人讲完自己的境遇后，微笑着对老妇人说：“你为什么不倒过来想？晴天时，你的大女儿家的生意一定好，而下雨的时候，小女儿家的生意就好。这样，无论是什么样的天气，你都有一个女儿在赚钱呐！”老妇人听完之后，心中豁然开朗了起来。

牛角尖里没出路

有一个人给一位心理专家写信说：“我是班里有名的死脑筋，想问题、做作业总是死搬教条，因此常常钻牛角尖。”因此，钻“牛角尖”就是“死脑筋”的同义词。

所谓的“死脑筋”，主要是指思维的灵活性比较差。

可是为什么有人思维不灵活呢？

其实这里有先天的生理原因，也有后天的修养原因。

从先天的原因来看，主要和人的高级神经活动的特点有关。

人的高级神经活动分为4种基本的类型。其中一种为“安静型”，属于这种类型的人，他们大脑的高级神经活动有一个较突出的特点，那就是在对外界的影响做出反应时很迟钝。

这种慢性子的人在看问题、办事情时，就可能表现出惰性的色彩：到了拐弯处，他难以迅速转弯，还需要走一阵子，甚至一直走下去，以至于钻进牛角尖。

从后天的修养来看，主要是因为在后天的发展中，人们不同的心理特征对思维灵活性有影响。从思维自身的特征来说，有些人的思维是发散式的，因此想问题比较开放，一些人喜欢从不同的角度来想。有的人的思维是集中式的，这种人的想象总是较倾向于整齐划一，热衷于沿一条思路找寻答案，追求稳定。相对来说，这种集中式思维特征比较突出的人，容易陷入“牛角尖”。

陷进“牛角尖”之中，办事便不会变通，思维也不会灵活发散，最终导致事情办得并不尽如人意。由此，人们应走出牛角尖，学会迂回办事的艺术。

思路突破：学点儿“弯弯绕”

拐弯抹角，藏锋不露，也是一种办事艺术。它是为了创造一种适宜的寒暄气氛，有意抓住生活中的细枝末节，在彼此的心弦上轻拔慢捻，从而弹奏出人情味。

当你有事去求某位知名人士时，此君以工作忙碌为由搪塞，你也不必气馁。不妨做一名热心的听众，积极寻找交谈的“由头”，看准时机，再向此君说：“您刚才说的那段话，使我想起了一个问题……不知您对此有何见教？”他就会在不知不觉中顺口说出对这个问题的意见。这样，彼此之间的距离便会拉近。

办事中，当自己遇到举棋不定或束手无策的事件时，不妨让对方的话说个开头就中断，“这么说，你的意思是……”这样很容易令对方自以为是“主角”，在毫无戒心的情况下，通常会自然地将自己的心迹“投影”在接下去的话里，使你既体现了对对方的尊敬，又避免了自己因山穷水尽而出洋相。

人常说，要讨母亲的欢心，莫过于称赞她的孩子。一些聪明的人往往利用孩子在人际交往中充当媒介。本是一桩看似希望渺茫的事，通过向“小皇帝”、“小公主”大献殷勤，便可迎刃而解。

由于人与人的认识水平、思想观点、生活方式各有不同，所以在办事时难免发生冲突或摩擦，即使有很好的人际关系，也难免心生怨气，耿耿于怀。

对这种“心肌梗死”，如不及时医治，久而久之便会恶化。而有办事技巧的人，会在“战事”停息之后，不忘递上一杯“热咖啡”——不是亲自登门道歉，就是当着对方另一位朋友的面故意将过去的事大加渲染，有的放矢地讲自己是为大家好，是迫不得已而为之。以此将你的苦衷、诚心间接地传递给对方，让他觉得“你是这样大度，不计前嫌”，使他更加忠于你，与你为善。

然而，拐弯抹角，也不是漫无边际，只有有的放矢，掌握办事技巧，才能如鱼得水，在人际交往中立于不败之地。

PART 09 你的口才价值百万

留心吃到“嘴上亏”

“烦死了，烦死了！”一大早就听小华不停地抱怨，一位同事皱皱眉头，不高兴地嘀咕着：“本来心情好好的，被你一吵也烦了。”

小华现在是公司的行政助理，事务繁杂，是有些烦，可谁叫她是公司的管家呢，事无巨细，不找她找谁？

其实，小华性格外向，工作起来认真负责，虽说牢骚满腹，但该做的事情，一点也不曾怠慢。维护设备，购买办公用品，交通讯费，买机票，订客房……小华整天忙得晕头转向，恨不得长出4只手来。

刚交完电话费，财务部的小李就来领胶水，小华不高兴地说：“昨天不是刚来过吗？怎么就你事情多，今儿这个，明儿那个的？”接着抽屉开得噼里啪啦，翻出一个胶棒，往桌子上一扔：“以后东西一起领！”小李有些尴尬，又不好说什么，忙赔笑脸：“你看你，每次找人家报销都叫亲爱的，一有点事求你，脸马上就长了。”

大家正笑着呢，销售部的王娜风风火火地冲进来，原来复印机卡纸了。小华脸上立刻晴转多云，不耐烦地挥挥手：“知道了。烦死了！和你说一百遍了，先填保修单。”她把单子一甩说：“填一下，我去看看。”小华边往外走边嘟囔：“综合部的人都死光了，什么事都找我。”对桌的小张听完气坏了：

“我招你惹你了？”

她态度虽然不好，可整个公司的正常运转真是离不开小华。虽然有时候被她抢白得下不来台，也没有人说什么。怎么说呢？她不是把应该做的都尽心尽力做好了吗？可是，那些“讨厌”、“烦死了”、“不是说过了吗”实在是让人不舒服。

年末的时候，公司民主选举先进工作者，大家虽然都觉得这种活动老套可笑，暗地里却都希望自己能榜上有名。奖金倒是小事，谁不希望自己的工作得到肯定呢？领导们认为先进非小华莫属，可一看投票结果，50多张选票，小华只得12张。

有人私下说：“小华是不错，就是嘴巴太厉害了。”

小华很委屈：“我累死累活的，却没有人体谅……”

思路突破：口才的魔力

在社会交往中能够如鱼得水的人，可以顺畅地表达自己的意图，别人听后也乐意接受。另外，他们还可以从谈话中测定对方的意图，从中得到启示，了解对方并与之建立友谊，从而在各种各样的人际交往中受到欢迎。

但是，我们也会看到许多口才不佳的人不能清楚地表达自己的意图，因而对方听得很费神，也就不可能心悦诚服地接受，这就造成了交际的障碍。

一个有好口才的人说出来的话大都能拨动人们的心弦，好像具有一种魔力。他的举手投足、只字片语似乎都可以使周围的空气松弛或紧张。

好的口才能给人愉悦感，从而获得他人的尊敬；可以使相互熟识的人情更浓，爱更深；可以使陌生的人相互产生好感，结下友谊；可以使意见分歧的人互相理解，消除矛盾；可以使彼此怨恨的人化干戈为玉帛，友好相处。

“不”字也要说

人如果总以一个志愿者、助人者的角色，陷入一种对每个人、每件事都尽心尽力的生活模式中，他所承受的压力会让他很难保持平静从容的心态，烦躁、易怒、怨愤、闷闷不乐等形容词非常准确地表达了他心中的真实感受。

在他本来想说“不”予以拒绝的时候，却违心地说“是”予以答应。这种貌似口误的表达后面，其实有种种更深层次的心理原因：也许他希望获得别人的喜欢；也许他希望被别人重视；也许他愿意被人奉承，应允别人的请求可以感到自己的力量；也许他担心如果拒绝别人的要求就会失去什么。这一切导致他对别人的要求违心地点头应允。

可悲的是，一些人竟然会习惯性地认为，拒绝别人的要求是一种不良习惯。有的时候我们甚至还没有听清楚别人的要求是什么，就心不在焉地让“好，没问题”从嘴边溜了出来。还有许多人对别人的要求不好意思拒绝，因为他们会因为拒绝了别人而在很长的一段时间里感到不安或愧疚。

当有些人想占用你的时间和精力、希望你能答应他们的请求时，能保护你所列的优先顺序不被干扰，最有效的手段之一，就是具备对他人说“不”的能力。在你有过本来想说“不”却违心地说了“是”的苦恼经历以后，学会说“不”可能是一个比较困难的课程。

但是如果想要有效地把握自己的优先顺序，为自己赢得更多的时间，这就是一个非学不可的技巧。在今天的生活中，常常会有人跑来要求你去做占用你的时间却只是对他们自己有利的事情。

几乎每一个人都曾有过对一件事明明心里想拒绝，可还是答应下来的经历。无论这样做的理由是什么，这种随便地应允他人要求的做法，到后来就会使自己不由自主地把“要求”当作自己的义务，并且一而再再而三地履行这些义务。

思路突破：说“不”的技巧

该说“不”时，就要勇敢地说“不”！

不过，说“不”也不是那么简单，而是需要技巧的。因为请求你办事的人，大多是身边的亲朋或同事，如果技巧运用不好，很容易弄僵彼此的关系。

技巧因人而异，不过也有一些原则可循：

尽量委婉、平和，说明你说“不”的原因，让对方有台阶下，也不致伤了和气。如果可能，迂回一点讲也可以，而不要直接说“不”，对方应能听懂你的弦外之音。

不过，说“不”要进行学习，可以先从小事学起，久而久之，便可掌握分寸，不会脸红脖子粗，让人一见就知道你的“不”并不坚定。此外，还可把自己塑造成有原则的人，那么一些无谓的要求就不会降临到你身上。

★不要留下模糊空间去猜测

仔细倾听他人的要求，问明白有关细节，弄清楚人家究竟期待你的是什么。要搞得明明白白，不要接受含混不清的要求。在你开口表态以前一定要想清楚。

★暂缓表态

如果你没有勇气在别人提出要求时立即给予拒绝，那么可以先说：“让我仔细想一想，我会尽快给你答复的。”等一两天，然后鼓起勇气来回复他，拒绝他的要求。如果对方强迫你立刻回答他，那么只能立刻回答他说“不”。拖上一阵子再说“不”予以拒绝（如果你已经决定了），要比当时犹犹豫豫地先说“是”答应下来，事后又想反悔容易得多。

★说“不”态度要坚定

如果你年幼的女儿希望你带她去百货商场而你不想去，就直截了当地说“不”，没有商量的余地。如果你的同事要求你加入一个筹集资金的基金会，就直接告诉他："不行，我现在实在抽不出时间来。"

★以难以胜任为借口予以拒绝

举例来说，如果有人希望你帮他做含有大量文字写作的工作，而写作又不是你的强项时，你就应拒绝他。如果这项工作超出了你的承受力，最好的应对办法就是干脆地回答："这件事我可干不了。"

★把自己的计划放在最优先的顺序处理

说"不"予以拒绝，再加上一句补充"我现在实在太忙了"或者"我已经精疲力竭了"。如果这样说不奏效的话，可以进一步表示："我非常愿意帮助你，但是我现在手头上还有5件自己的事急着要办。"他们听了以后，一般不会提出来帮你做这5件事，但他们很可能就此打退堂鼓，不再坚持要麻烦你了。

★绝不要说"我没有时间"

对方听了后可能会"好意地"详细追问你的行事细节，然后"帮"你从中找出可以抽出来帮助他们的时间。到了这一步，你就几乎无路可退，不得不勉强地答应他们的要求。

★及时打断对方谈话

不要让别人旁敲侧击地诱导你，使你最后不得不同意他们的要求。在谈话中听出对方有某种暗示时，应尽早直截了当地说："我很抱歉听到这种情况。"或者说："我很抱歉你会遇到这个问题。"然后继续按自己的思路说下去："如果你希望我来帮你这个忙，我恐怕现在也没什么办法。"

如果他进一步恳求你，就应该坚决一点回绝说："我现在真的没有办法来帮助你。"用这种拒绝办法来应付那些习惯于依赖别人、总是占用人家的时间来为他们做这做那的家人和朋友，是很有效的。

幽默是黄金

幽默，是人的主体性力量的显现。在人际交往中，只要幽默得体适时，就能够松弛神经，活跃气氛，创造出和谐美好的"家庭环境"。置身于这种环境中，我们交往起来方能心情舒畅、精力充沛。

幽默的谈吐往往惹得人们捧腹大笑。生活中的幽默既可以随意发挥，也可以刻意设计，它们都是生活的一种重要的调剂方式。善于运用它们的，都是对生活充满热爱的人。

在一次贸易谈判中，由于双方都维护各自的利益而不肯做任何让步，使谈判陷入僵局，主人只好宣布休会。用餐时，主人为客人斟酒，手一抖，酒杯碰在客人额角，竟将酒浇了客人一头，当时的情形十分尴尬。公关小姐见状，从容地举起酒杯，对客人说："让我们为我们双方的共同利益与友好合作，从头来干一杯！"主客一愣，随即会意地大笑。在笑声中，双方意识到了坐到一起来的原因，于是重新回到了谈判桌上，在互谅互让的友好气氛中开始了贸易谈判。

一位旅游者骑摩托车出游，半途中汽油耗尽，恰好不远处有一个加油站。旅游者担心钱不够用，焦急地对值班员说："我只有10块钱！"值班员轻松地回答说："没关系，星期四我们是不找钱的。"旅游者回头一看，加一次油原来只需8块钱。俩人都笑了。这一笑，便笑出了和谐与亲切。

和谐美好的人生，是我们追求的目标，然而事与愿违，生活并不一定能给予我们公正的回报。遇到这种情形，嫌弃型性格的人也许会耿耿于怀，一触即发；而人缘型性格的人，则会泰然处之，以幽默去消除敌意。

在公共汽车上，乘客与售票员发生了争吵，乘客抱怨售票员不提醒他，使他坐过了站。售票员解释自己报了站名，怪他没听见。乘客大怒，叫道："小姐，下车！"售票员不慌不忙地说："小姐不能下车，小姐下了车，谁来卖票呢？"乘客意识到了自己的鲁莽，忍不住也笑了。一场可能发生的冲突就这样化解了。

幽默虽然能够促进人际关系的和谐，但运用不当，也会适得其反，破坏人际关系的平衡，激化潜在矛盾，造成冲突。在一家饭店，一位顾客生气地对服务员嚷道："这是怎么回事？这只鸡的腿怎么一条比另一条短一截？"服务员故作幽默地说："那有什么！你到底是要吃它，还是要和它跳舞？"顾客十分生气，一场本来可以避免的争吵便发生了。

思路突破：幽默的5点技巧

同样的话，有的人说出来生动有趣，有的人说出来却呆板无味，这除了与人的个性有关外，还与说话的技巧有关。一个故事之所以有趣，十之八九在于讲故事的人讲述得法。林肯就曾讲过一个故事，让人笑得从椅子上掉下来。

“有一个旅客，正在经过十分泥泞难行的伊利诺伊州的草原回家去，中途忽然遇到了暴风雨。天黑如墨，大雨倾盆，好像天上的河堤决了口一样。隆隆的雷声，从乌云之中迸发出来，宛如火药库在爆炸。接二连三的闪电，照亮草原，露出许多被雷雨折弯了腰的树木，雷声愈来愈响，震耳欲聋，后来他突然被一个巨大而又可怕的雷声吓得跪倒在地。他一向是不祈祷的，然而就在这时候，他却喘着气说：‘我的主，如果雷声和闪电对你来说是一样的，就请你多给我一些光亮的闪电，少给我一些可怕的雷声吧！’”

这段话本身在我们看来并不是很有趣，那为什么林肯一讲，大家就禁不住大笑呢？原因就在于林肯掌握了讲话时语速、语调的综合运用。下面就介绍几种幽默的技巧。

★偷梁换柱

偷梁换柱法实质上是一种偷换概念、故意违反逻辑的幽默。概念被偷换得越离谱、越隐蔽，概念的内涵差距越大，幽默的效果就越强烈。

1843年，林肯作为伊利诺伊州共和党的候选人，与民主党的彼德·卡特赖特竞选该州在国会的众议员席位。

卡特赖特是个有名的牧师，他抓住林肯的一个“小辫子”大肆攻击林肯，使林肯在选民中的威信骤降。

有一次，林肯获悉卡特赖特又要在某教堂做布道演讲了，就按时走进教堂，虔诚地坐在显眼的位置上，有意让这位牧师看到。卡特赖特认为又可以大肆攻击林肯一番了。就在演讲进入高潮时，牧师突然对信徒说：“愿意把心献给上帝，想进天堂的人站起来！”信徒全都站了起来。“请坐下！”卡特赖特继续祈祷之后，又说：“所有不愿下地狱的人站起来吧！”当然，教徒们又一次站起来。

就在这时，牧师又对教徒们说：“我看到大家都愿意把自己的心献给上帝而进入天堂，我又看到有一人例外。这个唯一的例外就是大名鼎鼎的林肯先生，他两次都没有做出反应。请问林肯先生，你到底要到哪里去？”

这时林肯从容地站起来，面向选民平静地说：“我是以一个恭顺听众的身份来这儿的，没料到卡特赖特教友竟单独点了我的名，真是不胜荣幸。我认为卡特赖特教友提出的问题都是很重要的，但我感到可以不像其他人一样回答问题。他直截了当地问我要到哪里去，我愿用同样坦率的话回答：我要到国会去。”

在场的人被林肯雄辩风趣的语言征服了。后来，林肯顺利地当上了国会众议员。

★一语双关

它指在一定的语言环境中，利用语句的同义、谐音关系等，有意识地使用其双重意思，说者往往是要表达“话”中之“话”。这种幽默含蓄委婉、生动活泼、风趣诙谐，能给人以意外之感。

我们中国人就特别善于运用一语双关的幽默形式。

传说纪晓岚在行舟途中，遇到一位老者，亦乘大船南下，还给纪晓岚送来一张纸条：“我看阁下必是一位文士，现有一联，如阁下能对出，敝船必当退避三舍，如对不出，则只好委屈阁下殿后。”老者的上联是：“两舟并行，橹速不如帆快”。这是一副语意双关联。“橹速”谐指三国著名文臣鲁肃，“帆快”暗指西汉著名勇士樊哙，一文一武，正巧构成双重含义，表面上是说橹不如帆，暗含的意思是说文不如武。纪晓岚深知此联难对，不禁冥思苦想，结果让老者扬帆远去。他到福州后，主持院试，乐声轰鸣。纪晓岚触景生情，想出下联：“八音齐奏，笛清怎比箫和”。“笛清”暗指北宋名将狄青，“萧和”暗指西汉名臣萧何，也是一语双关，一文一武，文胜于武，对得天衣无缝。

★妙语连珠

妙语连珠也是一种幽默方式，能做到妙语连珠的确不容易，需要有良好的口才和幽默感。

有人问作家刘吉：“有人说跳迪斯科扭屁股是颓废，你同意吗？”对此，假如正面回答是或不是，就显得苍白无力。刘吉用反诘句作了风趣而令人信服的答复：“有的舞蹈可以扭脖子，有的舞蹈可以扭肩膀，为什么迪斯科不可以扭屁股呢？不都是扭身体的一部分吗？”真是绝妙的回答，两句反诘，胜过千言万语。

★借题发挥

借题发挥是指顺着别人的某一话题，引申发挥，出人意料地表达自己的某种思想。

南唐时，京师大旱，烈祖问群臣："外地都下了雨，为什么京师不下？"大臣申渐高说："因为雨怕收税，所以不敢入京城。"烈祖听后大笑，并决定减税。

申渐高巧借烈祖的话，引申发挥，表达了京城税太多，应该减税的思想。这非常巧妙，效果也很好，烈祖在笑声中接受了他的意见。

★急中生智

人们在社交场合中，往往会遇到令人发窘的问题和尴尬的处境。这种时候运用急中生智的幽默术是最好的方法，能把自己思维的潜在能量充分发挥出来。为此，你就需要冷静、乐观、豁达，使自己的精神处于一种自由的、活跃的状态中，运用机智而又幽默的语言，帮助自己解困。

有一次，著名京剧老生演员马连良先生演出《天水关》，他在剧中饰演诸葛亮。开演前，饰演魏延的演员突然病了。一位来看望他的同行毛遂自荐，替演魏延这一角色。

当戏演到诸葛亮升帐发号施令巧施离间计时，这个演员想和马连良开个玩笑，该魏延下场时，他偏不下场，却故意向诸葛亮一拱手，粗声粗气地说道："末将不知根底，望丞相明白指点！"

对此，马先生并未紧张，他先是微微一怔，当即向"魏延"莞尔一笑，说道："此乃军机，岂可明言？请魏将军站过来。""魏延"一听，只好走到"诸葛亮"眼前。只见"诸葛亮"稍微转了一下身体，俯在"魏延"耳边轻声说了一句什么，那"魏延"口中连呼："丞相好计！丞相好计！"然后匆匆下场。

马连良不愧是一位艺术大师，面对突如其来的状况，不慌不忙，巧言解围，他采用的就是急中生智的幽默法。

赞美是最好的说话艺术

每个人都希望得到赞美，人性最深切的渴望就是拥有他人的赞赏。

你能赞美别人有多高尚，你的内心世界就有多高尚！

不要怕因赞美别人而降低自己的身价，相反，应当通过赞美表示你对别人的真诚。记着这一句话："给活着的人献上一朵玫瑰，要比给死人献上一个大花圈价值大得多。"生活中没有赞美是不可想象的。百老汇一位喜剧演员有一次做了个梦，自己在一个座无虚席的剧院，给成千上万的观众表演，然而，观众没有一丝掌声。他后来说："即使一个星期能赚上10万美元，这种生活也如同地狱一般。"

赞美是不能够勉强的，它是理智与情感融合而达到巅峰的一种表达方式。勉强的赞美，不仅使自己心里有不协调之感，而且还会把这种情感传达给听者。社会上有一些人，有时用一些好听的话去奉承别人，暂时收到一些效果。但那毕竟是有不可告人的目的的。一旦得逞，他的甜言蜜语也就化为灰烬了。我们所指的赞美，首先要被赞美的事物本身的确有值得歌颂之处。其次，它也的确能加深赞美者与被赞美者之间健康的友谊。

当你赞美别人的时候，好像用一支火把照亮了别人的生活，使他的生活更加有光彩；同时，这支火把也会照亮你的心田，使你在这种真诚的赞美中感到愉快和满足，并激起你对所赞美事物的向往之情，引导自己朝这方向前进。当你向朋友说"我最佩服你遇事能够坚决果断，我能像你这样就好了。"的时候，也会被朋友的美德吸引，竭力使自己也能够坚强果断起来。妻子或丈夫要是能有心向对方说些赞美的话，就等于取得了最可靠的婚姻保险。

此外，赞美可以消除人与人之间的怨恨。某地有一家历史悠久的药店，店主巴洛具有丰富的经营经验。正当他的事业蒸蒸日上时，离他不远的地方又开了一家小店。巴洛十分不满这位新来的对手，到处向人指责那家小店卖次药，毫无配方经验。小店主听了很气愤，想到法院去起诉。后来，一位律师劝他，不妨试试表示善意的方法。顾客们又向小店主述说巴洛的攻击时，小店主说："一定是误会了，巴洛是本地最好的药店主，他在任何时候都乐意给急诊病人配药。他这种对病人的关心给我们大家树立了榜样。我们这地方正处在发展之中，有足够的空间可供我们做生意，我是以巴洛为榜样的。"巴洛听到这些话后，立刻找到自己的年轻对手，向他道歉，还向他介绍自己的经验。就这样，怨恨消失了。

思路突破：称赞的原则

根据心理学家的报告，称赞别人时，应该遵守下列5项原则：

★当面称赞别人

如果对方是个女人，而她的新帽子很漂亮，你要勇敢地当面称赞她；如果对方是个男人，而他的领带很漂亮，你也应该勇敢地当面称赞他；如果你在报上看到友人被选为先进个人，你也应该立即打电话向他道贺。

你不可能不费吹灰之力就使对方感到愉快，所以，即使你的称赞不可能收到100%的效果，也应该毫不迟疑地当面告诉他。

★征求意见的魅力

比如，你可以问对方："你认为如何？"或是："我该怎么办？"这是属于一种间接的称赞。你或许认为它不能达到和直接称赞相同的效果，但是，如果你能运用得当，它绝对能够产生比直接称赞更好的效果。

★在某种程度上满足对方的虚荣心

对于实在不是很了解事情真相的人，你也应该对他说："你一定很了解吧！"也就是说，你能够把他当作知道此事的人，以满足他的虚荣心，让他感到高兴。每一个人都希望被认为是有知识、有教养的人。如果你不忘常用"你真有知识"、"你真有能力"、"你真有判断力"等语言去满足他这方面的需求，你就能很容易地使他对你产生好感。

曾经有一位催眠专家表示，如果你想催眠一位有教养的人，最重要的秘诀是在事前不露痕迹地给他这样的暗示——知识水准愈高的人愈容易被催眠。

如果你对那些爱谈论政治事务的人说：“像你这样通晓国际形势的人，一定对石油问题的发展情况了然于胸。”你就能很容易地博得他的好感。

★说出对方的优点

比如说，男人希望被认为强壮，女人希望被认为漂亮。你只要好好掌握这个原理，并且制造机会称赞他的强壮或她的漂亮，那么你也可以很容易满足其虚荣心，让其感到无比的高兴。

那么对于根本都不强壮、不漂亮的人，我们该怎么办呢？你可以称赞不漂亮的女人“很有智慧”、“很善良”、“很善解人意”……同样，你也可以称赞不强壮的男人“很有能力”、“很有见解”、“很有个性”……总之，一定有办法找到满足对方虚荣心的赞美词。

★称赞对方的成就

这是满足对方虚荣心最好的方法。有些男人对自己事业的成功感到得意，有些女人对自己孩子优良的学业成绩感到得意。聪明的你就应该在他们这些得意处，好好利用机会加以称赞。

懂得这些称赞原则并且善加利用，一定会为你的生活带来许多意想不到的好处。不过你应当注意，绝不可以把它和“谄媚、奉承”相混淆。

心理学家表示，要防止你的称赞沦为谄媚，最好的方法就是只去称赞他真正的成就。而且，你称赞时的态度必须非常认真和诚恳。称赞和谄媚之别就在这里。

PART 10 懂得选择，学会放弃

患得患失的悲哀

《老子》中说："名与身孰亲？身与货孰多？得与失孰病？是故甚爱必大费，多藏必厚亡。故知足不辱，知止不殆，可以长久。"这句话的意思是，人的一生之中，名声和生命到底哪个更重要呢？自身与财物相比，何者是第一位的呢？得到名利地位与丧失生命相衡量起来，哪一个是真正的得到，哪一个又是真正的丧失呢？所以说过分追求名利地位就会付出很大的代价，你有庞大的储藏，一旦有变则必受巨大的损失。追求名利地位这些东西，要适可而止，否则就会受到屈辱，丧失你一生中最为宝贵的东西。

老子的话极具辩证思想，告诉我们应该站在一个什么样的立场上看待得失的问题。也许一个人可以做到虚怀若谷，大智若愚，但是事事占下风，总觉得自己在遭受损失，渐渐地就会心理不平衡，于是就会去计较自己的得失，再也不肯忍气吞声地吃亏。事事一定要分辨个明明白白，结果朋友之间、同事之间是非不断，自己也惹得一身闲气，而想得到的照样没有得到，这是失的多还是得的多呢？

对于得失问题，古人还认识到：自然界中万物的变化，有盛便有衰；人世间的事情同样如此，总是有得便有失。

患得患失的人把个人的得失看得过重。其实人生百年，贪欲再多，钱财再多，也一样是生不带来死不带去。

挖空心思地巧取豪夺，难道就是人生的目的？这样的人生难道就完善，就幸福吗？过于注重个人的得失，使一个人变得心胸狭隘、斤斤计较、目光短浅。而一旦将个人得失置于脑后，便能够轻松对待身边发生的事，遇事从大局着眼，从长远利益考虑问题。

《老子》中说："祸往往与福同在，福中往往就潜伏着祸。"得到了不一定就是好事，失去了也不见得是件坏事。正确地看待个人的得失，不患得患失，才能真正有所收获。人不应该为表面的得到而沾沾自喜，认识人，认识事物，都应该认识他的根本。得也应得到真的东西，不要为虚假的东西所迷惑。失去固然可惜，但也要看失去的是什么，如果是自身的缺点、问题，这样的失又有什么值得惋惜的呢？

思路突破：有舍方有得

"赠"予别人，其实就是"赠"给自己。

第二次世界大战的硝烟刚刚散尽，以美、中、英、法、苏为首的战胜国几经磋商，决定在美国纽约成立一个协调处理国际事务的联合国。一切准备就绪之后，大家才蓦然发现，这个世界性组织竟没有自己的立足之地。

买一块地皮吧，刚刚成立的联合国机构还身无分文。让世界各国筹资吧，牌子刚刚挂起，就要向世界各国搞经济摊派，负面影响太大。况且刚刚经历了战争的浩劫，各国都国库空虚，甚至许多国家都是财政赤字居高不下，在寸土寸金的纽约筹资买下一块地皮，并不是一件容易的事情。联合国对此一筹莫展。

听到这一消息后，美国著名的家族财团洛克菲勒家族经商议，果断出资870万美元，在纽约买下一块地皮，将这块地皮无条件地赠予了这个刚刚挂牌的国际性组织——联合国。同时，洛克菲勒家族亦将毗连这块地皮的大面积地皮全部买下。

对洛克菲勒家族的这一出人意料之举，当时许多美国大财团都吃惊不已。870万美元，对于战后经济萎靡的美国和全世界，都是一笔不小的数目呀！而洛克菲勒家族却将它拱手赠出了，并且什么条件也没有。这条消息传出后，美国许多财团和地产商纷纷嘲笑说："这简直是蠢人之举！"并纷纷断言："这样经营不要10年，著名的洛克菲勒家族财团，便会沦落为著名的洛克菲勒家族贫民集团！"

但出人意料的是，联合国大楼刚刚建成，它四周的地价便飙升起来，相当于捐赠款数十倍、近百倍的巨额财富源源不尽地涌进了洛克菲勒家族财团的腰包。这种结局，令那些曾经嘲笑过洛克菲勒家族捐赠之举的财团和地产商目瞪口呆。

这是典型的"因舍而得"的例子。如果洛克菲勒家族没有做出"舍"的举动，勇于放弃眼前的利益，就不可能有"得"的结果。放弃和得到永远是辩证统一的。然而，现实中许多人却执着于"得"，常常忘记了"放弃"才是一种至高的人生境界。要知道，什么都想得到的人，最终可能会为物所累，一无所获。

不必为完美所累

谢尔·西尔弗斯坦在《丢失的那块儿》里讲过这样一个故事：一个圆环被切掉了一块，圆环想使自己重新完整起来，于是就到处去寻找丢失的那块儿。可是由于它不完整，因此滚得很慢，它欣赏路边的花儿，它与虫儿聊天，它享受阳光。它发现了许多不同的小块儿，可没有一块适合它。于是它继续寻找着。

终于有一天，圆环找到了非常适合的小块，它高兴极了，将那小块装上，然后又滚了起来，它终于成为完美的圆环了。它能够滚得很快，以致无暇注意花儿或和虫儿聊天。当它发现飞快地滚动使它的世界再也不像以前那样时，它停住了，把那一小块又放回到路边，缓慢地向前滚去。

人生的确有许多不完美之处，每个人都会有这样或那样的缺憾。其实，没有缺憾我们便无法去衡量完美。仔细想想，缺憾不也是一种完美吗？

著名的音乐家托马斯·杰斐逊其貌不扬，他在向妻子玛莎求婚时，还有两位情敌也在追求玛莎。一个星期天，杰斐逊的两个情敌在玛莎的家门口碰上了，于是，他们准备联合起来，羞辱杰斐逊。可是，这时门里传来优美的小提琴声，还有一个甜美的声音在伴唱。如水的乐曲在房屋周遭流淌着，两个情敌此时竟然没有勇气去推玛莎家的门，他们心照不宣地走了，再也没有回来过。

杰斐逊并不完美，也不出众，但是他有了小提琴和音乐才华，就不可战胜了。

生活不可能完美无缺，也正因为有了残缺，我们才有梦，才有希望。当我们为梦想和希望而付出我们的努力时，我们就已经拥有了一个完整的自我。

思路突破：面对不完善的自我

古语云：甘瓜苦蒂，物不全美。从理念上讲，人们大都承认“金无足赤，人无完人”。正如世界上没有十全十美的东西一样，生活中也不存在精灵神通的完人。但在认识自我、看待别人的具体问题上，许多人仍然习惯于追求完美，要求自己样样都行，对别人也往往是全面衡量。

任何人总有其优点和缺点两个方面。

美国大发明家爱迪生，有过一千多项发明，被誉为发明大王，但他在晚年固执地反对交流输电，一味主张直流输电。

电影艺术大师卓别林创造了生动而深刻的喜剧形象，但他极力反对有声电影。

人是可以认识自己、操纵自己的，人的自信不仅是相信自己有能力、有价值，而且是相信自己有缺点。自我永远具有灵与肉、好与坏、真与伪、友好与孤独、坚定与灵活等两重性。

自我容纳的人，能够实事求是地看自己，也能正确看待别人的两重性，这样就会抛弃骄傲自大、清高孤僻、鲁莽草率之类导致失败的弱点。我们将这种自我肯定，自我容纳的意识付诸行动，就能从自身条件不足和所处环境不利的局限中解脱出来，去说自己想说的话，去做自己

想做的事，不必藏拙，不怕露怯。即使明知在某方面不如别人，只要是自己想做的事，也会果敢行动，我行我素。因为任何一个人只有经过不知所措、羞怯紧张的阶段，才能学会走路、讲话、游泳、滑冰、骑车、跳舞等技能。

法国大思想家卢梭说得好："大自然塑造了我，然后把模子打碎了。"这说的是实在话。可惜的是，许多人不肯接受这个已经失去了模子的自我，于是就用自以为完美的标准，即公共模子，把自己重新塑造一遍，结果失去了自我。

"成为你自己！"这句格言之所以知易行难，道理就在于此。

背着石头上山

两个和尚一道到山下化斋，途经一条小河。两个和尚正要过河，忽然看见一个妇人站在河边发愣，原来妇人不知河的深浅，不敢轻易过河。一个年纪较大的和尚立刻上前去，把那个妇人背过了河。两个和尚继续赶路，可是在路上，那个年纪较大的和尚一直被另一个和尚抱怨，说作为一个出家人，怎么能背妇人过河，又说了一些不好听的言语。年纪较大的和尚一直沉默着，最后他对另一个和尚说："你之所以到现在还喋喋不休，是因为你一直都没有在心中放下这件事，而我在放下妇人之后，同时也把这件事放下了，所以才不会像你一样烦恼。"

"放下"是一种觉悟，更是一种心灵的自由。

许多事业有成的人常常有这样的感慨：事业小有成就，但心里空空的，好像拥有很多，又好像什么都没有。总是想成功后坐豪华游轮去环游世界，尽情享受一番。但真的成功了，却又没有时间去了却心愿。因为还有许多事情让人放不下……

对此，台湾作家吴淡如说得好：好像要到某种年纪，在拥有某些东西之后，你才能够悟到，你建构的人生像一栋华美的大厦，但只有外壳，里面水管失修、配备不足、墙壁剥落，又很难找出原因来整修，除非你把整栋房子拆掉，但你又舍不得拆掉。那是一生的心血，拆掉了，所有的人会不知道你是谁，你也很可能会不知道自己是谁。

很多时候，我们舍不得放弃一个放弃了之后并不会失去什么的工作，舍不得放弃对权力与金钱的追逐……于是，我们只能用生命作为代价，透支健康与年华。但谁能算得出，在得到一些自己认为珍贵的东西时，有多少和生命休戚相关的美丽像沙子一样从手掌间溜走？而我们却很少去思忖：掌中所握的生命的沙子的数量是有限的，一旦失去，便再也捞不回来。

思路突破：懂得放弃是一种境界

在日常生活中，对不用之物的处理往往体现出一个人的思维方式。随着人们生活水平的提高，物尽其用的概念已经陈旧。现在，家家都有不少已被替代但并未完全丧失功能的物品，有些人家舍不得丢弃，日积月累，无用之物越积越多，等到堆放不下了，只能惋惜地集中扔掉，并在疲劳的同时慨叹着“早知今日，何必当初”。

有些人随时淘汰那些不再需要的东西，省去了集中处理的精力。其实人生又何尝不是如此，即便过着平凡的日子，也依然会不断地积累，大到人生感悟，小到一张名片，都是从无到有，积少成多。无论你的名誉、地位、财富、亲情，还是你的烦恼、忧愁，都有很多是该弃而未弃或该储存而未储存的。人类本身就有喜新厌旧的癖好，都喜欢焕然一新的感觉，不学会放弃是无论如何也无法焕然一新的。学会放弃也就成了一种境界，大弃大得，小弃小得，不弃不得。

有一个聪明的年轻人，很想在一切方面都比他身边的人强，他尤其想成为一名大学问家。可是，许多年过去了，他的其他方面都不错，学业却没有长进。他很苦恼，就去向一个大师求教。

大师说：“我们登山吧，到山顶你就知道该如何做了。”

那山上有许多晶莹的小石头，煞是迷人。每见到他喜欢的石头，大师就让他装进袋子里背着，很快，他就吃不消了。“大师，再背，别说到山顶了，恐怕连动也不能动了。”他疑惑地望着大师。大师微微一笑：“该放下，不放下背

着石头咋能登山呢？”

年轻人一愣，忽觉心中一亮，向大师道了谢走了。之后，他一心做学问，进步飞快。其实，人要有所得必有所失，只有学会放弃，才有可能登上人生的高峰。

进和退有学问

美国前总统克林顿跟莱温斯基的那场风波也许仍在人们的记忆之中。我们想一想，当克林顿与莱温斯基的事情东窗事发时，克林顿若死不承认，也是一种选择。当着全世界人的面，堂堂的总统承认自己的丑事，这是多让人难为情的事情啊！但克林顿的聪明之处就在于，他采取了一种以退为进的策略，承认了自己的错误。

无独有偶，同样是美国总统，当年肯尼迪在竞选美国参议员的时候，他的竞选对手在最关键的时候轻易地抓到了他的一个把柄：肯尼迪在学生时代，曾因欺骗而被哈佛大学清退。这类事件在政治上的威力是巨大的，竞选对手只要充分利用这个证据，就可以使肯尼迪诚实、正直的形象蒙上一层阴影，使他的政治前途黯淡无光。一般人面对这类事情的反应不外是极力否认，澄清自己，但肯尼迪很爽快地承认了自己的确曾犯了一项很严重的错误，他说：“我对于自己曾经做过的事情感到很抱歉。我是错的。我没有什么可以辩驳的。”肯尼迪这么做，等于说“我已经放弃了所有的抵抗”，而对于一个已经放弃抵抗的人，你还要跟他没完没了吗？如果对手真的继续进攻了，显得对手没有一点风度。所以，我们应记住一个基本原则：一个人既然已经承认错误了，那么你就不能再去攻击他，再去跟他计较。

这在被动的情况下采用的以退为进的策略。在主动的情况下，由于彻底解决某个问题的时机没有完全成熟，也可以采用这种策略。

康熙皇帝继位时年龄很小，功臣鳌拜掌握朝中大权，并想谋取皇位。康熙十分清楚鳌拜的野心，但他觉得自己根基未稳，准备还不充分，于是索性不问政事，整天与一帮哥们儿“游戏”，以造成一种自己昏庸无能的假象。一次，康熙着便服同索额图一起去拜访鳌拜，鳌拜见皇帝突然来访，以为事情败露，伸手到炕上的被褥中摸出一把尖刀，被索额图一把抓住。直到这时，康熙仍装糊涂说：“这没什么，想我满人自古以来就有刀不离身的习惯，有何奇怪？”康熙此举让鳌拜对他彻底放松了戒备，最后康熙等时机成熟时一举将其擒获，可以说是放出长线，钓上了大鱼。

思路突破：大丈夫能屈能伸

荀子说，大丈夫根据时势，需要屈时就屈，需要伸时就伸；可以屈时就屈，可以伸时就伸。屈于应当屈的时候，是智慧；伸于应当伸的时候，也是智慧。屈是保存力量，伸是壮大力量；屈是隐匿自我，伸是高扬自我；屈是生之低谷，伸是生之巅峰。有低谷，有巅峰，犬牙交错，波浪行进，这才构成完美而丰富的人生。

荀子还说，人如果到了如《诗经》中所说的，“往左，你能应付裕如；往右，你能掌握一切”这样的境界，就不枉为人了。

大丈夫有起有伏，能屈能伸。起，就起他个直上九霄，伏，伏就他个如龙在渊；屈，就屈他个不露痕迹，伸，就伸他个天高海阔。

南宋抗元民族英雄文天祥，几次被捕几次逃亡，出生入死，找到自己的军队，与敌人展开最后一战，被捕后英勇就义，英名流芳百世。他那“人生自古谁无死，留取丹心照汗青”的诗句永远激励着后人！

史学家司马迁对楚国义侠季布为实现自己的政治抱负，不惜乔装为奴，忍辱偷生给予了如下评论：

“……季布以勇显于楚，身屡军搴旗者数矣，可谓壮士。然至被刑戮，为人奴而不死，何其下也！彼必自负其材，故受辱而不羞，欲有所用其未足也，故终为汉名将，贤者咸重其死。夫婢妾贱人感慨而自杀者，非有勇也，其计划无复之耳。”

其实，司马迁本人就是耿介之士。当群臣众口一词片面地诋毁李陵降胡时，他却站出来，仗义执言，结果触怒了汉武帝而被处以宫刑。受宫刑乃奇耻大辱，从不畏死的角度看司马迁理应自杀。但他深知自己肩负着客观记述历史的使命，必须忍辱偷生。

试想：如若没有司马迁的忍辱负重，怎能有巨著《史记》的出现？

PART II 习惯左右成败

目标尽在混沌中

一条船，如果配备有合适的风帆，就能朝任何方向行驶。组合帆可保证最有效地利用风力，但舵能确保船向特定的方向行驶。没有了舵，船就只能任凭风吹，毫无目的地行驶。

这个道理对人也完全适用。为了获得成功，你可以干的事情多得很。你可以修身养性，使自己具有迷人的个性；你可以修饰打扮，使自己神采奕奕；你还可以接受良好的教育，使自己学富五车。做这类事情，恰似给自己的航船安上风帆，但是，要是没有适当的导航装置，在人生的征途上你仍有可能寸步难行。你需要有目标和理想，好使你能沿着你所希望的方向前进。“如果一个人没有崇高的目标，”芬汉社区的创办者艾琳·卡迪说道，“就跟一条没有舵的航船一样。”

许多人表面上看来工作勤奋，但在个人事业上成果甚微。这里的主要原因在于，他们沉溺于胡思乱想，干些毫无用处的事，而不是牢牢把握方向，指引自己奔向既定的目标。他们就像没有舵的航船一样，任凭命运的风把他们摆弄，白白浪费掉宝贵的精力，结果无法使自己积聚起广博的知识和专业技能。由于深感无能为力，他们便始终生活在毫无幸福可言的状态中，崇高的目标和明确的目的，可以对你那无限的潜力起到舵的作用，帮助你沿着提高自己声誉、增强自己能力的方向前进。人一旦变得高效和富有创造性，无能为力和无所适从等不良反应就会烟消云散了。

思路突破：点燃心中的明灯

茫茫宇宙，漫漫人生，为什么有的人能长期奋斗，给自己创造成就，给人类带来光明，成为成功卓越乃至伟大者；而有的人却庸庸碌碌，无所作为，一生像燃着的湿绳，烟雾弥漫，却没有亮光，成为失败、悲观、渺小者？

这天差地别的原因在于：前者心中有一盏人生大目标的明灯，后者心中却是一片灰暗。

心中没有明灯的人，由于心理灰暗，容易把这个世界也看成是一个灰暗的世界，从而误入失败悲观的歧途。

下面这个故事，再好不过地说明养成确立目标习惯的重要性。

罗马纳·巴纽埃洛斯是一位年轻的墨西哥姑娘，16岁就结婚了。在两年当

中她生了两个儿子，丈夫不久后离家出走，罗马纳只好独自支撑家庭。但是，她决心谋求一种令她自己及两个儿子感到体面和自豪的生活。

她用一块普通披巾包起全部财产，跨过里奥兰德河，在得克萨斯州的埃尔帕索安顿下来，并在一家洗衣店工作，一天仅赚1美元，但她从没忘记自己的梦想，即要在贫困的阴影中创造一种受人尊敬的生活。于是，口袋里只有7美元的她，带着两个儿子乘公共汽车来到洛杉矶寻求更好的发展。

她开始做洗碗的工作，后来找到什么活就做什么，拼命攒钱直到存了400美元后，便和她的姨妈共同买下一家拥有一台烙饼机及一台烙小玉米饼机的店。她与姨妈共同制作的玉米饼非常成功，后来还开了几家分店。直到最后，姨妈感觉到工作太辛苦了，这位年轻妇女便买下了她的股份。

不久，她经营的小玉米饼店铺成为全国最大的墨西哥食品批发地，拥有员工300多人。

她和两个儿子在经济上有了保障之后，这位勇敢的年轻妇女便将精力转移到提高她美籍墨西哥同胞的地位上。

"我们需要自己的银行。"她想。后来她便和许多朋友在东洛杉矶创建了"泛美国民银行"。这家银行主要是为美籍墨西哥人所居住的社区服务。如今，银行资产已增长到2200多万美元，这位年轻妇女的成功确实来之不易。

抱有消极思想的专家们告诉她："不要做这种事。"他们说："美籍墨西哥人不能创办自己的银行，你们没有资格创办一家银行，同时永远不会成功。"

"我行，而且一定要成功。"她平静地回答。结果她真的梦想成真了。

她与伙伴们在一个小拖车里创办起他们的银行。可是，到社区销售股票时遇到一个麻烦，因为人们对他们毫无信心，于是她向人们兜售股票时屡屡遭到拒绝。

他们问道："你怎么可能办得起银行呢？""我们已经努力了十几年，总是失败，你知道吗？墨西哥人不是银行家呀！"

但是，她始终不放弃自己的梦想，努力不懈，如今，这家银行取得伟大成功的故事在东洛杉矶已经传为佳话。后来她成了美国第34任财政部长。

懒惰是一种毒药

懒惰是一种恶劣的精神重负。人们一旦背上了懒惰这个包袱，就只会整天怨天尤人、精神沮丧、无所事事，这种人完全是无用的人。

懒惰会吞噬人的心灵，在工作中，懈怠会引起无聊，无聊又会导致懒惰。许多人都抱着这样一种想法，我的老板太苛刻了，根本不值得如此勤奋地为他工作。然而，他们忽略了这样一个道理：工作时虚度光阴会伤害你的雇主，但伤害更深的是你自己。一些人花费很多精力来逃避工作，却不愿花相同的精力努力完成工作。他们以为自己骗得过老板，其实，他们愚弄的最终却是自己。

有一位外国人周游世界各地，对生活在不同地位、不同国家的人有相当深刻的了解。当有人问他不同民族的最大的共性是什么，或者说最大的特点是什么时，这位外国人回答道："好逸恶劳乃是人类最大的特点。"

英国圣公会牧师、学者、著名作家伯顿给世人留下了一本内容深奥却十分有趣的书《忧郁的剖析》。约翰逊说，这是唯一一本使他每天提早两个小时起来拜读的书，伯顿在书中做出了许多独到而精辟的论断。

他指出：精神抑郁、沮丧总是与懒惰、无所事事联系在一起的。"懒惰是一种毒药，它既毒害人们的肉体，也毒害人们的心灵，"伯顿说，"懒惰是万恶之源，是滋生邪恶的温床；懒惰是七大致命的罪孽之一，它是恶棍们的靠垫和枕头，懒惰是魔鬼们的灵魂……一条懒惰的狗都遭人唾弃，一个懒惰的人当然无法逃脱世人对他的鄙弃和惩罚。一个聪明却十分懒惰的人必然成为邪恶的走卒，是一切恶行的役使者。因为他们的心中已经没有勤劳的地位，所有的心灵空间必然都让恶魔占据了，这正如死水一潭的臭水坑中，各种肮脏的爬虫都疯狂地增长一样，各种邪恶的、肮脏的想法也在那些生性懒惰的人们的心中疯狂地生长，这种人的灵魂都被各种邪恶的思想腐蚀、毒化了……"

为了做成某件事，必须与懒惰抗争，超越这种劣根性的钳制。但是这种抗争和超越不是心甘情愿的，一开始总要由一些外力来强制，进而才能逐渐内化为恒定的精神和行为习惯。

一旦养成恒定的勤劳习惯，往往就会拥有一份稳定的愉快心情。一个进入勤劳状态的人，心灵中就不会有长久驻足的懒惰。所以，克服懒惰最直接、最有效的方法就是使自己忙碌起来。

思路突破：养成勤奋的习惯

凡成大事者都相信勤奋是促使自己成功的基本要素，而懒惰者是永远也不会成功的。

了解实际生活的人都知道：天道酬勤，命运掌握在那些勤勤恳恳工作的人手中。对人类历史的研究表明，在成就一番伟业的过程中，一些最普通的品质，如公共意识、专心致志、持之以恒等，往往起着很大的作用。即使是盖世天才也不能小视这些品质的巨大作用，一般人就更不用说了。

罗伯特·皮尔正是由于养成了反复训练、不断实践这种看似平凡，实则伟大的品格，才成了英国参议院中的杰出人物。当他还是一个孩子的时候，他父亲就让他站在桌子边练习即席背诵、即席作诗。首先他父亲让他尽可能背诵一些周日训诫。当然，起先并无多大进展，但天长日久，水滴石穿，最后他竟能逐字逐句地背诵全部训诫内容。后来在议会中他以其无与伦比的演讲艺术一一驳倒他的政敌。这实在令人折服，但几乎没有人知道，他在辩论中表现出来的惊人的记忆力正是他父亲严格训练的结果。

在一些最简单的事情上，反复不断的磨炼确实会产生惊人的结果。拉小提琴看起来十分简单，但要达到炉火纯青的地步又需要经过多么辛苦的反复练习啊！有一个年轻人曾问卡笛尼学拉小提琴要多长时间。卡笛尼回答道："每天12个小时，连续坚持12年。"很多成功人士恪守勤奋是金这一原则。一个芭蕾舞演员要练就一身绝技，不知道要流下多少汗水，饱尝多少苦头。在泰祺妮准备她的夜晚演出之前，她往往得接受她父亲两个小时的严训。歇下来时真是筋疲力尽，她想躺下，但她不能脱下衣服，只能用海绵擦洗一下额头，借以恢复精力。有时，甚至累到完全失去知觉了。舞台上那灵巧如燕的舞步，往往令人心旷神怡，但这又来得何其艰难。台上一分钟，台下十年功。这十年功的酸甜苦辣，泰祺妮作为一个芭蕾舞演员有着深刻的体会。

守时没有借口

如果错过了与人约定的时间，那么你失去的也许仅仅是信任；但如果你连与自己约定的时间都错过了，那么你失去的就不仅仅是时间，甚至可能是人生的方向。

拿破仑说，他之所以能打败奥地利人，是因为奥地利人不懂得5分钟的价值。在滑铁卢一战中，拿破仑的失败也与他没有把握好时间有关。

许多浑浑噩噩、最终一事无成的人的失败，仅仅是因为没有把握好当初关键的5分钟。失败者的墓碑上字里行间都充满了这样的警示："太晚了！"往往就在几分钟之间，胜利与溃败、成功与失败就会转手易人。

所以，我们说恪守时间是工作的灵魂所在，它同时也代表了明智与信用。

商业界的人士都懂得，商业活动中某些重大时刻往往会决定以后几年的业务发展状况。如果你到银行晚了几个小时，票据就可能被拒收，而你借贷的信用就会荡然无存。守时，还代表了彬彬有礼、温文尔雅的风范。有些人总是手忙脚乱地完成工作，他们总是急匆匆的样子，给你的印象就好像他们总是在赶一辆快要启动的火车一样。他们没有掌握适当的做事方法，所以很难会有什么大的成就。

总之，每个人都应该有一块表可以随时看时间。事事习惯“差不多”是个坏毛病，从长远来看更是得不偿失。

一位青年人跟应聘公司约好了面试时间。但到了面试那天，他却未能准时赴约。20分钟后，这位青年才匆匆赶来。公司的部门经理问他迟到的原因，他支支吾吾地说：“迟到一二十分钟，也没什么关系吧！”

部门经理很严肃地对他说：“能否准时赴约是一件极为重要的事情。由于你不能准时赶到，你已经失去了初试的机会。而且，你也没有权利看轻我的时间，认为让我等20分钟是不要紧的，因为我还有很多事要做呢！”

这个青年听后深受震动，从此养成了守时的习惯，最终他取得了成功。

思路突破：戒掉拖沓习惯

拖沓的习惯会毁掉一个人的前程。《韦氏新世界英语词典》给“拖沓”下的定义是：“把不愉快或成为负担的事情推迟到将来做，特别是习惯这样做。”

如果你是个办事拖沓的人，你大概在浪费大量的宝贵时间。这种人花许多时间思考要做的事，担心这个担心那个，找借口推迟行动，又为没有完成任务而悔恨。在这段时间里，其实他们本来是能完成任务而且转入下一步工作的。

有几个办法可以有效地对付拖沓的习惯：

★确定一项工作是否非做不可

有时，我们感觉到一项工作不重要，于是做起来就拖拖拉拉。如果这项工作真的不重要，就把它取消，而不要拖延后又后悔。有效分配时间的重要一环，就是把可有可无的工作取消掉。应该把你的日程表中乱七八糟的东西清除掉。

★弄清楚有什么好处，然后行动起来

我们往往因为看不到完成一项任务有什么好处而拖拖拉拉，也就是说，我们做这项任务时付出的代价似乎高于做完工作后得到的好处。应付这个问题的最佳办法是：从你的目标与理想的角度分析这项工作。如果你有一个重大目标，那你是比较容易拿出干劲儿，去完成有助于你达到目标的工作的。

★养成好习惯

养成拖沓习惯的人，要完成一项任务的一切理由都不足以使他们放弃这个消极的工作模式。如果你有这个毛病，你就要重新训练自己，用好习惯来取代这个坏习惯。每当你发现自己有拖沓的倾向时，静下心来想一想，确定你的行动方向，然后再自我提醒：我最快能在什么时候完成这个任务？定出一个最后期限，然后努力遵守。渐渐地，你的工作模式就会发生变化。

自大的人会葬送自己

生活中一个无法回避的事实是，每一个人的能耐总是十分有限，没有一个人样样精通，所以，人人都可在某些方面成为我们的老师。当你自以为拥有一些才艺时，你要记住，你还十分欠缺功力，而且会永远欠缺。不然，失败就离你不远了。

从前，有一位博士搭船过江。在船上，他和船夫闲谈。他问船夫："你懂文学吗？"船夫回答："不懂。"博士又问："那么历史学、动物学、植物学呢？"船夫摇摇头。博士嘲讽地说："你样样都不懂，是个饭桶。"

不久，天色忽变，风浪大作，船即将倾覆，博士吓得面如土色。船夫就问他："你会游泳吗？"博士回答："不会。我样样都懂，就是不懂游泳。"

正说着船就翻了，博士大呼救命。船夫一把将他抓住，把他救上岸，笑着对他说："你所懂的，我都不懂，你说我是饭桶；但你样样都懂，就不懂游泳，要不是我这个饭桶，恐怕你早已变成水桶了。"

有的人总是把自己看得很重要，但事实上，少了他，事情往往可以做得一样好。我们要切记这样一个道理：自大是失败的前兆。

自大往往不是空穴来风，自大的人总有一些突出的地方。这些突出的特长，使他们较之别人有一种优越感。这种优越感达到一定程度，便使人目空一切，飘飘然而不知天高地厚。

曾国藩和左宗棠都是清朝的大臣，朝野一般多以"曾左"并称他们两人。曾国藩年长于左宗棠，并且对左宗棠也予以提拔，但左宗棠为人颇为自大，从没有把曾国藩放在眼里。

有一次，他很不满地问其身旁的侍从："为何人们都称'曾左'，而不称'左曾'？"

一位侍从回答："曾公眼中常有左公，而左公眼中则无曾公。"这句话让左宗棠沉思良久。

聪明的人知道自己愚笨，而愚笨的人总以为自己聪明。

左宗棠喜欢下棋，而且棋艺高超，少有敌手。有一次，他微服出巡，在街上看到一个老人摆棋阵，并且在招牌上写着"天下第一棋手"。左宗棠觉得老人太过狂妄，立刻前去挑战。没有想到老人不堪一击，连连败北。左宗棠洋洋得意，命他把那块招牌拆了，不要再丢人了。

左宗棠从新疆平乱回来，见老人居然还把牌子悬在那里，他很不高兴，又跑去和老人下棋，但是这次竟然三战三败，被打得落花流水。第二天再去，仍然惨遭败北，他很惊讶老人在这么短的时间内，棋艺能进步如此之快。

老人笑着说："当日你虽然微服出巡，但我一看就知道你是左公，而且即将出征，所以让你赢，好使你有信心立大功。如今你已胜利归来，我就不客气了。"

左宗棠听了心服口服。

左宗棠曾有自大的习惯，但他知错能改，最终成为谦谦君子。

思路突破：活到老，学到老

如果你有"活到老，学到老"的习惯，就应当记住"三人行，必有我师焉"。你每天所遇见的每个人，都能使你增益知识。假使你遇见的是一个印刷匠，他能教你许多印刷的技术；一个泥水匠，能告诉你建筑方面的技巧……

尽力从每一个可能的地方摄取知识，这是使人知识广博的唯一途径。广博的知识，可以使人们胸襟开阔，不至于狭隘、鄙陋。这样的人能够从多方面去接触社会、领会人生；这样的人大都是饶有趣味的人，因为他们有多方面的知识和经验。不曾受过大学教育的人，往往有过于看重大学教育的倾向。一般因家境困难或身体残疾而无缘进入大学的人，总以为他们遭受了一种重大损失，以为在他们的一生中有一个永远不可补救的缺陷。但就事实而论，世间最有学问、最有效率的人往往是那些从未受过大学教育的人，甚至是那些连中学大门也没有跨进过的人。

不幸的是，许多成年人总以为人一过了那接受能力最强的青年时期，就成了强弩之末，再受教育已太迟了。

世间最可敬的就是那些孜孜好学的中年人和老年人，他们继续积累知识，利用空闲时间，全神贯注地摄取知识，从而使自己成为一个更充实的人。

对于某些科目，成年人的学习力要比青年强得多，因为他们有更多的经验、更成熟的见解、更强的判断力。

有许多人在学校的时候成绩平平，但毕业后继续自修，往往有惊人的表现，原因也就在此。

PART 12 打造影响力

第一印象如童贞

第一印象是人际交往中非常重要的一环，因为它是在对其人一无所知的情况下获得的，故嵌入大脑的程度较深；并且它对今后输入的关于此人的信息，将产生不可忽视的作用。别人会根据我们的“封面”来判断我们所包含的内容；我们也通过观察别人的外表，包括长相、身材、服装、言语、声调、动作等来判断他们。

我们常听人讲：“一看就知道他是一个……的人。”这就是第一印象。第一印象在人的社会活动中起着巨大的作用，但常常被人们忽视，如果你不想错失任何成功的机会，别忘记第一印象的作用。

在心理学上，第一印象被称为“首因效应”。大部分人依赖于第一印象的信息，这种第一印象的形成对于日后的决定起着非常大的作用。第一印象比第二印象、第三印象和日后的了解更重要。第一印象是决定人们是否能继续交往的关键。

心理学家研究发现，人们的第一印象的形成是非常短暂的，有人认为是在见面的前40秒钟形成的，有人甚至认为只有2秒钟。

人与人之间能否建立良好的友情，能否建立信任与合作关系，第一关就在初次见面，必须好好表现才可能有下一次机会。

第一印象只有一次，无法重来。不可能因身体不适、情绪欠佳而宣布改期。所以，有人打趣地说：第一印象犹如童贞，一旦失去，便永不再来。

思路突破：如何获得良好的第一印象

无论是和公司员工还是和客户交往，第一印象都是极为重要的，它是一种关系的开始。良好的第一印象是沟通和合作的见面礼，也是发挥影响力的开端。通过以下方法，可以获得良好的第一印象：

★展现发自内心的灿烂微笑

微笑是一种友好的表示。在与客户或新员工初次见面时，脸上洋溢着微笑，会给对方以亲切的感觉，而这种感觉正是陌生人之间第一次打交道时所渴望得到的。发自内心的微笑会让对方得到这样的信息："很高兴认识您，您让我开心，我喜欢您……"微笑会使对方觉得被人重视和喜欢，而每个人都喜欢这种被尊重的感觉。

★运用肢体语言的吸引力

除了微笑这样的面部表情外，充满活力和友善的肢体动作，也是获得良好第一印象非常重要的因素。身体所发出的是无声的语言，但带给对方的影响极大。因此微笑的同时也要展现出健康、活力四射的体态和动作，如站得笔直，面朝对方；大方有力地握手，同时直视对方并点头。不卑不亢的礼仪风度会增添肢体语言的魅力，从而给对方留下深刻的印象。

★鼓励对方介绍自己

初次见面，双方都不了解对方的基本情况，又都渴望让对方了解自己的强项、爱好或生活经历。鼓励对方介绍自己，正是极大地满足了对方的需求。您对对方真正地感兴趣，耐心地倾听对方讲述他的经历、工作、家庭等，既让对方感到愉快，也可以更多地了解对方的情况，为以后的合作或沟通做一个铺垫。

人格就是力量

莫洛是纽约最著名的摩根银行的董事长兼总经理，突然有一天，他宣布放弃这个100万美元年薪的职位，去担任美国驻墨西哥大使！消息传开，全国为之震惊。

就是这位大名鼎鼎的莫洛，最初不过是一个小法庭的书记员而已，后来他的事业得以如此惊人的发展，究竟靠的是什么法宝呢？我们要想明白其中的奥秘，不妨先听听他的朋友是怎么说的。

他的挚友吉尔普特告诉我们："莫洛一生中最重要的一件事，我知道得很清楚，就是他博得了财阀摩根的青睐，从而成为全国瞩目的商业巨子，当上了实力雄厚的摩根银行的总经理。"

据说摩根挑选莫洛担任这一要职，不仅是因为他在经济界享有盛誉，而且是因为他品格也非常高尚。人格，果真这么重要吗？

纽约市银行行长范登里普挑选人做重要的行政助理时，首先便是以人格高尚为遴选的标准。

杰弗德便是从一个地位卑微的会计，步步高升，后来成为美国电报电话公司总经理的。他说："人格在一切事业中都极其重要，这是毋庸讳言的。"

像摩根、范登里普、杰弗德等领袖人物，都如此看重人格。他们认为：一个人的最大财产，便是"人格"。

思路突破：领导者如何培养人格影响力

领导者的人格影响力，不是从天上掉下来的，也不是人的身上所固有的，而是在后天的不断实践中磨炼出来的。那么，领导者该怎样去培育和增强自身的人格影响力呢？

★克服思想障碍

领导者在培养人格影响力方面的思想障碍是形形色色的，但具有代表性的有以下三种：一是迷信权力。认为手中有权力，属下必言听计从，没有影响力照样行。其实，权力与人格影响力是相辅相成的，但不是同一的。有了权力，能扩大影响力的辐射范围；有了人格影响力，权力便会锦上添花。二是高不可攀。某些领导者认为，人格影响力是领袖人物和主要领导人才具备的，自己素质不够，难以达到那么高的境界。人格影响力虽有一定的层次性，但这种层次并不是依据领导级别的高低来划分的。三是吃亏无用。认为在当今这个风气不正的社会中，讲人格对自己没有什么“实惠”，别人也不一定欣赏，在复杂的人际关系中“吃不开”，还会被人认为是犯傻。说句不中听的话，与这类人谈人格影响力，无异于对牛弹琴。

★大胆探索创新

人格影响力，作为一种艺术，没有什么固定不变的模式，只可意会，不可言传。对他人的东西机械地模仿，极易出现“东施效颦”的现象。这就要求领导者勇于探索，大胆创新，在不违背国家利益和道德准则的前提下，为他人之未为，道他人之未道，想他人之未想。只有这样，才能在强手如林的商战中脱颖而出。

★认真学习实践

领导者人格的塑造、影响力的形成，当然离不开个人的修养，特别是离不开远大理想的作用。没有主观的要求，就不会有人格的升华。但是，仅有主观要求还是不够的，还必须把这种要求变为社会实践。只有在实践中刻苦学习，认真磨炼，才能实现主观与客观的统一。人格有高、中、低之分，影响力有大、中、小之别，并且还会互相转化。领导者想要始终居“高”占“大”，就一刻也离不开学习和实践。

避免受制于人

我们可以利用自我意识检讨自身的观念，以言语为例，它颇能真切反映一个人对环境的态度。

惯于受制于人者，言谈中就会流露出推卸责任的个性。例如：

“我就是这样。”仿佛是说：这辈子注定改不了啦。

“他使我怒不可遏！”意味着：责任不在我，是外力控制了我的情绪。

“办不到，我根本没时间。”又是外力控制了我。

“要是某人的脾气好一点……”意思是：别人的行为会影响我的效率。

“我不得不如此。”意味着：迫于环境或他人。

下面让我们来看一下“受制于人”和“操之在我”两种状态的区别，以及所带来的截然不同的两种结果。

受制于人	操之在我
我已无能为力	试试看有没有其他可能性
我就是这样一个人	我可以选择不同的作风
他使我怒不可遏	我可以控制自己的情绪
他们不会接受的	我可以想出有效的表达方式
我被迫……	我能做出恰当的回应
我不能	我选择
我必须	我情愿
如果……	我打算……

受制于人者为自然环境所左右，在秋高气爽的日子里兴高采烈，在阴霾的日子里无精打采。操之在我的人，心中自有一片天空，天气的变化对他没有什么影响。

受制于人者心情的好坏建立在别人行为的基础上，别人不成熟的人格是控制他们的武器。理智重于感情的人，不会让别人的行为伤害自己。

受制于人者存着“不鸣则已，一鸣惊人”的心愿，落入好高骛远的陷阱，最终叹息自己的“怀才不遇”；操之在我者秉持“脚踏实地，努力耕耘”的理念，投入双手打拼的行动，终至享受自己劳动的甜美果实。

受制于人者在心情愉悦时才击节高歌；操之在我者处于逆境时仍引吭高歌，保持愉悦心情。

受制于人者觉得看得见希望时，才努力上进；操之在我者努力上进，创造了看得见的希望。

思路突破：操之在我，争取主动

一个推销保险的刚刚大学毕业的女士，敲开了一家合资公司办公室的门，迎接她的是外方经理。外方经理操着生硬的中国话说："你是今天第三个推销保险的人。我今天没有时间考虑这个问题。"女士说："我的名片留给你，明天有时间你给我打电话。"女士走到走廊的尽头时，下意识地回头看了看，结果发现外方经理把她的名片撕掉扔在了垃圾筒。

女士觉得自己受到了巨大的侮辱，她回来找到外方经理说："对不起，我知道您很忙，不会记得我。我想要回我的名片，明天我再来。"外方经理愣住了，因为他已经把人家的名片撕毁了。外方经理说："你的名片已经弄脏了，不适合再给你了。"女士回答："脏了我也要。"外方经理问："你的名片多少钱一张？""5毛钱。""给你5毛钱。"外方经理掏出了1元钱，"1元钱买你的名片。"女士说："我的名片是5毛钱，不卖1元钱。我再给你一张名片。但请你记住：这不是一个应该进废纸篓的职业，也不是一个应该进废纸篓的名字。"说完头也不回地走了。外方经理一直看着这个女士消失在走廊尽头。

第二天，外方经理打电话给她，公司要给全体员工买保险。

笑人即笑己

以前有一个秃子，一天他出门在外，住进一家小店，对面住了个麻子。月光照在麻子的脸上，秃子越看越有趣，就忍不住吟出一首诗：

“脸
天排
糯米筛
雨洒尘埃
新鞋印泥印
石榴皮翻过来
豌豆堆里坐起来”

秃子把麻子骂个痛快，有些得意忘形，就对麻子说：“老兄，你也能从一个字吟到七个字吗？”

麻子说：“你吟罢了，我再模仿便没有味道，我从七个字吟到一个字如何？”麻子就吟出一首诗：

“一轮明月照九州
西瓜葫芦绣球
不用梳和蓖
虫虱难留
光不溜
净肉
球”

秃子一听羞得满面通红，再也说不出话来。戏弄别人，却被他人嘲笑，这便是居心叵测的人的下场。

卡耐基警告人们：“要比别人聪明，却不要告诉别人你比他聪明。”这告诉人们，任何自作聪明的批评都会招致别人的厌烦，而缺乏感情的责怪和抱怨更有损于人际关系的发展。

在日常生活里常会发生此种情形：你觉得和某个人说话很无聊，那个人通常是个言而无信又喜欢说别人坏话的人，此种芥蒂只会使彼此相处得更不融洽。如果你认为对方是个没有内涵的人，不管你是否将此事说出，都会让你的人际关系变糟。

罗宾森教授在《下决心的过程》一书中说过一段富有启示性的话：

“人，有时会很自然地改变自己的想法，但是如果有人说他错了，他就会恼火，而固执己见。人，有时也会毫无根据地形成自己的想法，但是如果有人不同意他的想法，那反而会使他全心全意地去坚持自己的想法。不是那些想法本身有多么可贵，而是他的自尊心受到了威胁……”

因此，不到万不得已时，绝不要自作聪明地批评别人。

思路突破：自嘲一下又何妨

自嘲是造物主赏给人类的一种心理平衡法。

托尔斯泰寓言里的那只狐狸用尽了各种方法，拼命地想得到高墙上的那串葡萄，可最后还是失败了，于是只好转身一边走一边安慰自己：“那串葡萄一定是酸的。”

这只聪明的狐狸得不到那串葡萄，心里不免有些失望，但它用“那串葡萄一定是酸的”来解嘲，使失望消解，使失衡的心理得到了平衡。

人的一生，难免会有失误。有的人喜欢遮遮掩掩，有的人喜欢辩解。其实越是遮遮掩掩，心理越是失衡；越是辩解，越是出丑，结果越描越黑。最佳的办法是学会嘲笑自己。

美国著名演说家罗伯特，到老年后整个脑袋几乎成了不毛之地，可他从来不去掩饰这一缺点，相反，他能在许多场合用自嘲来化解这种尴尬，让人感到秃头的他更伟大。在他过60岁生日那天，许多朋友前来庆贺，妻子悄悄地劝他戴顶帽子。而罗伯特不仅没有这样做，反而故意大声对来宾说：“我的夫人劝我今天戴顶帽子，可是你们不知道秃头有多好，我是第一个知道下雨的啊！”一句看似嘲笑自己的话，一下子让当时的气氛变得热烈起来。

某国一位领导人的做法也有很多令人赞赏的地方。当他发现自己的经济改革出现不良情况时，曾这样自嘲："有一位总统拥有100个情妇，其中一个染有艾滋病，但很不幸，他分不出是哪一个。另一位总统有100个保镖，其中一个是危险分子，但很不幸，他不知是哪一个。"接着他嘲笑自己改革经济所做的努力，"而我有100个经济专家，其中有一个是很聪明的，但很不幸，我不晓得是哪一个。"这位领导人趁着别人还来不及说长道短，在谈笑中将自己经济改革中的失误轻轻松松地说出来，帮助自己摆脱了尴尬的局面。

成功情绪

1965年9月17日，世界台球冠军争夺赛在美国纽约举行。路易斯·福克斯的得分一路遥遥领先，只要再得几分便可稳拿世界冠军了。就在这个时候，他发现一只苍蝇落在主球上，他挥手将苍蝇赶走了。可是，当他俯身准备击球的时候，那只苍蝇又飞回到主球上来了，他在观众的笑声中再一次起身驱赶苍蝇。这只讨厌的苍蝇破坏了他的情绪，而更为糟糕的是，苍蝇好像是有意跟他作对似的，他一回到球台，它就又飞回到主球上来，引得周围的观众哈哈大笑。路易斯·福克斯的情绪恶劣到了极点，终于失去了理智，愤怒地用球杆去击打苍蝇，球杆碰到了主球，裁判判他击球违例。他因而失去了一轮机会。之后，路易斯·福克斯方寸大乱，连连失分，而他的对手约翰·迪瑞则愈战愈勇，超过了他，最后夺走了桂冠。第二天早上，人们在河里发现了路易斯·福克斯的尸体，他投河自杀了！

一只小小的苍蝇，竟然击倒了所向无敌的世界冠军！路易斯·福克斯夺冠不成反被夺命，这是一件本不该发生的事情。

一位曾在酒店行业摸爬滚打多年的老总说："在经营饭店的过程中，几乎天天都会发生能把你气得半死的事。当我在经营饭店并为生计而必须与人打交道的时候，我心中总是牢记两件事情，第一件是：绝不能让别人的劣势战胜你的优势；第二件是：每当事情出了差错，或者某人真的使你生气了时，你不仅不要大发雷霆，而且要十分镇静，这样做对你的身心健康是大有好处的。"

一位商界精英说："在我与别人共同工作的一生中，多少学到了一些东西，其中之一就是，绝不要对一个人喊叫，除非他离得太远，不喊听不见。即使那样，也得确保让他明白你为什么对他喊叫，对人喊叫在任何时候都是没有价值的，这是我一生的经验。喊叫只能制造不必要的烦恼。”

思路突破：操之在我，控制情绪

人的情绪表现受众多因素的影响，例如他人言语、突发事件、个人成败、环境氛围、天气情况、身体状况等。但这些因素都可以按照来源分为外部因素（或刺激）和内部因素（看法、认识）。两种因素共同决定了人的情绪表现和行为特征，其中人的观点、看法和认识等内部因素直接决定人的情绪表现，而个人成败、恶言恶语等外部因素则通过影响情绪内因而间接决定人的情绪表现。在现实社会生活中，人们总是会因为不顺心的事情而大发脾气或情绪低落。丢东西时惊慌、谩骂，受到指责时愤愤不平，遭到侮辱时挥拳相向，失恋时借酒消愁，屡遭失败时灰心丧气，遇到难题时顿足捶胸，被人冤枉时火冒三丈，身体不适时心烦意乱……这些情况似乎让人感觉，个人的情绪表现是由这些不顺心的事情直接决定的。但事实并非如此，只是因为个人在成长的过程中形成了太多固定的思维模式，当受到“不顺心”的环境事件的刺激时，人们总是本能地认为那是不好的事情，进而将思维延伸到事件对未来的影响。而这种影响也往往是坏的，也就是说，人们总是会往坏的方面想，而无视事情积极的方面。所以，正是由于个人的看法、认识等内因对外部刺激形成的固定的反应，才使得外因更多地直接决定了个人情绪。

操之在我的情绪管理技巧则要求人们能够灵活地调整内因对外因的固定反应，当外部刺激可能导致个人情绪、行为的恶性变化时，人的看法、认识要能够能动地自我调整，逆向思维，发掘积极的因素，限制外部刺激对情绪、行为的不良作用，保证情绪的稳定、乐观和行为的积极、正常。操之在我的方法能够变悲为喜、缓解矛盾、抑制愤怒，使一个人心胸开阔、轻松愉快、处事冷静。

莫做“玻璃鱼”

某家工程公司的人事部经理的办公室被生事者刻意地摆在电梯出口的正对面。这位经理几乎每天早上都是第一个到公司报到；中午则是在办公桌上用餐，从不外出；晚上要等所有人都走了之后，他才敢离开。他办公室的大门永远都敞开，让每个经过的员工都晓得他正专心地坐在那里办公。然而有一天，常务董事忽然出现在他的门口，问他为什么每天都得在办公室内待这么久？到底在忙些什么？他顿时哑口无言，把戏随即被揭穿了。

这位人事部经理思想中出现的谬误是，他以为凭借一个刻意制造出来的假象，便能在其他员工心目中产生影响。殊不知，这实在是一种很不明智的做法，一旦将自己全部暴露出来，其负面影响是巨大的。而聪明的做法应当是积极去培养具有极大魅力的个性，这才是产生影响力的法宝。

另外，有些领导者不能很好地掌控自己的情绪，让心中所有的情绪波动都在员工的视野中展露无遗，这对树立领导者的权威形象是有害无益的。一个动辄发脾气、拍案骂人的领导，尽管他有健康的私生活、守时和果断的品质，却也逃不过众叛亲离的结局。没有人希望自己把工作弄得一团糟，更没有人愿意被上司拍桌子骂笨蛋，员工一旦做错事，除非决定开除他，否则做领导的必须与他分担责任。如此才能使员工更信服，并且更大胆地去处理一些棘手问题。

倘若员工像领导一样，遇上难题便肆意咆哮，那么办公室里必然出现精神压力问题，每天上班如上战场般随时可能被别人轰炸，那份心理负担会直接影响工作的效率。

思路突破：打造你的个性魅力

在所有最具影响力的人物的基本特点中，个性吸引力至关重要，这种吸引力来自纯粹信念的力量。

我们很难拒绝或忽视一个对自己的梦想信心百倍的人，这些人通常都是一流的说客——实现艰难的目标，或者说服极不坚定的追随者。那些成就斐然的人善于积聚一种难以描述的吸引力，就像地球引力一样，人们一下子就被抓住了。

他们与生俱来就被赋予了某种“气质”，这种“气质”无论在舞台上、社会环境里，还是在商务会议上，都能迷住一些人。正如有人在评价一个知名学者时说的那样：“无论他坐在桌子的哪一方，都是上座。”美国著名化妆品公司——玛丽·凯公司总裁玛丽·凯阿什，在个性上就具有教皇般的感召力，她能够鼓动一群销售人员达到一种疯狂的境地，这早就不是什么秘密了。每当遇到困难时，他们就会背诵她那史诗般恢宏的训词，借以获得鼓舞，甚至在领取品牌大奖前也不例外。

美国传媒女皇奥普拉·温弗瑞就是利用个性魅力做生意的典范。奥普拉的撒手锏就是她的超凡个性，借此她能凝聚成千上万的电视观众。在她花样翻新的功夫中，正是她的诚挚、激情和幽默使她能够单骑走天涯，重新唤醒中产阶级文学作品的销售市场，她在巴诺公司的独家货架就是很好的明证。

个性魅力容易招致众人竞相模仿，而在模仿的驱动下销售业绩自然会蒸蒸日上。许许多多的超凡企业家，都表现出一种自然而然的气质，公众迷恋他们身上的这种气质，由此产生的能量是巨大的。

第二篇

打好手中的坏牌

PART 01 人成功不在于拿一副好牌，而在于把牌打好

你就是自己最大的“王牌”

每个人手里其实都有自己的“王牌”，那便是潜能，这张牌就是每个人翻身的机会。

有这样一个故事：

马祖大师问慧海说：“你风尘仆仆从哪里来？”

“从越州大云寺来。”慧海回答。

“来这里干什么？”

“来求佛法。”

马祖大师哈哈大笑，说：“我这里什么也没有。”

见慧海一时愣着不说话，于是马祖大师说：“我是说你自有宝藏，干吗还来我这里觅宝？”

“什么是我的宝藏？”慧海莫名其妙。

“佛就在你身上，一切俱足，更无欠少，你都不知道，让我怎么给你？”马祖大师摇头说道。

有个农夫拥有一块土地，生活过得很不错。但是，不久他听说，只要有一块钻石就可以很富有。于是，农夫把自己的地卖了，离家出走，四处寻找可以发现钻石的地方。农夫来到遥远的异国他乡，然而却未能发现钻石。最后，

他囊空如洗。一天晚上，他在一个海滩自杀了。

真是无巧不成书！那个买下农夫土地的人在地边散步时，无意中发现了一块异样的石头，他拾起来一看，只见它晶光闪闪，反射出光芒。那人仔细察看，发现这是一块钻石。这样，就在农夫卖掉的这块土地上，新主人发现了从未被人发现的巨大的钻石宝藏。

这两个故事是发人深省的，它告诉我们：财富不是仅凭奔走四方去发现的，它属于那些懂得去挖掘的人，只属于相信自己能力的人。这两个故事还告诉了我们：每个人身上都拥有“钻石宝藏”！你身上的“钻石宝藏”就是你的王牌，它们就是你的潜能。你身上的这些“钻石”足以使你的理想变成现实。你必须做的只是找到你的王牌，为实现自己的理想付出辛劳。只要你不懈地运用自己的潜能，你就能够做好你想做的一切，从而成为自己生活的主宰。

在现实生活中，有的人常常感到实际中的“我”离理想中的“我”太遥远了。他们一方面在为自己设想一条成功之路，另一方面又悲叹自己无力去实现。为什么有的人在自己平凡的工作中能干出不平凡的业绩，而有的人终生都一事无成呢？问题不在于一个人的天赋有多高，正如不在于你的手里有多少好牌一样，而在于你常常看不清自己，难以认清自己所拥有的一切。

不管环境怎样差，条件多么有限，都没有什么问题，因为在每个人的身体里面，都潜藏着巨大的力量。这些力量，只要你能够发现并加以利用，便可以帮你成就你所向往的一切，甚至能让你做出种种神奇的事情来。比如，当有人遇到某种意外事件或灾祸时，一般人都会奋不顾身地去救他。实际上，每个人都具有潜在的英雄品格，而意外事件和灾祸不过是催化剂，使人有了显露这种品格的机会，所以，我们常常看到一个人在灾难临头时会做出惊人的事情。

有些时候，人有机会发现自己的潜能，比如在某种突如其来的事件或压力下，发现了自己从未发现过的能力；有时读了一本富有感染力的书，或者由于朋友们的真挚鼓励，也能发现自己的内在力量。但无论用何种方法，通过何种途径，一旦激起内在力量后，你所做出的成绩一定会不同于以前。

所以我们说，每个人手里都有一张王牌，这张牌决定着你的牌运和未来，只要你能发现自己的潜能，就等于找到了自己的王牌，找到了决胜千里的底气和实力。

丑女也无敌，坏牌自有可取之处

热播的电视剧《丑女无敌》，让很多人看到一个相貌欠佳的女人依然可以很成功。同样，当我们自身存在很多不足的时候，我们也可能会获得成功。

钢铁大王安德鲁·卡内基曾说："不要轻视那些从普通的学校里走出来，一头扎进工作中的年轻人，也不要轻视在办公室里干诸如端茶、扫地一类最低等活的年轻人，他很可能就是一匹黑马，你最好还是密切注意他，终有一天他会向你挑战的。"

人的一生绝不可能是一帆风顺的，有成功的喜悦，也有无尽的烦恼；有波澜不惊的坦途，更有布满荆棘的坎坷与险阻。当苦难的浪潮向我们涌来时，我们唯有与命运进行不懈的抗争，才有希望看见成功女神高擎着的橄榄枝。

古人云："天将降大任于斯人也，必先苦其心志，劳其筋骨，饿其体肤，空乏其身，行拂乱其所为，所以动心忍性，曾益其所不能。"苦难是锻炼人意志的最好的学校。与苦难搏击，它会激发你身上无穷的潜力，锻炼你的胆识，磨炼你的意志。也许，身处苦难之时你会倍感痛苦与无奈，但当你走过之后，你会更加深刻地明白：正是那份苦难给了你人格上的成熟和伟岸，给了你面对一切时无所畏惧的勇气。

苦难，在不屈的人们面前会变成一份礼物，这份珍贵的礼物会成为真正滋润你生命的甘泉，让你在人生的任何时刻都不会轻易被击倒！

一位父亲带儿子去参观凡·高故居。在看过那张小木床及裂了口的皮鞋之后，儿子问父亲："凡·高不是一位百万富翁吗？"父亲答："凡·高是位连妻子都没娶上的穷人。"

第二年，这位父亲带儿子去丹麦。在安徒生的故居前，儿子又困惑地问："爸爸，安徒生不是生活在皇宫里吗？"父亲答："安徒生是位鞋匠的儿子，他就生活在这栋阁楼里。"

这位父亲是一个水手，他每年往来于大西洋的各个港口。他的儿子叫伊尔·布拉格，是美国历史上第一位获普利策奖的黑人记者。

20年后，在回忆童年时，布拉格说："那时我们家很穷，父母都靠卖苦力为生。有很长一段时间，我一直认为像我们这样地位卑微的黑人是不可能有什么出息的，好在父亲让我认识了凡·高和安徒生，这两个人告诉我，上帝没有这个意思。"

从这个故事中我们可以发现这样一个事实：上天有时会把它的宠儿放在穷人中间，让他们从事卑微的职业，使他们远离金钱、权力和荣誉，可却在某个有意义、有价值的领域中让他们脱颖而出。

把困难当作机遇，把命运的折磨当作人生的考验，忍受今天的苦痛，寄希望于明天的甘甜，这样的人，即便是上帝也对他无能为力。

不少人面对困难时一味地抱怨、苦恼，长期沉溺其中不能自拔，而抱怨又有何用？只能徒增自己的痛苦罢了！

为什么不换个角度想问题，化阻力为动力呢？

人生的不幸向人们昭示的不纯粹是灾难，或许它正是一个转折点，让你更加努力奋斗，使你的人生更加辉煌。其实就像丑女照样可以无敌一样，坏牌自有它的可取之处。

牌不在好坏，而在于想赢的信念

一个人若想取得成功，关键还在于他有没有成功的信念，心想才能事成。有时候，信念的作用是强大的，如果没有成功的信念，即使你拥有优越的条件也不会取得成功。

成功的人都拥有相同的特质，即他们都拥有坚定的信念。信念，会让人克服重重困难，获得成功。

生活中的很多人也有成功的愿望，但愿望和信念不一样。愿望只是静态的，“我希望成功，希望富有，希望很有成就……”而信念则是动态的，“我要获得成功，要创造财富，要获得成就……”一个拥有信念的人，坚信成功不久就会到来，所以一直努力坚持，尽自己最大的努力向成功迈进。

原籍中国广东的泰国华侨、泰国盘谷银行董事长陈弼臣，其父亲只是泰国曼谷某商业机构的一名普通秘书。陈弼臣儿时被父亲送回中国接受教育，17岁那年因家境贫困被迫辍学。返回曼谷后，陈弼臣做过搬运夫、售货小贩以及厨师，同时还做过两家木材公司的会计，日子就在他精打细算的盘算中度过。4年之后，陈弼臣终于从一家建筑公司职位低微的秘书晋升为部门经理。后来，在几位朋友的赞助下，他集资创办了一家五金木材行，自任经理。经过不懈的努力，攒了一些钱后，陈弼臣又接连开了3家公司，致力于木材、五金、药物、罐头食品以及大米的外销业务。当时，泰国被日本占领，陈弼臣生意的难做程度可想而知。但是，陈弼臣一边抗日一边做生意，业务在他的努力下渐渐兴隆起来。

1944年底，陈弼臣与其他10个泰国商人集资20万美元创立了盘谷银行，职员仅仅23人。银行正式营业后，陈弼臣经常与那些受尽了列强凌辱、被外国大银行拒之门外的华裔小商人来往。尽管那些贫穷的小商人时常不礼貌地突然闯进陈弼臣的家中，但他们仍然受到陈弼臣的礼遇。

关于这一点，陈弼臣后来说："开银行是做生意，不是只做金融业务。当我判断一笔生意是否可做时，只要观察这个顾客本人以及他的过去和他的家庭状况就可以了。"

陈弼臣最初负责银行的出口贸易，因此与亚洲各地的华人商业团体建立了广泛的联系，并且积累了丰富的业务知识和经验，大大推进了盘谷银行的出口业务。在他出任盘谷银行的总裁后，一直是这家银行的中流砥柱。

经过多年的艰苦奋斗，陈弼臣跨进了亚洲的大富翁之列。

陈弼臣的成功史，其实是一部白手起家的创业史。他没有继承祖业，也没有飞来横财。他经过苦苦寻觅，一直不甘落后，渴望成功，后来终于找到了属于自己的那一片蓝天，这一切都是他不甘受命运摆布的结果。

历史上的许多成功人士就是因为心中怀着成功的信念，才能够留名史册。元朝的时候，一名女子自小出身贫苦，并且是别人的童养媳，她凭借着坚强的意志逃到了海南岛，并在那里与当地的人民一起生活了几十年，而后就是她发明了纺织机，这个人就是黄道婆。

一个看不到屋外的阳光、听不到大自然声音的女孩赢得了世界上无数人的尊重，她就是海伦·凯勒。她以自己坚强的意志力，以"热爱生命、刻苦学习"的信念不向命运屈服，最终获得了成功。

马克思凭借对人类社会改良的信念，在众多的批判声中依然坚持自己的意见，终于完成《资本论》的著作，并成为社会主义思想的奠基人和创始人之一。

如果说一个人怀抱成功的信念不一定成功，但是如果没有奔向成功的信念，那么这个人是一定不会成功的。一个人能否成功，关键还在于他是否具有坚定不移的信念，能否踏过人生的重重阻挠，为自己的明天而努力！

PART 02 选择不了好的起点，但可以赢一个漂亮的终点

借别人的棉袄过冬

在走向成功的路上，人人都在不断探索、追求，人人都在探索一条捷径，希望不走弯路。如果仅靠自己一个人慢慢摸索，那取得成功的时间肯定会长得多；如果能借鉴别人成功的方法，再与自己的实际相结合，会更容易获得成功。

有一个法国人，42岁了仍一事无成，他也认为自己简直倒霉透了：离婚、破产、失业……他找不到自己生存的价值和人生的意义。他对自己非常不满，因此变得古怪、易怒，同时又十分脆弱。

有一天，一个吉卜赛人在巴黎街头算命，他随意一试。吉卜赛人看过他的手相之后说："您是一个伟人，您很了不起！"

"什么？"他大吃一惊，"你说我是个伟人，你不是在开玩笑吧？"

吉卜赛人平静地说："您知道您是谁吗？"

我是谁？他暗想，是个倒霉鬼，是个穷光蛋，是个被生活抛弃的人！但他仍然故作镇静地问："我是谁呢？"

"您是伟人，"吉卜赛人说，"您知道吗，您是拿破仑转世！您身上流的血、您的勇气和智慧，都是拿破仑的啊！难道您真的没有发觉，您的面貌也很像拿破仑吗？"

“不会吧……”他迟疑地说，“我离婚了……我破产了……我失业了……”

“但是，那是您的过去，”吉卜赛人说，“您的未来可不得了！如果先生您不相信，就不用给钱好了。不过，5年后，您将是法国最成功的人啊！”

这个法国人表面装作极不相信地离开了，心里却有了一种从未有过的伟大感觉。他对拿破仑产生了浓厚的兴趣。回家后，就想方设法找与拿破仑有关的一切书籍、著述来学习。

渐渐的，他发现周围的环境开始改变了，朋友、家人、同事、老板，都换了另一种眼光、另一种表情对他。事情开始顺利起来。

后来他才领悟到，其实一切都没有变，是他自己变了：他的胆魄、思维方式都在模仿拿破仑，就连走路、说话都像。

13年以后，也就是在他55岁的时候，他成了亿万富翁，成为法国赫赫有名的成功人士。

榜样的力量是无穷的。凡是在某个领域出类拔萃的人，其所思与所为都不同于该领域中的一般人。他们成功的秘诀，是师人之长，取人之精，为己所用。

马太效应告诉我们，任何个体、群体或地区，一旦在某一方面获得成功和进步，就会产生一种积累优势，就有更多的机会取得更大的成功和进步。而通过观察、比较、学习和沟通，征求成功者的意见，便是成功的关键所在。

那么，我们究竟要向那些成功人士学习什么，又该如何学习呢?

首先，我们要学习他们遇到问题时的心态。当遇到棘手的问题时，我们可以向成功人士请教：他们遇到问题的反应是什么，以怎样的心态去面对困难……其实很多时候，决定成败的并不是能力的大小，而是心态的好坏。另外，我们还可以通过自己的认真观察，总结成功人士获得成功的心态。

其次，学习成功人士在遇到难题时处理问题的能力。成功人士之所以成功，并不是因为他们本身的智商比常人高，而是因为他们解决问题的能力比较强，所以我们就要学习成功人士在遇到问题的时候如何面对问题、分析问题，在方案出现变动的时候如何因计划而改变方案，以及在最艰难的时候如何做到化险为夷。

最后，学习成功人士在平时如何积累知识、经验。一个人或者一个企业的成功，不是一朝一夕的，而是在长期的积累过程中逐渐形成的，所以我们需要学习的是成功人士或者成功的企业是如何一步步壮大的。我们要虚心地向成功人士请教他们积累的经验，自己更要仔细地去观察他们是如何进行积累的。将学到的他们的方式在自己平时的生活中加以利用，这样使自己更容易取得成功。

在人生的牌局中，我们要善于借用那些高手赢牌的技巧，使自己的路越走越宽，离成功越来越近。

成功没有霸王条款，勇于挑战就能跨越起点

在成功的道路上没有霸王条款，只要你勇于去挑战成功，你就能跨越起点，逼近成功。

美国五大湖区的运输大王考尔比刚参加工作时非常贫穷，他最初从纽约

一步一步走到克利夫兰，后来在湖滨南密歇根铁路公司总经理那里谋了一个书记的职务。

但是他工作了一段时间后，就觉得这个职位的视野过于狭小——除了忠实地、机械地干活以外，没有任何发展前途可言，这已不能满足其远大的志向了。他也意识到，梯子底部不一定就安稳，上面随时都可能掉下东西砸到自己，这样还不如爬到梯子的上部，并一心朝上爬。

于是，他辞掉了这份工作，在海·约翰大使的手下谋得了一个职位。大使后来成为国务卿、美国驻英国大使，而在此之前，考尔比就已经明白，与前者在一起不会有发展，与后者共事则会有很大的成就。

工作应从什么样的高度开始？不少刚开始找工作的毕业生会认为从哪里开始都一样，先落了脚再说，并雄心勃勃地表示不会待多久。但遗憾的是，他们中的大多数进到那个层次后便很难再出来了。对于这个问题，著名的成功学家拿破仑·希尔有过很经典的论述，他说："这种从基层干起，慢慢往上爬的观念，表面上看来也许十分正确，但问题是，很多从基层干起的人，从来不曾设法抬起头，以便让机会之神看到他们。所以，他们只好永远留在底层。我们必须记住，从底层看到的景象并不是很光明或令人鼓舞的，有时反而会增加一个人的惰性。"

因此，成功人士建议，如果有可能的话，尽量从基层的上一步或上两步开始，这样你就会免受最底层的单调生活的折磨，避免形成狭隘的思想和悲观的论调，尤其是可以避开低层次的斗争。事实也确实如此，在一个较低的层次上，由于资源和机会有限，人员素质参差不齐，斗争与内耗往往十分激烈而且是赤裸裸的。许多人在到达上一层之前，也许已经元气大伤、锐气全无了。

有一位30多岁在读MBA的人袒露，他这岁数还来读MBA，只是为了越过一些层级。他原来的单位是个很保守的地方，论资排辈，他工作了几年仍然是个小跟班，参与不了任何重要的事情，而自己比较适合的中高级管理人员的位置又是那样遥不可及。他的许多同龄人都逐渐变得懈怠和颓废起来，但他选择了离去，选择了越过一些也许是永远都难以"胜任"的层级，直奔"主题"。虽然MBA的课程读起来很辛苦，但他乐在其中，因为他知道山的后面是什么。后来，他做了一家大公司的高级主管，年薪超过50万，而他原来的年薪不足2万。

在生活的洪流中，人应当有逆流而上的勇气，不断努力，再苦再难也要坚持，只要熬过了，什么样的困难都难不住你。

愚者赚今朝，智者赚明天

一个人要想成就一番大事业，没有远见是不行的。但站得高才能看得远。一个人只有拥有深邃的思想和广阔的视野，按照既定的目标坚持不懈，才会获得成功。

百度CEO李彦宏在母校的一次发言中这样说："百度在2000年成立时，并不直接为网民提供搜索服务，我们只为门户网站输出搜索引擎技术，而当时只有门户网站需要搜索服务。2001年夏天，我做了这样一个决定，从一个藏在门户网站后面的技术服务商，转型做一个拥有自己品牌的独立搜索引擎。这是百度发展历程中唯一的一次转型，但会得罪几乎所有的客户，所以当时遭到很多投资者的反对。但当我把视线投向若干年以后时，我不得不坚持自己的观点。大家知道，后来我说服了投资者，所以才有了大家今天看到的百度。百度从后台走向了前台，加上我们的专注与努力，今天运营着东半球最大的网站。

"而事实上，从创立百度的第一天，我的理想就是'让人们最便捷地获取信息'。这个理想不局限于中文，不局限于互联网。作为一名北大信息管理系的学生，我很幸运地在前互联网时代、在大学时就理解了信息与人类的关系和重要性。所以，百度从第一天起，就胸怀远大理想：我们希望为所有中国人，以至亚洲，以至全世界的人类，寻求人与信息之间最短的距离，寻求人与信息的相亲相爱。所以说：视野有多远，世界就有多大。"

正是因为有这样的远见，李彦宏才能够成就今天的百度。

凯瑟琳·罗甘说："远见告诉我们可能会得到什么东西，远见召唤我们去行动。心中有了一幅宏图，我们就能把身边的物质条件作为跳板，跳向更高、更好的境界，从一个成就走向另一个成就。这样，我们就拥有了无可衡量的永恒价值。"

19世纪80年代，约翰·洛克菲勒已经以他独有的魄力和手段控制了美国的石油资源，这一成就主要受益于他那从创业中锻炼出来的预见能力和冒险胆略。1859年，当美国出现第一口油井时，洛克菲勒就从当时的石油热潮中看到了这项风险事业是有利可图的。他在与对手争购安德鲁斯-克拉克公司的股权中表现出了非凡的冒险精神。拍卖从500美元开始，洛克菲勒每次都比对手出价高，当达到5万美元时，双方都知道，标价已经大大超出石油公司的实际价值，但洛克菲勒满怀信心，决意要买下这家公司。当对方最后出价72万美元时，洛克菲勒毫不迟疑地出价72.5万美元，最终战胜了对手。

当他所经营的标准石油公司在激烈的市场竞争中占据了美国市场上炼制石油的90%的市场份额时，他并没有停止冒险行为。19世纪80年代，利马发现了一个大油田，因为含碳量高，人们称之为“酸油”。当时没有人能找到一种有效的办法提炼它，因此一桶只卖15美分。洛克菲勒预见到这种石油总有一天能找到提炼方法，坚信它的潜在价值是巨大的，所以执意要买下这个油田。当时他的这个建议遭到董事会多数人的坚决反对。洛克

菲勒说："我将冒个人风险，自己拿出钱去购买这个油田，如果有必要，拿出200万、300万美元也在所不惜。"洛克菲勒的决心终于迫使董事们同意了他的决策。结果，不到两年时间，洛克菲勒就找到了炼制这种"酸油"的方法，油价由每桶15美分涨到1美元，标准石油公司在那里建造了当时世界上最大的炼油厂，赢利猛增到几亿美元。

远见就是在人类的巨大画卷中洞察到未来的情景。只有看到别人看不见的事物的人，才能做到别人做不到的事情。这就如打牌一样，在出这一张牌后，就要预见到后几张牌会怎么出，这样才能成为最后的赢家。

"破冰之船"如何行万里

不要因为途中遇到种种阻挠就丧失信心，其实"破冰之船"也能行万里。当破冰船上强大的机器开动时，能把自己的船首移到冰面上去，它的船首的水下部分就是因为这个缘故造得非常斜。船首出现在冰面上的时候，就恢复了自己的全部重量，而这个极大的重量就能把冰压碎。遇到更厚的冰块时，就要用船的撞击力来制服它。这时候破冰船就得向后退，然后用自己的全部重量向冰块猛撞。若是几米高的冰山，破冰船就得用它坚固的船首猛烈撞击几次才能将它们撞碎。

其实人也可以像这破冰之船一样，只要有坚持破冰的毅力，照样可以行万里。

你可能常常埋怨自己技不如人，但你想过其中的原因吗？静下心，回顾一下你学习和工作的历程，你是不是有这样的缺点：不能把某件事情漂亮地干完，做事常常半途而废。这是成功的大忌。伏尔泰说："要在这个世界上获得成功，就必须坚持到底；剑到死都不能离手。"请记住：只有坚持才能获得成功。

日本有个电视剧叫作《第一百零一次求婚》，男主角不论是在外形上还是在工作上都让许多女性望而却步，在99次相亲失败后，他感到自卑、失望，但是他还是没有放弃。在第一百次的相亲中，他遇到了漂亮的大提琴手，对她一见钟情。但这么优秀、漂亮的女孩又怎么会对他产生感情呢？但是最后她还是在男主角的真情和坚持不懈中答应了他的求婚。但是在举行婚礼前，女主角遇到了一个跟她死去的男朋友外形、气质特别相似的男人，并被他吸引。男主角为此伤心不已，但是他在一段时间之后振作起来，为律师考试奋斗。最终，女主角想起男主角的种种关心，加上后来遇到的这个男人根本就不是她的男朋友，只是她的幻觉。她被男主角的一片真心所感动，在一个夜里，她穿着洁白的婚纱，去工地上找到了男主角，并捡起地上的螺丝钉作为戒指……

虽然这是电视剧，可是与现实联系得很紧密。如果说开始时男主角因为自卑就放弃了，或者在不断被拒绝的时候就放弃了，他就不会赢得她的爱。但是在坚持中，他成功了。

有一次，有人问小提琴大师弗里兹·克莱斯勒："您怎么演奏得这么棒，是不是运气好？"他回答道："是练习的结果。如果我一个月没有练习，观众能听出差别；如果我一周没有练习，我的妻子能听出差别；如果我一天没有练习，我自己能听出差别。"

坚持不懈便意味着有决心。当我们精疲力竭时，放弃看起来更好，但成功者忍住了。如果问一问取得成功的运动员，他们一定忍受了痛苦并完成了他们所开始的事情。很多失败者都有一个很好的开端，却没有产生任何结果。不过面对失败，只要继续坚持，继续努力，你就会成功。

如果你失败了，不妨扪心自问：在遇到各种困难的时候我坚持了吗？打牌时，你看到手里的几张牌，再看看牌到中途，可能觉得打下去也不可能赢，你就要主动放弃。如果你真这样做了，那你离赢可能只差一步之遥，因为对方手里可能还有一张特别坏的牌。

PART 03 决定输赢的不是牌的好坏，而是你的心态

心向着太阳，就能“开花”

心理学家认为，一个人具有什么样的心态，他就会成为什么样的人，也就会拥有一个什么样的人生。事情往往是这样，你相信会有什么结果，就可能会有什么结果。如果人的心是向着太阳的，那么就一定会“开花”。

伟大的心理学家阿德勒穷其一生都在研究人类及其潜能，他曾经宣称他发现了人类最不可思议的一种特性——“人具有一种反败为胜的力量”。戴尔·卡耐基讲述了一位叫汤姆森太太的故事，正好印证了这一点。

二战时，汤姆森太太的丈夫到一个位于沙漠中心的陆军基地去驻防。为了能经常与他相聚，她也搬到附近去住，离陆军基地不远。那实在是个可憎的地方，她简直没见过比那儿更糟糕的地方。她丈夫出外参加演习时，她就只好一个人待在那间小房子里。那里热得要命——仙人掌树荫下的温度高达50摄氏度，没有一个可以谈话的人；风沙很大，到处都充满了沙子。

汤姆森太太觉得自己倒霉到了极点，觉得自己好可怜，于是她写信给她的父母，告诉他们她放弃了，准备回家，她一分钟也不能再忍受了，她宁愿去坐牢也不想待在这个鬼地方。她父亲的回信只有3句话，这3句话常常萦绕在她的心中，并改变了汤姆森太太的一生：“有两个人从铁窗朝外望去，一个人看到的是满地的泥泞，另一个人却看到满天的繁星。”

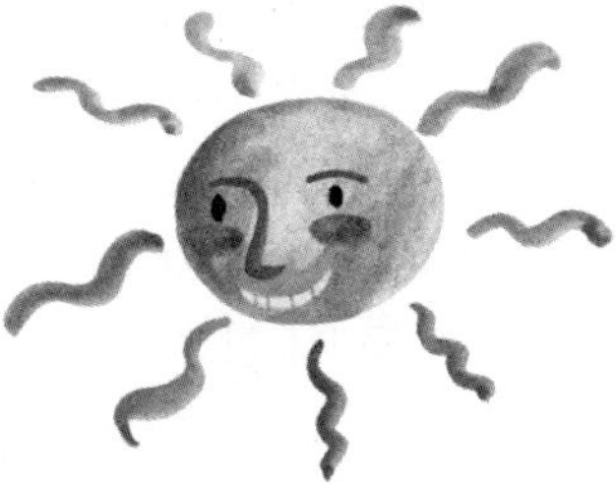

于是，她决定找出自己目前处境的有利之处。她开始和当地的居民交朋友。他们都非常热心，当汤姆森太太对他们的编织和陶艺表现出极大的兴趣时，他们会把拒绝卖给游客的心爱之物送给她。她开始研究各式各样的仙人掌及当地的其他植物，试着认识土拨鼠，观赏沙漠的黄昏，寻找300万年前的贝壳化石。

是什么给汤姆森太太带来了如此惊人的变化呢？沙漠没有改变，改变的只是她自己，因为她的心态变了。正是这种改变使她有了一段精彩的人生经历，她发现的新天地令她既兴奋又觉得刺激，于是她开始着手写一部小说，讲述她是怎样逃出了自筑的牢狱，找到了美丽的星辰。

汤姆森太太的故事说明了这样一个朴素的道理：人可以通过改变自己的心境来改变自己的人生。这充分证明了心态的重要性。

环境没有改变，改变的是一个人的心态；同样的环境，可能造就两个完全不同的人。改变一个人的心态，很可能就会改变这个人的世界。有这样一个故事：

英国有一个乐观的流浪汉，从不拜上帝，这令上帝很不开心，上帝觉得他的权威受到了挑战。

流浪汉死后，为了惩罚他，上帝便把他关在很热的房间里。7天后，上帝去看望这位乐观的流浪汉，看见他非常开心，上帝便问：“身处如此闷热的房间7天，难道你一点儿也不觉得辛苦？”乐观的流浪汉说：“待在这间房子里，我便想起在公园里晒太阳，当然十分开心啦！”（英国一年难得有好天气，一旦晴天，人们都喜欢去公园晒太阳。）

上帝很不开心，便把这位快乐的流浪汉关在一间寒冷的房间。7天过去了，上帝看到这位流浪汉依然很开心，便问：“这次你为什么开心呢？”流浪汉回答说：“待在这寒冷的房间，便让我联想起圣诞节快到了,这就可以收到很多圣诞礼物,能不开心吗？”

上帝又不开心,便把他关在一间阴暗又潮湿的房间里。7天又过去了,流浪汉仍然很高兴,这时上帝有点困惑不解,便说：“这次你能说出一个让我信服的理由,我便不再为难你。”这个快乐的人说：“我是一个足球迷,但我喜欢的足球队很少有机会赢。但有一次赢了,当时就是这样的天气，所以每次遇到这样的天气,我都会很高兴,因为这会让我联想起我喜欢的足球队赢了。”上帝无话可说,只好给了这个流浪汉自由。

在不同的环境中，这个快乐的流浪汉总能找到快乐的事，即使他面临的是困境，也不会把注意力放到严苛的现实，而是转移到与之相关的快乐方面。

美国著名心理学家威廉·詹姆斯说：“我们这一代人最重大的发现就是，人能通过改变心态从而改变自己的一生。”的确，如果人生是场牌局，那最终的结果往往是因为人的心态造成的，你觉得自己是什么样的结果，最终便会是什么结果。

输赢那些事儿

从前，有一个老童生考秀才，已经考得胡子都白了，仍没考取。有一年，他与儿子同科应考。到了放榜的那一天，他正在屋里洗澡，儿子看榜回来，高兴地大声报喜：“父亲，我已经考取了。”

老童生在屋里一听，便大声呵斥：“考取一个秀才算得了什么？这样沉不住气！”儿子一听，吓得不敢再大叫，便轻轻地说：“父亲，你也考取了。”老童生一听，忘了自己正光着身子，连衣服还没穿上，就忙打开房门，大声呵斥：“你怎么不先说！”

这个故事不禁让人哑然失笑，老童生训斥儿子不能以一颗平常心面对输赢成败，沉不住气，可他自己更不能平静地面对人生的得失。

生活中有很多人都如同这个老童生一样，面对人生的起伏不能自已，成功了便开始洋洋得意，甚至自以为是，失败了便垂头丧气，一蹶不振，对生活的其他方面都失去了兴趣。逢人夸就觉得自己很了不起，遇到别人批评就觉得处处不如人，这便是生活中的某些人，他们在得意时忘形，在失意时忘了自身的价值。

人生当以一颗平常心去面对，无论是晴天还是风雨，都当努力地做好眼前的事情。输赢成败乃是人生的常态，笑看输赢成败，宠辱不惊才能走好生活的路。

一个笑看输赢成败的人是一个沉稳的人。他能够在牌局中不断努力，踏踏实实走好每一步，不受外界环境干扰。赢的时候再接再厉，不会因为某次赢牌就得意扬扬，从此止步；也不会在输牌的时候怀疑自己的能力，而是平静地寻找输牌的原因，于是更加努力，不怨天尤人、垂头丧气，通过努力将输牌变成赢牌。

在岁月的磨砺中，什么事情都可能遇到，而对于企业，对于每个人来说，能够做的就是以一颗平常心去看待成败。人们常说“胜不骄，败不馁”，百折不挠，相信总有一天会成功的。不论是磨难还是幸福，都是生活的一部分，输得起才能赢得起，所以人当看淡输赢成败，只要努力了，就没有什么可遗憾的了！

打好牌：勿忘“屏蔽”浮躁

“浮躁”在字典里解释为：“急躁，不沉稳。”浮躁常常表现为：心浮气躁，心神不宁；自寻烦恼，喜怒无常；见异思迁，盲动冒险；患得患失，不安分守己；这山望着那山高，既要鱼也要熊掌；静不下心来，耐不住寂寞，稍不如意就轻易放弃，从来不肯为一件事倾尽全力。

随着经济的发展，这种浮躁的气息在社会中蔓延，几乎触及了参与其中的每一个人：某些官员急功近利，大搞不切实际的形象工程；演员不苦练基本功，却借助绯闻来炒作自己；商人不一心一意经营自己的产业，却去炒股、炒房；学生不专心念书，却妄想通过不相干的社会活动增加综合测评分数或通过考试作弊拿到高分。还有的人做事具有更强的目的性，交朋友具有更强的工具性，处世具有更强的功利性。很多人都想成功，却总是被成功拒之门外。

有一个人叫小付，人们发现，小付无论学什么都是半途而废。小付从未获得过什么学位，他所受过的教育也始终没有用武之地，但他的祖辈为他留下了一些本钱。他拿出10万元投资办一家煤气厂，可造煤气所需的煤炭价钱昂贵，这使他大为亏本。于是，他以9万元的售价把煤气厂转让出去，开办起煤矿来。可又不走运，因为采矿机械的耗资大得吓人，因此，小付把在矿里拥有的股份变卖成8万元，转入了煤矿机器制造业。

从那以后，他便像一个滑冰者，在有关的各种工业部门中滑进滑出，没完没了。

正如小付困惑的那样，为什么自己付出那么多，却终究一事无成呢？答案很简单，小付总是这山望着那山高，急于追求更高的目标，而不是在一个既定的目标上下功夫。要知道，摩天大厦也是从打地基开始的。小付这种浮躁的心态只能导致他最后落个两手空空。

很多人在做事情的时候不能静下心来扎扎实实地从基础开始，总是觉得踏踏实实做事情的方法很笨，于是做什么事情都求快，想以最小的付出获得最大的利益。浮躁的心态让人不会专注地做一件事情，所以也就很难成功。在人生的牌局中，要想赢牌，浮躁就是最大的敌人。

在电视剧《士兵突击》中，许三多显然是一个“异类”，他不明白做人做事为什么要如此复杂，一切投机取巧、偷奸耍滑的世故做法他都做不来，或者根本就没有想过。他有的只是本性的憨厚与刻入骨中的执着。他做每一件小事都像抓住一根救命稻草一样，投入自己所有的能量和智慧，把事情做到最好。他这样做并不是为了得到旁人的赞赏与关注，只是因为这是有意义的。他面对困难从来不说"放弃"，而是默默地承受，慢慢地解决，毫无抱怨，绝不气馁。当一个又一个问题被他以执着的劲头解决之后，他俨然成长为了一个巨人。他不会面对诱惑放弃忠诚，当老A部队的队长向他发出邀请时，许三多用一句"我是钢七连的第四千九百五十六个兵"做出了态度鲜明的回答。

"许三多"已成为家喻户晓的人物形象，他被定格为一种沉稳、踏实的文化符号，成为"浮躁"的反义词。很多人开始做事情时会满腔热血，但慢慢地这种热情会消退，最后就会放弃。是什么原因让那么多人半途而废呢？是急于求成、不愿直面困难的浮躁心理。很多人好高骛远，总是急于看到事情的结果，而不能忍受事情完成的过程，当他们觉得这些事情没有意义时，于是选择了放弃。

在当今市场经济的大背景下，很少有人能按捺住自己一颗浮躁的心，因而变得越发盲目和急功近利。浮躁是一种情绪，一种并不可取的生活态度。人浮躁了，会终日处在又忙又烦的应急状态中，脾气会暴躁，神经会紧绷，长久下来，会被生活的急流所挟裹。凡成事者，要心存高远，更要脚踏实地，这个道理并不难懂。

踏实、沉稳，心平气和、不急不躁，抛开浮躁的心态，从身边的小事做起，脚踏实地地坚持，坚忍不拔地努力，我们才有可能达成人生的目标，走到成功的那一步。

正如在牌局中，那些心浮气躁，总想着在开局的前两轮就把对方打个落花流水的人肯定赢不了。只有那些踏实、认真、冷静的人才能笑到最后。

"晒晒"自己的优点

很多人对自己的评价往往是这样的："我不行，我没有××的才干，我没有××貌美，我没有××有人缘，我是这几个人中最差的一个，我……"总之一堆消极的评价，这样的评价看起来没什么，实际上会对一个人的发展产生巨大的影响。

一个对自己具有消极评价的人在生活中做事情时总会缩手缩脚，不敢放开去做，所以自身的能力总得不到最大化的发挥。可想而知，一个发挥不出自己能力的人和一个将自己的能力得到极大发挥的人相比较，孰强孰弱，一目了然。

有时候即使有好的机会来临，对自己评价消极的人也会让机会白白溜走，因为他对自己没有信心，所以就不敢去抓住机会。人实际上应当多给自己一些积极的评价，这样会更有助于自己的成长。人应当适时“晒晒”自己的优点。

一个喜欢棒球的小男孩生日时得到一副新的球棒。他激动万分地冲出屋子，大喊道：“我是世界上最好的棒球手！”他把球高高地扔向天空，举棒击球，结果没中。他毫不犹豫地第二次拿起了球，挑战似的喊道：“我是世界上最好的棒球手！”这次他打得更带劲，但又没击中，反而跌了一跤，擦破了皮。男孩第三次站了起来，再次击球。这一次准头更差，连球也丢了。他望了望球棒道：“嘿，你知道吗，我是世界上最伟大的击球手！”

后来，这个男孩果然成了棒球史上罕见的神击手。

是自我激励给了他力量，是自我激励成就了小男孩的梦想。也许有一天，我们也能像那个小男孩一样登上成功的顶峰，那时再回首，我们会看见通往成功的道路上，除了脚印、汗水、泪水外，还有一个个驿站，那便是自己给自己的一个个积极的评价。

每个人都需要给自己一个积极的评价，特别是当你身处逆境的时候，赞美自己可以使你更加自信。尼采说：“每个人距自己是最远的。”这句话的意思是说，人类最不了解的是自己，最容易疏忽的也是自己。

有人说，演员必须有人赞美，如果好长时间没人赞美，他就应自己赞美自己，这样才能使自己经常保持演出激情。员工需要老板的褒奖，学生需要老师的表扬，孩子需要父母的肯定，都是一个道理。人们的心灵是脆弱的，需要经常得到激励与抚慰，常常自我激励、自我表扬，会使自己的心灵快乐无比，时常保持自信的感觉。

一个人只有时刻保持自信和快乐的感觉，才会在不顺心的生活中更加热爱生命，热爱生活。只有快乐、愉悦的心情，才能激发人的创造力和人生动

力；只有不断给自己创造快乐，才能远离痛苦与烦恼，才能拥有快乐的人生。

自我赞美，会成为创造奇迹的动力。当年拿破仑在奥辛威茨不得不面临与数倍于自己的强敌决战时，拿破仑对即将投入战斗的将士们说："我的兄弟们，请你们记住：我们法兰西的战士，是世界上最优秀的战士，是永远都不可战胜的英雄！当你们冲向敌人的时候，我希望你们能高喊着'我是最优秀的战士，我是不可战胜的英雄'！"战斗中，法国将士高喊着"我是最优秀的战士，我是不可战胜的英雄"的口号，以一当十，大败奥、俄等国的联军。

给自己一个积极的评价，适时地赞美自己，你可以从中获得不可战胜的力量；可用自己自信的阳光融化心中的胆怯和懦弱；可以唤醒自己生命里沉睡的智慧和能力，从而推动事业的发展。

人生是场牌局，当你手拿一副坏牌时，自暴自弃肯定会让你成为最后的输家。如果你能换一种眼光去看，找到这副牌的最佳出牌方法，自己给自己鼓励，你就可能成为最后的王者。

对于每个人、每个企业来说，渴望得到别人的赞美不容易，此时要懂得自己赞美自己，赞美会让自己自信，会催促自己奋进！

PART 04 没有绝对的好牌，只有相对的转机

不炒自己鱿鱼，保留赢牌的机会

很多人在生活上、事业中屡屡受挫，经过多次打击后，会逐渐丧失了信心，变得自暴自弃，在成功的机会到来之前，就提前把自己给淘汰了。

美国前总统罗纳德·里根曾讲述过这样一段亲身经历：

每当里根失意时，他的母亲就这样说："最好的总会到来，如果你坚持下去，总有一天你会交上好运。并且你会认识到，要是没有从前的失望，那是不会发生的。"

他母亲说得很正确，当里根于1932年大学毕业后，也明白了这个道理。当时里根计划在电台找份工作，然后再设法去做一名体育播音员。于是，里根就搭便车去了芝加哥，敲开了每一家电台的门，但每次都碰一鼻子灰。在一间播音室里，一位很和气的女士告诉他，大电台是不会冒险雇用一名毫无经验的新手的，并且劝告里根去试试找家小电台，那里可能会有机会。

里根又搭便车回到了伊利诺伊州的迪克逊。虽然迪克逊没有电台，但里根的父亲说，蒙哥马利·沃德公司开了一家商店，需要一名当地的运动员去经营它的体育专柜。由于里根在迪克逊中学打过橄榄球，于是就提出了申请。那工作听起来正合适，却未能如愿。里根非常失望，母亲提醒他说："最好的总会到来。"父亲借车给他，于是里根驾车来到了特莱城。

里根试了试爱荷华州达文波特的WOC电台。节目部主任是位很不错的苏格兰人，名叫彼得·麦克阿瑟，他告诉里根说他已经雇用了一名播音员。当里根离开他的办公室时，受挫的郁闷心情一下子发作了，里根大声地说道："要是不能在电台工作，又怎么能当上一名体育播音员呢？"之后，里根突然听到了麦克阿瑟的叫声："你刚才说体育什么来着？你懂橄榄球吗？"接着他让里根站在一架麦克风前，叫里根凭想象播一场比赛。结果，里根被录用了。

里根正是因为有着这种坚持不懈的精神，相信总有一天会成功，他牢牢地抓住身边的每一次机会，才会最终让机会抓住了他。事实上每个人都有这样那样的机会，只是有的人抓住了机会，有的人没有耐性，放弃了机会。

很多人之所以放弃，不是他们追求不到成功，而是因为他们在心里默认了一个"心理高度"。这个高度常常暗示他们：我是不可能做到的。于是，他们一次次地降低自己的标准，将本可胜任的成功机会拱手相让。其实，很多困难远没有你想象的那样恐怖，更不是牢不可破的。只要你摒弃固有的想法，尝试着重新开始，你就能摆脱以前的忧虑和消极心理，将机会牢牢地把握在自己的手中。

所以，我们应当及时摆脱自身"心理高度"的限制，打开制约成功的"盖子"，那么我们的发展空间和成功概率将会大大增加。现实中，一些有实力的

职业者在职业发展过程中，特别是求职时，由于受到“心理高度”的限制，常常对一些比较好的工作机会望而却步，结果痛失良机，甚至导致经常性的职场挫败感。

“心理高度”决定着我们的人生高度，一个人若想跳出人生的困局，就要拨开心理阴霾，不能因为过去的挫败或眼前的困境而降低自己的人生标准，为自己的人生过早地盖上一个“盖子”。抓住身边的每一次机会，说不准哪一次不经意的尝试，就会成为你人生的转折。只要你不放弃机会，机会也就会随时等着你的到来！

没有机会降临，就需自己铺路

现实生活中很多人会抱怨命运对自己不公平：别人为什么会有这样或那样的机遇，而为什么自己就没有呢？有些人总是等着机遇降临来大干一番，比如，获得老板的赏识，对自己委以重任，自己就能够展示最大的才能，但得到

老板的赏识哪有这么容易呢？我们也许会梦想着某一天有自己的公司，这家公司拥有良好的设备、优秀努力的员工，自己虽不是商业巨头，但也是那种走到哪里都有人投来赞许目光的人……可是，现实是我们只是现在的自己，而不是这些人。

不过仔细想想，难道那些真正成功的人他们拥有的都是很好的机遇吗？不是。其实没那么简单，没有哪个机会是很轻易地就降临在某个人的身上，这些人是靠自己的努力，为自己的人生不断创造机遇，最终获得了成功。

我们每个人都有自己的理想和目标，但人生的第一步是必须学会醒目地亮出自己，为自己创造机会。说到底，这是一种观念：是主动出击还是被动选择？这决定着你能不能改变目前的不利现状。

华隆集团的创办人卢俊雄，10岁时便瞒着家人，带着10元钱独闯武汉去寻求机遇，发掘“财源”。

1980年，父亲给了卢俊雄三本邮票，卢俊雄凭着这些邮票，参加了1980年在广州文化公园举行的全国首届邮票展销会。他用卖报卖书的几十块钱，在市青少年宫、火车站、邮票公司等处卖起了邮票，迈出了创业的第一步。

读初二时，他成立了广州第一个自发性的中学生社团——省实集邮社。他帮爱集邮的学生代买各种邮票，从中提取劳务费。上高二时，他组织了中学生集邮冬令营。他将自己对集邮的感受写成文章，寄给香港《邮票世界》杂志，竟获刊登。一些海外邮票商竟纷纷来函寄钱，托他购买邮票。从此，卢俊雄开始进入了“国际市场”，从中赚取差额。

念大学二年级的时候，卢俊雄做了另一次跋涉——给深圳大学一勤工俭学者从广州批发贺卡。他将广州最便宜的批发商的积压品卖出了高价。在开始的时候，他10天不到就赚了3000多元。

卢俊雄通过《集邮杂志》和邮票公司搜集了全国2000多个集邮爱好者的姓名、地址，用卖贺卡赚的3000多元钱办了份双面8开铅印的《南华邮报》，免费寄给这些人。到1989年，《南华邮报》已发行5万份，拥有5万个客户。1991年2月～8月间，由于股市整顿，邮票市场非常兴旺，邮票价格涨了5倍，卢俊雄大获其利。

搞了两年的邮票生意，卢俊雄又开始在市中心旧房子上打主意。当时房地产业刚刚兴起，卢俊雄抓住了这个历史性的机遇。在当时房地产市场尚未启动的形势下，他却生意兴隆，财源广进。他再一次使用了自己创造机会的这个方法取得了成功。

在不断前进探索的过程中，卢俊雄一步步迈向了成功，难道说从10岁那年开始卢俊雄就有别人给予的机会吗？难道说一路上走来，卢俊雄都是有着很现成的机遇吗？没有，这也都是靠他自己的努力才获得成功的。

生活中，失败者等候机会，而成功者寻求机遇。失败者总是不断地抱怨着机会为什么总是那么少，希望机遇能够突然从天而降，自己从今往后就开始“大红大紫”。而机遇都不是凭空而降的，它与一个人不断努力寻求是分不开的。有很多经商的人用心去观察市场，去探求市场的真空，市场中缺什么？重要的商机是什么？未被发掘的商机是什么？他们经过自己努力地调查研究，发现这些机遇。为什么这些人总能赚大钱？是因为他们总是早别人一步发现商机。他们不断为自己创造着各种机遇，而不是静静地等待机遇到来，或者跟风看什么挣钱就做什么。

机遇不是空穴来风，它需要我们每个人不断努力寻找。当没有好运气的时候，我们就要努力为自己创造机会，这样才能让机会纷至沓来，才能牢牢地抓住这些来之不易的机遇，为自己开创一片天地！

有“心机”才能发现转机

在每个人的生活中都会遇到这样或者那样的困难，当面临困境的时候，有的人能够在困境中突围，从而得到更好的发展，而有的人却会被困境拖垮。之所以出现两种截然不同的结果，是因为：从困境中突围的人认真观察生活的细节，思考转败为胜的良机，并在关键时刻抓住机会，奋力一战，取得成功；而失败者没有动脑筋发现生活的转机，以致耽误了突围的最佳时机而以失败告终。

保罗·迪克刚刚从祖父手中继承了美丽的“森林庄园”，庄园就被一场雷电引发的山火化为灰烬。面对焦黑的树桩，保罗欲哭无泪。但年轻的他不甘心百年基业毁于一旦，决心倾其所有也要修复庄园，于是他向银行提交了贷款申请，但银行却无情地拒绝了他。接下来，他四处求亲告友，依然是一无所获。

所有可能的办法全都试过了，保罗始终找不到一条出路，他的心在无尽的黑暗中挣扎。他想，自己以后再也看不到那郁郁葱葱的树林了。为此，他闭门不出，茶饭不思，眼睛熬出了血丝。

一个多月过去了，年逾古稀的外祖母获悉此事，意味深长地对保罗说："小伙子，庄园成了废墟并不可怕，可怕的是你的眼睛失去了光泽，一天天地老去。一双老去的眼睛怎么可能看得见希望呢？"

保罗在外祖母的劝说下，一个人走出了庄园，走上了深秋的街道，他漫无目的地闲逛着。在一条街道的拐角处，他看见一家店铺的门前人头攒动，他下意识地走了过去，原来是一些家庭妇女正在排队购买木炭。那一块块躺在纸箱里的木炭忽然让保罗眼睛一亮，他看到了一线希望。

在接下来的两个多星期里，保罗雇了几名烧炭工，将庄园里烧焦的树加工成优质的木炭，分装成箱，送到集市上的木炭经销店。结果，木炭被一抢而空，他因此得到了一笔不菲的收入。不久，他用这笔收入购买了一大批新树苗，一个新的庄园又初具规模了。几年以后，"森林庄园"再度绿意盎然。

保罗虽然在开始痛失庄园，但是一次无意间的发现让他看到事情的新转机，之后经过努力，最终获得成功。

生活中遇到的事情看起来很糟糕，有心人会通过自己的细心发现其中的转机，抓住转机就能获得巨大的成功；对于无心的人来说，这些糟糕的事情就像压在心中的石头一样，一直压着自己，让自己一直不能翻身。

"年轻人的机遇不复存在了！"一位学法律的学生对丹尼尔·韦伯斯特抱怨说。"你说错了，"这位伟大的政治家和法学家答道，"最顶层总有空缺。"

对于善于利用机会的人来说，世界上到处都是门路，到处都有机会。我们能依靠自己的能力尽享美好人生，这种能力既给了强者，也给了弱者。弱者与强者相比较而言，缺少的就是强者的心机和对于生活中的机遇的判断力。

把一块固体浸入装满水的容器，人人都会注意到水溢了出来，但从未有人想到固体的体积等同于溢出来的同体积的水这一道理，只有阿基米德拥有足够的"心机"，注意到这一现象，并发现了一种计算不规则物体体积的简易方法。

生活中的我们可能很贫穷，可能没有别人拥有的资源丰富，但是那些拥有大成功的人也不都是各方面条件都很优越的，他们之所以能成功，而是因为这些人有心机。用心发现生活中的每一个转机，一个小小的发现可能会造就一生的成功。在遇到困境的时候，不要一味地沉浸在悲伤的氛围或者一味的抱怨之中，而是要走出来，多看看，多思考外面的世界，或许突然之间的一个发现会让你灵感顿生，一个新的解决困境的方法就由此诞生。而伤心和抱怨是无论如何也不能解决当前的困境的，只会徒添烦恼。对于一个不善于观察生活的人来说，是永远也看不见生活的转机的。

只有擦亮双眼，用心思考，才能发现隐藏在我们生活中一些细小事情上的机会，抓住机会在绝境中逢生，不断前进。

失败也是一次机会

在决定一件事情的时候，人们总是害怕会失败。比如，我们想尝试进行一次投资，但又怕血本无归；我们想向某个女孩子表白，又害怕被拒绝；在第一次网上购物的时候，我们怕自己上当受骗等。生活中有太多的惧怕就是因为担心失败，所以人们常常会裹足不前。而事实上，失败很可能也是一次机会，但如果不去尝试，那么连成功的可能都不会有。

失败其实并不是很可怕的事情，失败了又如何？只要人在，又有何惧？人常言：“留得青山在，不怕没柴烧。”如果你能正确面对失败，不被这次的失败所牵绊，认真总结经验，那这次的失败有可能会成为一次机会。

这是一个人的简历：

22岁：生意失败；23岁：竞选州议员失败；24岁：生意再次失败；25岁：当选州议员；26岁：情人去世；27岁：精神崩溃；29岁：竞选州长失败；34岁：竞选国会议员失败；37岁：当选国会议员；39岁：国会议员连任失败；45岁：竞选参议员失败；47岁：竞选副总统失败；49岁：竞选参议员再次失败；51岁：当选美国总统。

这个人就是林肯。许多人认为他是美国历史上最伟大的总统。但是很少有人知道，他的成功是建立在一连串的失败之上的。“失败”是个消极的字眼，但是不可避免，我们每个人在人生的道路上，都会或多或少地遇到它。美国作家爱默生曾说过：“一心向着自己目标前进的人，整个世界都给他让路。”我们之所以害怕失败，就是因为我们从来就没有想过自己也可以成功，也可以站在万人瞩目的成功舞台上。

当你一路走来，突然之间的失败可能让你感到措手不及，没有任何防备，你会沮丧，会感到以前从没有过的挫败感。但是,或许正是因为这一次的失败才使得你开始思考自己以前的种种生活情形，不断地反思、总结，从而改变生活，改变以前的不当作法，在失败中吸取经验教训，使得以后的路走的更加踏实、认真。那这样的失败实际上是人生的一大好事，它给人提供了一个改变自我、反省自我的机会，为今后的成功打下了坚实的基础。

美国亚特兰大有一个业余药剂师潘伯顿，他想研制一种令人兴奋的药，他用桉树叶作为材料，做了很多努力，药效却不好。一天，一位患头痛的病人前来就医。潘伯顿让店员给患者配制药，可是，店员在配药时，不是冲入了

清水，而是误将苏打水冲进了药瓶。病人饮后，才发觉配方错了，所有人都大惊失色。但奇怪的是，病人的头痛症减轻了，而且没有发生不良反应。过了几天，潘伯顿受到了启发，他把头痛药和苏打水进行冲兑，进行试验，发现这些液体芳香可口，益气提神。结果，在他的改良下，可口可乐从药品变成了饮料，风靡全世界。

可口可乐的发明正是因为一次偶然的机会，而这个机会也是因为那次不经意的失败使得潘伯顿产生灵感，之后可口可乐就诞生了。谁能说失败不是一次机会呢?

所以，在生活中，我们应敢于尝试，不要惧怕失败，失败了大不了重新再来，也很可能你因为这一次的失败就会突然发现另一个走向成功的秘诀。

“我们浪费了太多的精力和时间，”一位助手对爱迪生说，“我们已经试了两万次，可仍然没找到可以做白炽灯丝的物质！”

“不！我们已经知道有两万种不能当白炽灯丝的东西。”

这种精神使得爱迪生终于找到了钨丝，发明了电灯。

不过，假若一个人没有在失败中不断地总结，吸取以前的教训，那失败也只能是毁灭，而不是一次机会。不总结自己失败的原因，下一次还会在原来的地方跌倒。

错误和失败是迈向成功的阶梯，每一次失败都是通向成功不得不跨越的台阶。有志气、有作为的人，并不是因为他们掌握了什么走向成功的秘诀，而是因为他们在失败面前不唉声叹气，不悲观失望，而是将失败看作人生的一次机会，并为之努力奋斗，所以他们取得了令人羡慕的成功!

挑战极限，和“不可能”过招

在自然界中，有一种十分有趣的动物，叫作大黄蜂，曾经有许多生物学家、物理学家、社会行为学家联合起来研究这种生物。

根据生物学的观点，所有会飞的动物必然是体态轻盈、翅膀十分宽大的，而大黄蜂这种生物的状况却正好跟这个理论相反。大黄蜂的身躯十分笨重，而翅膀却出奇的短小。依照生物学的理论来说，大黄蜂是绝对飞不起来的。而物理学家的论调则是，大黄蜂的身体与翅膀的比例，根据流体力学的观点，同样是绝对没有飞行的可能的。

可是，在大自然中，只要是正常的大黄蜂，却没有一只是不能飞的，甚至它飞行的速度并不比其他能飞的动物慢。这种现象，仿佛是大自然和科学家们开的一个很大的玩笑。最后，社会行为学家找到了这个问题的答案。很简单，那就是——大黄蜂根本不懂生物学与流体力学，每一只大黄蜂在它长大之后就很清楚地知道，它一定要飞起来去觅食，否则必定会活活饿死！

由此可见，这世上没有绝对的“不可能”，只要敢于拼搏，一切皆有可能。

说到“不可能”这个词，我们来看一看著名成功学大师卡耐基年轻时用的一个奇特的方法。

年轻的时候，卡耐基想成为一名作家。要达到这个目的，他知道自己必须精于遣词造句，字典将是他的工具。但由于他小的时候家里很穷，接受的教育并不完整，因此“善意的朋友”就告诉他，说他的雄心是“不可能”实现的。

年轻的卡耐基存钱买了一本最好的、最完全的、最漂亮的字典，他所需要的字都在这本字典里，而他对自己的要求是要完全了解和掌握这些字。他做了一件奇特的事，他找到“impossible”（不可能）这个词，用小剪刀把它剪

下来，然后丢掉，于是他有了一本没有“不可能”的字典。以后，他把整个事业建立在这个前提下。对一个要成长，而且要超过别人的人来说，没有任何事情是不可能的。

翻一翻你的人生字典，里面还有“不可能”吗？可能很多时候，当我们鼓起雄心壮志准备大干一场时，有人会好心地告诉我们：“算了吧，你想的未免也太天真、太不可思议了，那是不可能的事情。”接着我们也开始怀疑自己：我的想法是不是太不符合实际了？那是根本不可能达到的目标。

纵观历史上成就伟业的人，往往并非是那些幸运之神的宠儿，而是那些将“不可能”和“我做不到”这样的字眼从他们的字典以及脑海中连根拔去的人。富尔顿仅有一个简单的桨轮，但他发明了蒸汽轮船；在一家药店的阁楼上，法拉第只有一堆破烂的瓶瓶罐罐，但他发现了电磁感应现象；在美国南方的一个地下室中，惠特尼只有几件工具，但他发明了锯齿轧花机；伊莱亚斯·豪只有简陋的针与梭，但他发明了缝纫机；贫穷的贝尔教授用最简单的仪器进行实验，但他发明了电话。

人生如打牌，有些人总是还没有开始打，就因为别人说或自己认为“不可能”赢就放弃了，他连在牌局上展示的机会都没有。要知道，只要你敢于挑战，坚定信心，你就能超越极限，将不可能变为可能。

主动发牌，莫对机会欲说还“羞”

比尔·盖茨曾教导微软的员工：“只要你善于观察，你的周围到处都存在着机会；只要你善于倾听，你总会听到那些渴求帮助的人越来越弱的呼声；只要你有一颗仁爱之心，你就不会仅仅为了私人利益而工作；只要你肯伸出自己的手，永远都会有高尚的事业等待你去开创。”比尔·盖茨之所以能开创辉煌的事业，是因为他总是能够全力以赴，并以他独特的眼光发现身边转瞬即逝的机会。

生活中的许多人常常会舍近求远，到远处去寻找自己身边就有的东西。而机遇往往就在你的脚下。

有这样一个故事。

一位船长讲述道："天正渐渐地黑下来。海上风很大，海浪是一浪比一浪高。那晚上我们碰到了不幸的'中美洲'号，我给那艘破旧的汽船发了个信号打招呼，问他们需不需要帮忙。

"'情况正变得越来越糟糕。''中美洲'号的亨顿船长朝着我喊道。'那你要不要把所有的乘客先转移到我船上来呢？'我大声地问他。'现在不要紧，你明天早上再来帮我好不好？'他回答道。'好吧，我尽力而为，试一试吧。可是你现在先把乘客转到我船上不更好吗？'我问他。'你还是明天早上再来帮我吧。'他依旧坚持道。

"我曾经试图向他靠近，但是，你知道，那时是在晚上，夜又黑，浪又大，我怎么也无法固定自己的位置。后来我就再也没有见到过'中美洲'号。就在他与我结束对话的一个半小时后，他的船连同船上那些鲜活的生命就永远地沉入了海底。船长和他的船员以及大部分的乘客在海洋的深处为自己找到了最安静的坟墓。"

亨顿船长曾经离这个船长近在咫尺，但亨顿船长却没有抓住这个机会，在亨顿船长面对死神的最后时刻，他肯定深深的自责，但又有什么用？

在我们的生活当中，有很多像亨顿船长这样的人，他们只有在失去之后才会幡然悔悟。然而，这时一切已经太迟了。

机会的大门是向所有的人敞开的，无论是头脑冷静、年富力强的科学家，还是温文尔雅的学生；无论是谨慎细致的公务员，还是兢兢业业的公司职员，机会的存在形式都是一样的。

每当面对困难时，不妨停下来问问自己："这个困难之中是不是藏有什么机会呢？"当你发现了机会，你就已经超越你的对手了。

如果你对你的未来有具体的计划，不要犹豫了！别蹉跎空候，也别期望成功会自然到来。只有你确定自己所要的是什么，全力以赴地去争取，你才有成功的希望。只有不负责任的人才总是抱怨自己没有机会，没有时间；而那些永远在孜孜不倦地工作着、努力着的人却能够从琐碎的小事中找到机会，并紧紧抓住细小的机会去利用它们完成自己的计划。

那些成功者不会等待机会的到来，而是寻找并抓住机会、把握机会、征服机会，让机会成为服务于他的奴仆。任何机会都可以是他们手中的"金钥匙"。

PART 05 总有一种优势可以扭转牌局

总有一张拿得出手的好牌

每个人的身上都有自己独特的地方，假如我们能够充分了解自己较之于别人比较出色的地方，在这方面发展，就更有希望取得突出的成就。

为什么有的人在平凡的工作中却干出了不平凡的业绩，而有的人终生都一事无成？问题在于人们常常看不清自己，没有认清自己所拥有的一切。不论是你的外貌、你的才能、你的身高、你的人脉等，都是你的资本。只是你有时不能很好地利用这些资源，导致很多机会的错失。

罗琳太太是一家大公司的清洁工，她手脚不是很勤快，但嘴巴总是闲不住，经常与人搭讪，身边的手机也是天天响个不停，好像比公司的经理还要忙。

一天，公司的员工们聚在一起聊天，汤姆突然感叹道：“我们连罗琳太太都不如啊！”见别人诧异，他又说：“你猜她每个月能赚多少钱？”

一个清洁工，薪水再高能高哪儿去？有人说500，有人说800，汤姆摇摇头，伸出了4个指头，于是有人就“大胆”地预测：“不会是4000吧？挺厉害的呀。”

“什么4000？是4万美元！她每个月至少可以赚4万美元！”

“不会吧？”大家惊讶得眼珠子都差点掉下来。

“是她自己跟我说的。”汤姆笑着说，“罗琳太太还说，做清洁工只是一个平台。我觉得她完全可以做一个CEO了！”

原来，罗琳太太借着到公司做清洁工，打听公司里谁需要找钟点工，谁需要租房子，然后就当起了中介，收取中介费。罗琳太太还买了一套房子，并以1万美元的月租把这套房子租给了一个大公司的总裁。

罗琳太太借清洁工这个平台延伸出的另一项业务是卖保险。公司里面有不少员工都已经向罗琳太太买了几万元的保险。

罗琳太太善于运用自己所拥有的东西，利用善于和人打交道的特长寻找适当的客户，选择合理的沟通方法，并适时地转变经营项目。

一个人的身上总有闪光的地方，就像电视剧《士兵突击》中的许三多一样。他虽然不是很聪明，但是他身上表现出来的是人最本质、最纯真的东西。我们每个人都可以做惊人的成绩，如果将自身拥有的最突出的、不同于别人的优秀本能发掘出来，那我们就会离成功越来越近。

微笑也是一种优势

许多人的成功很大程度上是因为他的个性、魅力和亲和力，而个性中，最吸引人的就是那亲和的笑容。其实微笑也是一种优势。在适当的时候、恰当的场合，一个简单的微笑就可以创造无穷的价值。

有一副对联说：“眼前一笑皆知己，举座全无碍目人。”

没有人能轻易拒绝一个笑脸。真诚的微笑是交友的无价之宝，是社交的最高艺术，是人们交际时一盏永不熄灭的绿灯。

同样的肢体语言，在不同的场合，可能会有不同的寓意。比如在希腊和尼日利亚，摆手就是一种极大的侮辱，尤其是当你的手接近对方脸部时；“再见”式挥手在欧洲意味着“不”，但在秘鲁却意味着“请过来”；在巴西，将你的拇指和食指相接——一个美国人的“OK”标志——意味着“见鬼去吧”；当与马来西亚或印度客户一起吃饭时，不要用左手进餐……然而有一种交流方式却是全球通用的，这便是微笑。微笑是我们这个星球上最通用的语言。

有一次，底特律的哥堡大厅里举行了一次盛大的汽艇展览会，人们蜂拥而至。在展览会上，人们可以选购各种船只，从小帆船到豪华的游艇都可以买到。

在这次展览中，一位来自中东某产油国的富翁站在一艘展览的大船面前，对他面前的推销员说：“我想买艘价值2000万美元的汽船。”这对推销员来说是求之不得的好事。可是，那位推销员只是直直地看着这位顾客，以为他是疯子，没加理睬，他认为这个人是在浪费他的宝贵时间，所以，他脸上冷冰冰的，没有笑容。

这位富翁看了看这位推销员，看到他的脸上没有一丝笑容，然后走开了。

他继续参观，到了下一艘陈列的船前，这次他受到了一个年轻推销员的热情招待。这位推销员脸带微笑，那微笑就跟太阳一样灿烂，这使这位富翁有宾至如归的感觉。所以，他又一次说：“我想买艘价值2000万美元的汽船。”

“没问题！”这位推销员说，他的脸上挂着微笑，“我来为您介绍我们的系列汽船。”之后，他详细地介绍各种价格相当的汽船。

这位富翁签了一张500万元的支票作为定金，他对这位推销员说：“你用微笑向我推销了你自己。在这次展览会上，只有你让我感到我是受欢迎的。明天我会带一张1500万美元的支票来。”

这位富翁很讲信用，第二天他果真带来了支票，买下了价值2000万元的汽船。

这位推销员用微笑把他自己推销出去了，并且连带着推销了汽船。在那笔生意中，他可以得到20%的佣金。

微笑不需要花费什么，但是它创造了许多奇迹。它丰富了那些接受它的人，而又不使给予的人变得贫瘠；它产生于一刹那，却给人留下永久的记忆。

请不要忽视微笑的魔力，在人际交往中，努力保持最真诚的微笑，那么，它会为你创造无穷的价值。

优势不是一张“画皮”

我们每个人都可能不满意自己身上的某些方面，比如，觉得自己的相貌不够漂亮，对自己的身材不满意，觉得自己不够聪明，或者对自己的家庭背景不满意等。总之，每个人都可能会有这样或者那样的缺憾。不要在这些缺憾上计较太多，因为你没有看到自己的优势，一个人可以利用自身的优势去弥补自身的不足。优势不是一张“画皮”，不是一个空壳，而是让你迈向成功的基础。

其实，人们如果能够积极地发展自己的优势，将自己的优势发挥到极致，就完全可以弥补自身的不足之处，所以我们没必要为自己的不足耿耿于怀。上天也不可能让你什么都是最好的，它给了你好的一面，自然也会给你不好的一面，我们需要做的就是利用自己的优势，让它的作用发挥到极致。

现代玩具之父、美国人瓦列梅克，创业初期手里只有1000美元，但凭着对玩具进行革命性的改进，他成了富翁。

那时候的玩具主要是木偶，硬硬的，没有一丝生气，放在桌上欣赏一下倒还可以，要是让孩子们拿着玩，就很快令人乏味了。瓦列梅克想，为什么不让这些木偶的手臂活动起来呢？他想了很久，却没有想出什么办法。

有一天，他在马路上等车，注意到车轮滚动的情形：车轮用轴穿着，装在车厢底下，只要轴装得牢固，轮子滚动时便不会发生障碍了。他突然灵机一动，不由自主地将两支手臂向前伸直，不断地转动着。转了好一会儿，瓦列梅克发狂似的奔回家里，他找出一把小锯子和一个长柄的手钻，随手拿起桌上的一个木偶，就将它的两条手臂锯下，然后在锯口当中钻了一个小孔，再插进一根小圆铁条，最后把那两条锯下来的手臂装在小圆铁条上。他轻轻转动木偶的左手，它的右手也跟着转动了。“改造”过的木偶逗得孩子们大笑。瓦列梅克马上把这个木偶样本交给一个木匠去仿做，先行试做1000个。

他把做好的木偶拿回来涂色，色彩配置得非常鲜艳悦目。这1000个试验品拿到百货公司推销时大受欢迎，不到3天便全卖光了。他还接到了12万个转臂木偶的订单。

瓦列梅克一鼓作气，又创造了活腿木偶，开设了一家拥有370个工人的工厂。后来，瓦列梅克又突发奇想，将这些会转动的木偶改造成了可以自动走路的玩具。上市第一天，这些玩具光在纽约便售出了17万个。

瓦列梅克的异想天开，其实就是发挥丰富的想象力。这是容易被人们忽略的一种能力。善于想象、敢于想象，也是一种不可多得的优势。它能帮你开拓思维空间，在工作和事业上经常爆发出灵感的火花，得到一个又一个的“金点子”，取得意想不到的成就。

这就像打牌一样，你手中的牌不可能都是坏牌，只要你发挥好好牌的作用，就可能扭转牌局，反败为胜。

人生难免会遇到各种各样的问题，每个人也都会遇到大大小小的问题，这时候我们用什么去战胜这些困难呢？这个答案就是优势。依靠自己的优势就是成功的源泉，不要将很大的心思用在改善弱项上，毕竟“半路出家”不是什么好的选择。

人生如战场，试想一下，如果你身处战场，当你遇到困难和敌人时就赶紧后退，其后果如何？可想而知。实际上，把事情做好，把困难解决掉，也是一种作战。在自己的生活和事业中碰到困难时，优势的发挥往往会让人得到意想不到的收获。

明白优势的重要作用之后，人们就应当充分利用自己的优势，比如，如果比较擅长与人交流，那么你更适合于公关、心理咨询、记者等之类与各种人打交道的工作，这样才能够发挥自己出色的交际能力，使工作干得更好。

在竞争日趋激烈的社会上，想要脱颖而出，并不是一件容易的事，发挥优势将助你一臂之力。我们要很好地利用自己的优势，使自己的优势成为自己成功的路径。

成功攻略：兔子学跑步，鸭子练游泳

在美国，有一个寓言故事一直被人们广为流传，它取自名为《飞向成功》的畅销书。这个寓言故事讲的是：

为了像人类一样聪明，森林里的动物们开办了一所学校。学生中有小鸡、小鸭、小鸟、小兔、小山羊、小松鼠等，学校为它们开设了音乐、跳舞、跑步、爬山和游泳5门课程。第一天上跑步课，小兔兴奋地在体育场地跑了一

个来回，并自豪地说："我能做好我天生就喜欢做的事！"而看看其他小动物，有撅着嘴的，有沉着脸的。放学后，小兔回到家对妈妈说："这个学校真棒！我太喜欢了。"第二天一大早，小兔蹦蹦跳跳来到学校，上课时老师宣布，今天上游泳课。只见小鸭子兴奋地一下子跳进了水里，而天生恐水、不会游泳的小兔傻了眼，其他小动物更没了招。接下来，第三天是音乐课，第四天是爬山课……学校里的每一门课程，小动物们总有喜欢的和不喜欢的。

这个寓言故事诠释了一个通俗的道理，那就是：不能让猪去唱歌，让兔子去学游泳。要想成功，小兔子就应该练跑步，小鸭子就应该练游泳，小松鼠就得练爬树。想成功就要扬长避短，最大限度地发挥自己的优势。只有发挥自己的优势，避开自己的劣势，才能很好地利用自己手中的牌。

成功心理学家发现，每个人都有天生的优势。一个人拥有优势的类型和数量并不重要，最重要的是，是否知道自己的优势是什么，从而做到扬长避短。

曾是美国NBA夏洛特黄蜂球队队员的博格士从小就立志要加入NBA，然而身高仅1.60米的他曾引起无数人的嘲笑。但他并没有放弃，凭借矮个子重心低、控球稳的优势，经过努力训练，终于成为一位优秀的球员。大量的事实说明，一个人有短处并不可怕，关键是要学会扬长避短，若能如此，成功就不会遥远。

尽管我们都知道扬长避短的重要性，但在如何看待自己的弱点或劣势的问题上，往往存在着两种误区：一是在发挥自己优势的同时，要弥补自己的劣势；二是在发挥自己的优势的同时，要克服自己的劣势。一个人应该将精力用在如何发挥自己的优势上，而不是用在如何弥补或者克服自己的弱点上。

大家都知道，一个人的弱点或缺点，就像物理学上的位置变化一样，是一个相对的概念，是相对于不同的参照物而言的。从这个角度来说是缺点，而从另外一个角度来看则可能是优点。而且“江山易改，本性难移”，一个人花在弥补、克服弱点上的时间所产生的效益，要比花在发挥优势上的时间所产生的效益低得多。

所以，一定要在如何发挥自己的优势上下功夫，最大化地创造自己的价值。对于所谓的缺点、劣势、弱点，应该想办法避免。

人的智能发展不是均衡的，人都有优势和劣势。一个人一旦找到自己的优势，便可在人生的牌局上取得惊人的成绩。所以，一定要设法发挥自己的优势，在最合适的时候亮出自己的王牌。

“考碗族”不一定能端好碗

铁饭碗让很多人看得眼睛发红，于是每年都有大批的人进军公务员考试，跨入“考碗族”行列，其前仆后继的架势让人惊叹不已。但是在加入“考碗族”时，想过自己是否喜欢这个职业吗？自己适合“碗族”吗？估计加入这个行列的理由都是有“碗”可端，但等到真正开始工作，这些“端碗族”不见得能够端好他们的碗。

其实，生活中我们往往不明白自己的位置在哪里、应该如何把握自己，所以常常随大流，以致日后后悔不已。只有找准自己的位置才能更好地发挥，应变自如。

每个人的能力总是有限的。有些人精力旺盛，认为没有自己做不到的事。其实，精力再充沛，个人的能力还是有限的，超过这个限度，就是人力所不能及的，也就是你的短处了。每个人都有自己的长处，同时也有自己的不足，这就要求你要选择一项适合自己的工作，充分发挥长处，这样才能既保证自己能够胜任，又不会“大材小用”。

然而，很多人不知道自己需要什么。威特勒教授的研究结果和经历证实，与其让双亲、老师、朋友或经济学家为我们制定长远规划，还不如自己来了解一下我们擅长做什么。

由于中学时一直成绩优异，威特勒被安纳波利斯的美国海军专科学院录取。为了取悦父亲，他上了这个定向于工程学的学校，但是却不知不觉地远离了他天生喜爱的专业——通讯。后来的海军生活使他懂得了约束自己、调整目标和协调工作。但是，他找到真正喜爱的、能够显示自己才能的职业却花了将近30年。

在人的一生中，能够正确地选择一个适合自己的工作的确不是一件容易的事情。那么，应当如何找到自己能够胜任的适合自己的工作呢？

选择自己能胜任的工作包含着3层含义：

第一，这是一份符合自己性格特点的工作，这工作适合你。找到这样一份工作的前提是你充分了解自己的性格等特点，并明确地知道自己想做什么和怎样去做，即有个明确的目标，并有达到目标的具体方案。

第二，自己能做这份工作。这需要你对自己的各方面能力有个正确的认识，既不过分低估自己的能力，也不过分高估自己的能力。

在美国一所学校，教师对学生做了一项调查，结果是50个学生中只有一个具有天赋。按照他们对“天赋”的理解，他们承认孩子们具有潜在的超常能力。但拥有这些超常的能力又能怎样呢？教师压制了它们，在教学上一味地搞平均主义，一味地折中，直至大多数具有天赋的学生也渐渐适应了中庸。

学生们深信：只有我得了高分才会得到承认，而当我致力于我的兴趣爱好并继续发展时，我就得不到承认。所以，他们从来不知道自己能做什么。

第三，这份工作自己能够做好。这是一个自身能力与目标和现实相互协调、相互统一的过程，也是“胜任工作”所能达到的最高境界和最终目标。

“做”与“做好”是不同的，“做好”是“做”的延伸和结果，中间要加入你自己的主观努力和对客观事物的把握。“做”一件事不难，但“做好”一件事并不容易。这需要你既了解自己的能力范围，又了解工作对能力的要求程度，随后适时地调整自己，以达到最好。

所以，在选择工作或者规划自己的职业生涯时，我们应该充分考虑上述3个方面的因素，真正做到量力而行，这样才能让自己获得真正的发展。

PART 06 选不了好牌，但可以放弃无用的牌

向左、向右，还是向前看

每个人自打一出生就面临着众多选择，选择自己喜欢吃的东西，选择自己喜欢穿的衣服，选择自己喜欢的玩具；到后来的选择学校、选择专业、选择对象、选择职业、选择房子……我们在选择中度过自己的每一天。每个人的人生也都是自己选择的，人们或快乐地活着，或悲伤失望地活着，有什么样的选择就会有什么样的人生。选择是

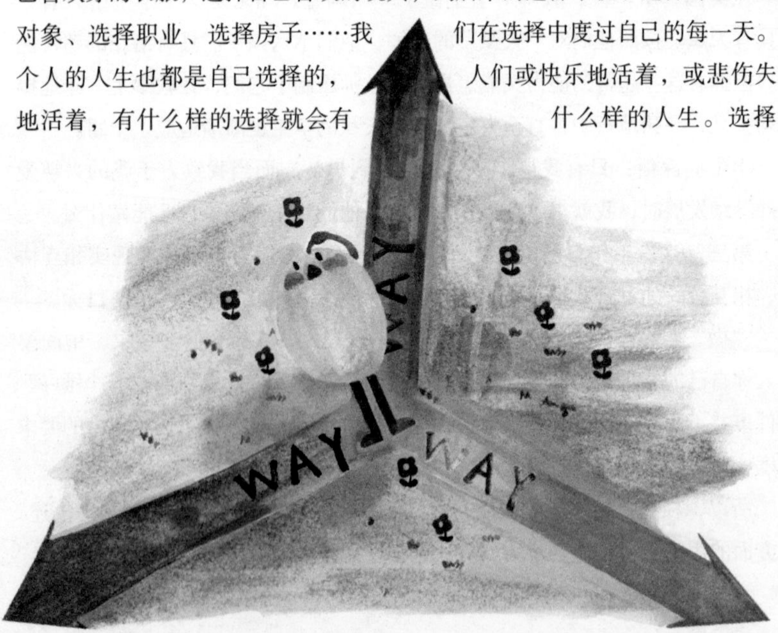

人生的第一步，只有选择之后才能为之付出努力，才能够成就自己的人生。面对选择，我们是该向左、向右，还是向前看？

人生也如牌局，在打牌的过程中，人们也需要选择出牌还是不出牌、出好牌还是留好牌。选择一个就意味着放弃其他的，所以人总是需要不断地权衡。

人生的旅途中有很多十字路口，你的选择将决定你最后的方向和目的地。慎重地做好每一次选择，其效果有时甚至抵过你几年的努力。

古代有一位智者，他以有先知能力而著称于世。有一天，两个年轻男子去找他，这两个人想愚弄这位智者，于是想出了一个点子：他们中的一个在右手里藏一只雏鸟，然后问这位智者："智慧的人啊，我的右手有一只小鸟，请你告诉我这只鸟是死的还是活的？"如果这位智者说"鸟是活的"，那么拿着小鸟的人会将手一握，把小鸟弄死；如果他说"鸟是死的"，那么那一个人只需把手松开，小鸟就会振翅而飞。两个人认为他们肯定会赢，因为他们觉得问题只有这两种答案。

他们在确信自己的计划滴水不漏之后，就起程去了智者家，想跟他玩玩这个把戏。他们很快见到了智者，其中一个人提出了准备好的问题："智慧的人啊，你认为我手里的小鸟是死的还是活的？"老人久久地看着他们，最后微笑起来，回答说："我告诉你，我的朋友，这只鸟是死是活完全取决于你的手。"

你的人生由你自己决定，你事业的成败也完全是由你自己决定。

一个善于打牌的人就要懂得如何坚定地抉择。当做出一个崭新、认真且坚定不移的决定时，牌局很可能在那一刻改变。有了决定就可以解决牌局中的问题；有了决定就会给牌局带来无限的机会，带来成功的希望，它是一种能把梦幻化为实际的神奇力量，是使无形转变为有形过程的催化剂。

所以，人在行进的过程中要慎重选择，知道自己需要什么、不需要什么，不要被外界的花花绿绿迷了双眼。如果不能对自己的人生做出正确的选择，就会耽误自己的一生。

由美国励志演讲家杰克·坎菲尔和马克·汉森合作推出的《心灵鸡汤》系列读本，这些年来被翻译成数十种语言，感动、激励了无数人。可是谁能想到，在开始写作之前，马克·汉森经营的却是建筑业。

马克在建筑业经营彻底失败之后，果断地选择了放弃，他选择了彻底退出建筑业，并忘记有关这一行的一切知识和经历，甚至包括他的老师——著名建筑师布克敏斯特·富勒。他决定去一个截然不同的领域创业。

他很快就发现自己对公众演说有独到的领悟和热情，而这是个最容易赚钱的职业。一段时间后，他成为具有感召力的一流演讲师。

后来，他的著作《心灵鸡汤》和《心灵鸡汤Ⅱ》都登上了《纽约时报》的畅销书排行榜，并停留数月之久。

马克放弃了建筑业，但是你不能简单地说他是个半途而废的人，他只是放弃了错误的发展方向，选择了正确的发展方向。

在人生的道路上，面对众多的十字路口，我们自己要把好这一关，鱼与熊掌不可兼得，所以要慎重选择，确定好自己的人生方向，这样才能更好地为之奋斗！

着眼长远，抛开眼前利益

面对选择，很多人犹豫了，该如何抉择？未来一无所知，看着左手与右手不知道孰轻孰重。这个时候，人就要有能坚决放弃的勇气，需要放弃的是眼前的利益。

英国退役军官迈克·莱恩曾是一名探险队员。1976年，他随英国探险队成功登上了珠穆朗玛峰。而在下山的路上，他们遇上了狂风暴雪，每行进一步都极其艰难。最让他们害怕的是，风雪根本就没有停下来的迹象。这时，他们的食品已为数不多，如果停下来扎营休息，他们很可能在没有下山之前就会被饿死；如果继续前行，大部分路标早已被大雪覆盖，不仅要走许多弯路，而且每个队员身上所带的设备及行李等物品会压得他们喘不过气来，即使饿不死，也会因疲劳而倒下。

在整个探险队陷入迷茫的时候，迈克·莱恩率先丢弃所有的随身装备，只留下不多的食品，轻装前行。他的这一举动遭到所有队员的反对，他们认为，要下山最快也得10天时间，抛弃装备就意味着这10天里不仅不能扎营休息，还可能因缺氧而使体温下降，导致冻坏身体。那样，他们的生命将是极其危险的。而迈克·莱恩很坚定地告诉他们："我们必须而且只能这样做，这样的雪山天气10天半月都有可能不会好转，再拖延下去，路标就会被全部掩埋。丢掉重物，就不允许我们再有任何幻想和杂念，只要我们坚定信心，徒手而行，就可以提高行进速度，也许这样我们还有生的希望！"

最终队员们采纳了他的意见，一路上相互鼓励，忍受疲劳和寒冷，不分昼夜地前行，结果只用了8天时间就到达了安全地带。而恶劣的天气，正像他所预料的那样，这些天内从未好转过。

若干年后，伦敦英国国家军事博物馆的工作人员找到迈克·莱恩，请求他赠送任何一件与英国探险队当年登上珠穆朗玛峰有关的物品，不料收到的却是莱恩因冻坏而被截下的10个脚趾和5个右手指尖。当年的一次正确的决定，挽救了所有队员的生命；也是由于这个选择，他们的登山装备无一保存下来，而冻坏的指尖和脚趾，却在医院截掉后留在了身边。这是博物馆收到的最奇特而又最珍贵的赠品。

迈克·莱恩正是因为放弃了眼前的利益，放弃了随身带着的那些物品，才能够轻装上阵。假若他们依旧背着重物前行，很可能就会累倒在路上，以至于找不到路标回来，队员的生命也会有危险。

生活中，我们总会被眼前的利益所吸引，而无法看到长远的利益，要立马能够见到效益才愿意进行尝试。但一个不注重长远利益的人，很可能因为目前的一些行为影响今后的发展。

打牌也是如此，如果一个打牌者总是只看眼前这步，他必定与赢牌无缘。

做人学学橡皮筋

人生有两种情境，一是逆境，一是顺境。面对顺境和逆境，人有必要向橡皮筋学习。在逆境中，困难和压力逼迫身心，这时应懂得一个“屈”字：委曲求全，保存实力，以等待转机。在顺境中，幸运和环境皆有利于我，这时当不忘一个“伸”字：乘风万里，扶摇直上，以顺势应时，更上一层楼。

这就像打牌，输牌和赢牌是常有的事情。就做人而言，应该有刚有柔。人太刚强，遇事就会不顾后果，迎难而上，这样的人容易遭受挫折；人太柔弱，遇事就会优柔寡断，坐失良机，这样的人很难成就大事。

有一个人在社会上总是不得志，有人向他推荐一位得道大师。他找到大师，倾吐了自己的烦恼。大师沉思了一会儿，默然舀起一瓢水，说：“这水是什么形状？”这人摇头：“水哪有形状呢？”大师不答，只是把水倒入一只杯子，这人恍然，道：“我知道了，水的形状像杯子。”大师无语，轻轻地拿起花瓶，把水倒入其中，这人又道：“哦，难道说这水的形状像花瓶？”

大师摇头，轻轻提起花瓶，把水倒入一个盛满花土的盆中。水很快就

渗入土中消失不见了。这人陷入了沉思。这时，大师抓起一把泥土，叹道："看，水就这么消失了，这就是人的一生。"

那个人沉思良久，忽然站起来，高兴地说："我知道了，您是想通过水告诉我，社会就像一个个有规则的容器，人应该像水一样，在什么容器之中就像什么形状。而且，人还极可能在一个规则的容器中消失，就像水一样，消失得迅速、突然，而且一切都无法改变。"

这人说完，急切地盯着大师，渴盼大师的肯定。"是这样。"大师微笑着说，"又不是这样！"说毕，大师出门。这人随后。

在屋檐下，大师伏下身，用手在青石板的台阶上摸了一会儿，然后顿住。这人把手指伸向大师手指所触之地，那里有一个深深的凹口。大师说："下雨天，雨水就会从屋檐落下。你看，这个凹处就是雨水落下的结果。"此人于是大悟："我明白了，人可能被装入规则的容器，但又可以像这小小的雨滴，改变这坚硬的青石板。"大师点头："对，这个窝会变成一个洞。"

做人就要像水一样，有弹性，能屈能伸,无论是在工作上还是感情上都是如此：可以和一些人在一起工作，也可以一个人工作；可以被人捧到天上,也要学会忍受别人的责骂。不要因为一次的失败而觉得前途渺茫，不要因为人生路上的不如意而对自己丧失信心，应当以一颗坚强的心去面对生活的刁难和挑战。

在行进的过程中，经过不断的努力，若发现此路不通，就不要钻牛角尖，人要懂得转弯，绕道而行。与对手竞争的时候，也不要一味地将对手看作敌人，因为对手身上的优点很可能是你没有的，有时候对手就是一个榜样，值得你学习。一味地将对手看成敌人、想尽办法打赢对手的人是不能取得最终的成功的，只有那些虽然存在竞争关系，但是仍然将对手当朋友的人才能走得更远，以后的路子才会更宽。

遇到失败的时候，看看能不能在败局中找到新的成功之路。给一个曾经伤害过你的人一个机会，多一分宽容，或许就在你对他微笑的那一刻起，你已经成了他这一生中最重要的朋友。人在很多时候要学会适时屈伸，这样才更有利于自身的发展。

人生如牌局，不论遇到什么的牌局，好或不好，人都应像橡皮筋一样拥有一份弹性。能屈能伸的人才能成为终极赢牌者。

合适的是最好的

要知道，世界上的东西不是看着好就真的好，只有适合的才是最好的。

你不可能什么都得到，你也不可能什么都会做，所以，你还要学会放弃，放弃不切实际的想法，放弃愚蠢的行为。只有学会放弃，才能更好地把握幸福。

也许你奔跑了一生，也没有到达目的地；也许你攀登了一生，也没有登上峰顶。但是抵达终点的不一定是勇士，失败的也未必不是英雄。人生之路，无须苛求。只要你找到适合自己的坐标，路就会在你脚下延伸，你的智慧就能得到充分发挥。一个出色的打牌者，他之所以出色，并不是因为他总能拿一手好牌，而是因为他能让手中所有的牌发挥最大的作用，用到最合适的地方。

生活中，有人会觉得别人做的事情非常好，就不考虑自身的条件而去跟着别人做同样的事情，却屡屡失败。比如：看着娱乐圈大红大紫的明星们，他们受众人瞩目，假如你只是觉得这样的生活令你艳羡，就去模仿，那真的很可能耽误了你。要知道，在明星令人艳羡的光环下，他们付出了远超出常人的努力。但并不是所有人只要付出努力，有了目标就可以取得胜利的。人首先要找准自己的坐标，如果找不准自己的坐标，那么很可能就只是做无用功。

对于每一个人，乃至于一个企业来讲，都要有一个最适合于自己的发展路线，只要沿着这条路线一直走下去，就会离成功越来越近。

PART 07 思路决定出路，把坏牌变成好牌

每打一张牌，都等于重新发牌

很多人认为人生很难，是觉得起点相差悬殊。但实际上，只要是一个心中有梦、不断追求卓越的人，对于他来说，人生的每一次境遇都是一个新的开始。

丢掉工作的时候，不要气馁，因为这是你的一个新起点，你可能会因此比以前更优秀。遭受挫折的时候，不要气馁，因为每天都是一个全新的开始，我们应该以一个全新的心态去面对。所有的事情都是一个新的起点，一切都可以重新开始。

CNN的老板特德·特纳年轻时是一个典型的花花公子，从不安分守己，他的父亲也拿他没办法。他曾两次被布朗大学除名。后来，他的父亲因企业债务问题而自杀，他因此受到了很大的触动。他想到父亲含辛茹苦地为家庭打

拼，他却胡作非为，不仅不能帮助父亲，反而为父亲添了无数麻烦。他决定改变自己，要把父亲留给自己的公司打理好。从此，他像变了一个人，成了一个工作狂，而且不断寻找机会壮大父亲留下的企业，最终将CNN从一个小企业变成了世界级的大公司。

其实很多时候，人的改变就在一瞬间，只要我们思想上有了一种强烈的要改变的意识，并下定决心，改变就不是难事。一瞬间的改变可以成就一个人的一生，也可以毁灭一个人的一生，所以，我们不能忽视瞬间的力量。

这个世界上不会有人一生都毫无转机，穷人可能会腾达为富人，富人也可能沦落为穷人，所有的改变都可能在一瞬间发生。

但是我们常常会这样认为，自己以前有多么多么的不好，自己以前不上进，自己以前已经败得一塌糊涂……以一系列不好的原因来说明自己以后不能成功。这些实际上都是借口。人生的每一步就如同打牌，每打一张牌就相当于重新发牌，不要太在意以前的事情，认真地重新开始，一切都是新的，人要学会自己给自己机会。

生活中，我们之所以不能摆脱自己失败的阴影，就是因为从来没有将失败当作一个新的开始，没有将生活的一种改变——由好的变化到不好的变化当作一个新的起点，一个崭新的开始，而总是沉浸在过去的事情中无法自拔，所以人往往会因此止步不前。

在人生的长河中，我们应当和打牌一样，以每一次出牌都是重新洗牌之后的心境，激情澎湃地去应对到来的一切。

巧打翻身仗：以己变应万变

孙悟空在面对各种妖魔鬼怪的时候，很多时候都会用上一招——他的七十二变，以不同的变化来应对各种不同类型的妖怪。这种变化的道理对于我们每一个人来说也都适用。现在的社会瞬息万变，所以我们要顺势而变，顺时而变。不学会去变或没有能力去变，就绝不可能有生存的空间。不断改变自己，是这个时代的最大挑战。人一定要不断改变自己，你必须学习新技能，使自己更称职，并跟上快速发展的时代。

动物学家们在做青蛙与蜥蜴的比较实验时发现：青蛙在捕食时，四平八稳、目不斜视、呆若木鸡，直到有小虫子自动飞到它的嘴边，它才猛地伸出舌头，粘住飞虫吃下去。之后，它又开始那目不斜视的等待。显然，青蛙是在“等饭吃”。而蜥蜴则完全不同，它们整天奔忙在私人住宅区、老式办公楼、蓄水池边等地方，四处游荡搜寻猎物。一旦发现目标，它们就会狂奔猛追，直到吃到嘴里为止。吃完后，它们在略为休息后，就整装待发，又去“找饭吃”了。

我们不妨将青蛙与蜥蜴的捕食方法当作两种不同的处世风格。青蛙的捕食方法也会让它吃饱，但它对环境的依赖性过高，不能对随时变化的环境做出迅速的反应，池塘一旦干涸了，青蛙也就吃不到飞虫了。而蜥蜴的方法却很灵活，它们能够快速适应变化了的环境，即使这一片池塘干涸了，蜥蜴仍能够在此生存下去。

作为一个生活在快节奏社会中的现代人，你可以不去尝试新机会，你也可以不让自己受苦受累，你更可以不用掌握新技能，但你也会同时失去好运气、好身体和让人羡慕的生存能力。就像那坐地等食的青蛙，一旦池塘干涸了，就只能被淘汰。

曾有一位哲人说过：“如果你不能阻止环境的变化，那么就改变自己，去适应它吧。”改变了自己，相当于为自己提供了更多的生存机会，为职场发展扫除了诸多障碍，为事业的成功增添了砝码。这就像在牌局中，很多变化的出现都可能是你始料不及的。如果你不想成为输家，你只有一条路可以走，那就是以己变应万变。

1930年初秋的一天清晨，一个日本青年从公园的长凳上爬了起来，徒步去上班，他因为拖欠房租已经在公园的长凳上睡了两个多月了。他是一家保险公司的推销员，虽然工作勤奋，但收入少得甚至租不起房子，每天还要看尽人们的脸色。

一天，年轻人来到一家寺庙向住持介绍投保的好处。老和尚很有耐心地听他把话讲完，然后平静地说：“你的介绍丝毫引不起我投保的意愿。人与人之间，像这样相对而坐的时候，一定要具备一种强烈吸引对方的魅力，如果你做不到这一点，将来就不会有什么前途可言……”

从寺庙里出来，年轻人一路思索着老和尚的话，若有所悟。接下来，他组织了专门针对自己的“批评会”——请同事或客户吃饭，目的是请他们指出自己的缺点。

“你太急躁了，常常沉不住气……”

“你有些自以为是，往往听不进别人的意见……”

“你面对的是形形色色的人，要有丰富的知识，所以必须不断进修，以便能很快与客户找到共同的话题，拉近彼此之间的距离。”

……

年轻人把这些可贵的逆耳忠言一一记录下来。每一次“批评会”后，他都有被剥了一层皮的感觉。通过一次次的“批评会”，他把自己身上那一层又一层的劣根性一点点剥落。与此同时，他总结出了含义不同的39种笑容，并一一列出各种笑容要表达的心情与意义，然后再对着镜子反复练习。

年轻人开始像一条成长的蚕，随着时光的流逝悄悄地蜕变着。到了1939

年，他的销售业绩荣膺全日本之最，并从1948年起，连续15年保持全日本销售量第一的好成绩。1968年，他成了美国百万圆桌会议的终身会员。

这个人就是被日本国民誉为“练出价值百万美元笑容的小个子”、美国著名作家奥格·曼狄诺称之为“世界上最伟大的推销员”的推销大师原一平。

“我们这一代最伟大的发现是，人类可以由改变自己而改变命运。”原一平用自己的行动印证了：有些时候，迫切应该改变的或许不是环境，而是我们自己。

世界上的很多事情不会完全按照我们的主观意志去发展变化。我们要获得成功，就得首先去认识事物的性质和特点，然后再根据实际情况来调整改变自己的思路和行为方式。这样，我们才能顺应事物的变化，走向成功。

无论是个人还是企业，都必须随着客观情况的变化而不断地调整自己，不断地采取与之相适应的方法，做到以己变应万变，才能够在职场上立足，在社会上立足！

寻找“加油站”

如果我们将车开到荒郊野外，这个地方对于我们来说是一无所知的，我们首先要做的是找到加油站，这样才能保证我们的车能够顺利行驶，否则走出这片陌生的地方将会是遥遥无期的。其实，我们的人生牌局也一样，每个人在新的牌局之下，都会遇到新的问题，这时我们首先应该做的是什么呢？学习。在牌局的变化过程中不断地为自己“加油”，这样才能保证我们顺利地走过一个个的难关。

布留索夫说过这样一句名言：“如果可能，那就走在时代的前面，如果不可能，也绝不要落在时代的后面。”这是一个知识经济的时代，一个人要想改变自己的思考方法，就要善于在工作中捕捉知识，掌握更新的工作技巧，构建更加科学的知识结构。这样才能够不断地充实自己、完善自己，适应工作和时代的要求。

有个伐木工人在一家木材厂找到了工作，报酬不错，工作条件也好，他很珍惜，下决心要好好干。第一天，老板给了他一把利斧，并给他划定了伐木范围。这一天，工人砍了18棵树。老板说："不错，就这么干！"工人很受鼓舞。第二天，他干得更加起劲，但是他只砍了15棵树。第三天，他加倍努力，可是只砍了10棵树。工人觉得很惭愧，跑到老板那儿道歉，说自己也不知道怎么了，好像力气越来越小了。

老板问他："你上一次磨斧子是什么时候？"

"磨斧子？"工人诧异地说："我天天忙着砍树，哪里有工夫磨斧子！"

在现今的企业环境里，没有打不破的铁饭碗。你的工作在今天可能不可或缺，可是这并不意味着明天这个职位仍然有存在的必要。无论是就业者还是求职者，除了努力工作外，都应把一部分精力放在自己的再学习上。只有经常

地“磨斧子”，才能使“斧子”更加锋利，才能更好地“披荆斩棘”。

如果每个人都能有下面例子中的米勒·佩利的学习意识，就会做得像米勒一样好，甚至可能会比他更优秀。也只有这样，才能在瞬息万变的职场中立于不败之地。

米勒·佩利生活在一个工薪阶层的家庭中，因为兄弟姐妹比较多，他刚刚高中毕业就不得不放弃上大学的机会，到一家百货公司去打工，每周只能赚3美元。但是，他不甘心就这样下去，于是他每天都在工作中不断学习，想办法充实自己，努力改变工作的境况。

经过几个星期的观察后，他注意到主管每次总要认真检查那些进口商品的账单。由于那些账单用的都是法文和德文，他便开始在每天上班的过程中仔细研究那些账单，并努力学习法文和德文。

有一天，他看到主管十分疲惫和厌倦，就主动要求帮助主管检查。由于他干得非常出色，以后的账单就由他接手了。过了两个月，他被叫到一间办公室里接受一个部门经理的面试。他感到很奇怪，因为自己目前的职位是部门中最低的，而且加入公司的时间也不长。经理对他说：“我在这个行业里干了40年，根据我的观察，你是唯一一个每天都在要求自己进步，并不断在工作中改变自己，以适应工作要求的人。从这个公司成立开始，我一直在从事外贸这项工作，也一直想物色一个像你这样的助手，因为这项工作涉及的面太广，工作比较繁杂，对工作的适应能力的要求特别高。我们选择了你，认为你是一个十分合适的人选，我们相信这一选择没有错。”尽管米勒·佩利对这项业务一窍不通，但是，凭着对工作不断钻研、学习的精神，他的能力不断地提高。半年后，他已经完全胜任这项工作了。一年后，他接替了经理的工作，成了这个部门的经理。

有一句美国谚语说：“通往失败的路上，处处都是错失的机会。坐待幸运从前门进来的人，往往忽略了从后门进入的机会。”

人生如牌局，一个善于改善牌技的打牌者，这次败了，他会吸取经验教训。通过这样不断地积累，他才能在今后的牌局中成为赢家。

只为成功找方法

那些在困难来临时推诿、抱怨的人难免显得“很天真”，这是一种极不成熟的做法。那些优秀的人则是努力寻找方法，寻求新的突破，这样才会比别人达到更高的层次。所以，要想成为一个优秀的人，必须将抱怨、推诿的想法抛弃掉。

一家天线公司的总裁来到营销部，询问员工们针对天线的营销工作的想法。大部分人认为是因为自己公司的天线没有知名度，所以销量才一直上不去。而一个刚进公司不久的青年直言不讳地说：“我们公司的老牌天线今不如昔，原因颇多，但归结起来或许就是我们的销售定位和市场策略不对。”

营销部经理对年轻人的言语很不满：“你这是书生意气，只会纸上谈兵，尽讲些空道理。现在全国都在普及有线电视，天线的滞销是大环境造成的。你以为你真能把冰推销给因纽特人？公司在甘肃那边还有5000套的库存，如果你有本事推销出去，我的位置让给你坐。”

之后的几天，这位年轻人跑了好多家大厦推销他们厂的天线，但都是因为他们的天线没名气，购买的顾客很少，所以一一被拒绝。正当年轻人沮丧之际，某报上的一则读者来信引起了年轻人的关注，信上说那儿的一个农场由于地理位置关系，买的彩电都成了聋子的耳朵——摆设。

看到这则消息，年轻人如获至宝，他打听到这个农场的具体位置，当即带上十来套样品天线直奔那里。而据当地人介绍：这个农场夏季雷电较多，常有彩电被雷电击毁。而问题就出在天线上，厂家也总是敷衍了事，没弄清楚就走了，使得这里的几百户人家再也不敢安装天线了，所以才出现了报纸上报道的情形。

了解情况后，年轻人拆了几套被雷击的天线，利用在学校里所学的知识，加上所携带的仪器的配合，终于弄清楚了原因：天线放大器的集成电路板上少装了一个电感应元件。这种元件一般在任何型号的天线上都是不需要的，它本身对信号放大不起任何作用，厂家在设计时根本就不会考虑雷电多发地区。但是没有这个元件就等于使天线成了一个引雷装置，它可以直接将雷电引向电视机，导致线毁机亡。

找到了问题的症结，一切都迎刃而解了。不久，年轻人将从商厦拉回的天线放大器全部加装了感应元件，并将此天线先送给场长试用了半个多月。期间曾经雷电交加，但场长的电视机却安然无恙。之后，由于效果好，仅这个农场就订了500多套天线。同时，热心的场长还把年轻人的天线推荐给存在同样问题的附近5个农林场，又为他销出去2000多套天线。

短短半个月，一些商场的老总主动向年轻人要货，连一些偏远县市的商场采购员也闻风而动，原先库存的5000余套天线当即告急。一个月后，年轻人筋疲力尽地返回公司。营销部经理也主动辞职，公司正式任命年轻人为新的营销部经理。

年轻人用实际行动证明了“把冰推销给因纽特人”并不是神话，只要你去积极地找方法，方法得当，就不会有无法克服的困难。

当遇到牌局中的困境时，聪明人知道，找借口、抱怨都不会起到任何作用，只有努力地寻找走出困境的方法，才能渡过难关。

在人生中，在职场上，当我们面临一个个困难的时候，不要怕，一个一个地解决，慢慢找，仔细地找，总会找到成功的方法的。

PART 08

一生成功的秘密在于顺利走出困境

突破苦难的围城

人们不禁问：是苦难成就了天才，还是天才特别热爱苦难？这个问题一时难以说清。但人们知道：弥尔顿、贝多芬和帕格尼尼是世界文艺史上的三大怪杰，一个是瞎子，一个是聋子，一个是哑巴！或许这正是上帝用他的搭配论摁着计算器早已计算搭配好了的。

是的，上帝是公平的发牌人，他发到每个人手中的牌都有好有坏。如果你抱怨上帝没给你漂亮的外表，你就应该庆幸他赐予了你健康的体格；如果你抱怨上帝没有给你显赫的地位，你就应该庆幸你拥有和美的家庭和平静的幸福。其实，只要你愿意，你就会发现你拥有多么可观的财富，只要精心操作你的牌局，不管你手中的牌有多糟，你都有赢的可能。

1967年夏天，美国跳水运动员乔妮·埃里克森在一次跳水事故中身负重伤，除脖子之外，全身瘫痪。乔妮躺在病床上哭了。她怎么也摆脱不了那场噩梦，为什么跳板会滑？为什么她恰好会在那时跳下？不论家里人怎样劝慰她，亲戚朋友们如何安慰她，她总认为命运对她不公。出院后，她叫家人把她推到跳水池旁。她注视着那蓝蓝的水波，仰望那高高的跳台。她再也不能站立在那洁白的跳板上了，那蓝莹莹的水面再也不会溅起朵朵美丽的水花拥

抱她了，她又掩面哭了起来。她结束了自己的跳水生涯，离开了那条通向跳水冠军领奖台的路。经过了一段痛苦的时间后，她开始冷静地思索人生的意义和生命的价值。

她借来许多介绍前人如何成才的书籍，一本一本认真地读了起来。她虽然双目健全，但读书是很艰难，只能靠嘴里衔根小竹片去翻书，劳累、伤痛常常迫使她停下来，但休息片刻后，她又坚持读下去。通过大量的阅读，她终于领悟到：我残疾已是不可改变的事实，但许多人残疾后，却在另外一条道路上获得了成功，他们有的成了作家，有的创造了盲文，有的创造出美妙的音乐，我为什么不能呢？她想到了自己中学时代曾喜欢画画。她想：我为什么不能在画画上有所成就呢？这位纤弱的姑娘变得坚强自信起来。她捡起了中学时代曾经用过的画笔，用嘴衔着，开始练习。这是一个多么艰辛的过程啊。用嘴画画，她的家人连听也未曾听说过。他们怕她不成功而伤心，纷纷劝阻她：“乔妮，别那么死心眼了，哪有用嘴画画的，我们会养活你的。”可是他们的话反而激起了她学画的决心，“我怎么能让家人一辈子养活我呢？”她更加刻苦了，常常累得头晕目眩，汗水把双眼浸得生疼，甚至有时委屈的泪水把画纸也打湿了。为了积累素材，她还常常乘车外出，拜访艺术大师。好多年过去了，她的辛勤劳动没有白费，她的一幅风景油画在一次画展上展出后，得到了美术界的好评。

不知为什么，乔妮又想到要学文学。她的家人及朋友们又劝她：“乔妮，你的绘画已经很不错了，还学什么文学，那会更苦了你自己的。”她是那么倔强、自信，她没有说话，她想起一家刊物曾向她约稿，要她谈谈自己学绘画的经历和感受，她用了很大力气，可稿子还是没有写成。这件事对她刺激太大了，她深感自己写作水平差，必须一步一个脚印地去学习。这虽然是一条满是荆棘的路，可是她仿佛看到了艺术的桂冠在前面熠熠闪光，等待她去摘取。是的，这是一个很美的梦，乔妮要圆这个梦。经过许多艰辛的岁月，这个美丽的梦终于成了现实。1976年，她的自传《乔妮》出版了，轰动了文坛，她收到了数以万计的热情洋溢的信。又过去了两年，她的书《再前进一步》也问世了，该书以作者的亲身经历，告诉残疾人应该怎样战胜病痛，立志成才。后来，她的故事被搬上了银幕，影片的主角就是由她亲自扮演的，她成了青年们的偶像，成了千千万万个青年自强不息、奋进不止的榜样。

是上帝偏爱乔妮吗？显然没有。他给了乔妮跳水的天分，同时也给了她一份苦难。其实和乔妮一样，上帝给予我们每个人的牌有好也有坏，他从不偏袒任何人。因此无论得到的是好牌还是坏牌，你都不要抱怨。因为如果你有一副好牌，上帝会同时给你一定量的坏牌；如果你手握一副坏牌，上帝也会给你一定量的好牌。上帝是公平的发牌人，关键是你怎么去打牌。

资源：绝境逢生的一剂特效药

我们的周围遍布着各种各样的资源，有自然资源，如风、水、电、森林、矿物等；有社会资源，如图书馆、体育馆、学校、商场、电影院等。我们每天都在用这些资源为我们的学习、工作、生活服务，而这些资源很可能让我们在绝境中逢生。

要想利用身边的资源有效地为人生服务，就需要对它们进行资源整合。资源整合，就是指将这些资源按照一定的组合方案进行配伍，使之发挥出单独元素或元素累加无法达到的效应。这里所讲的资源侧重于社会资源，而非自然资源。

将社会资源有效地组合，可以为我们的工作和生活提供很多的便利。比如家庭，家可以为我们提供衣食之需，父母的爱将一直陪伴我们成长。高兴了，将喜悦与家人分享；悲伤了，将委屈与家人诉说。家是我们最放松、最安全的地方，为我们的发展提供了源源不断的物质和精神资源。再比如同学、朋友、亲戚、老乡、同事、领导等，实际上，这些人也都是我们应该加以利用的"可再生"的资源——人脉。人脉是一种社会资源，像其他资源一样，人们利用好它，它就会给人们带来相应的结果。善用人脉，它就会成为我们追求成功路上的助推剂，使你离目标更近一步。

甲说："最近想买一台笔记本电脑，可是我不太懂要买什么类型的，市面上种类又多，真不知从何下手。"于是乙说："我有一个朋友在卖电脑，他自己对电脑也很熟悉，要不要我帮你介绍介绍？也许可以给你一些建议。"甲回答："那真是太好了！这样我就不用担心买不到合适的笔记本电脑了。"大家一定都有以上类似的经验，会发现周围的朋友有些是同学或者同事，有些则是直接通过朋友的介绍而变成朋友。如此一来，认识的人越来越多，人际关系网也就越来越稠密了，因情感作用而相互帮忙、关心及支持的情况就会越来越多，这些都有助于解决生活上的难题。

我们的身边有很多资源，在我们陷入困境或需要帮助时，这些资源就会起作用。他们或为我们提供物质援助，或为我们提供精神支持，或充当我们的智囊团，他们的出现总能让我们有所收获。

如果充分地整合你所拥有的各种社会资源，就可以使你做事如鱼得水。

资源整合就意味着综合所有人的力量，发挥团队的整体威力，从而使整体大于各部分之和。这种观念源于一种自然现象：两块木头能承受的力量大于两个单块木头的承受力之和，两种药物并用的疗效也大于一种药物的疗效。其实也就是全体大于部分的总和，其本质就是创造性的合作，集思广益，集体创新，达到1+1＞2的效果。

如果一根宽10厘米、厚5厘米的横梁能承受273千克的重量，那么两根这样的横梁就应该能承受546千克的重量。但事实上，两根这样的横梁能承受820千克的重量。如果把它们钉在一起，就能承受2195千克的重量。3根横梁钉在一起能承受3816千克的重量。据统计，诺贝尔获奖项目中，因合作获奖的占2/3以上。在诺贝尔奖设立前25年，合作奖占41%，而现在则跃居80%。

合作能创造更大的价值。用团队中每一个成员都具有的独特的一面取长补短、互相合作所产生的合力，要远远大于两个成员之间力量的总和。而合作的本质就是整合所有合作者资源的总和，因此我们要高度重视资源整合的力量。美国著名领导力训练专家史蒂芬·柯维说："两个人之间，相互妥协是1+1=1。各自为政是1+1=2，统合综效是1+1=3。"

每个人的身边都有很多种资源，但并不是每个人都能充分利用这些资源。因为充分利用的含义并不只是发挥每一种资源的力量，而是要让创造价值的能量大于所有资源能量的总和，这才是整合的意义所在。

所以当遇到牌局中的绝境时，千万不要以为此时胜负已定，此时如果好好地整合手中的牌，相互配合好，各尽其用，发挥其最大的作用，就有可能扭转局面。

危机就是自己的"闹钟"

当我们面临危机的时候，不要悲观地认为没有任何办法了，要知道，往往在危机发生的时候会存在着转机。"山重水复疑无路，柳暗花明又一村。"一扇门关上，另一扇门就会打开。从某种意义上来说，这世界上没有死胡同，关键就看你如何去寻找出路。

自1998年开始的3年里，当世界蜂窝电话业务高速增长时，某品牌的蜂窝电话市场份额却从18%迅速降至5%，即使在中国市场，其份额也从13%左右迅速滑到了2%。

某媒体报道了该手机在中国市场上的质量和服务问题，引发了消费者以及知名人士对此品牌的大规模批评，而且其部分产品居然没有取得入网证就开始在中国大量销售，至此，该品牌手机存在的问题浮出了水面。

危险和机遇总是相伴而生，就是所谓危机。当危机来临时，化解它的利刃其实就深藏在每个人的心里，它的名字叫智慧。

美国有位经营肉类食品老板，在报纸上看到这么一则看似平常的消息：墨西哥发生了类似瘟疫的流行病。他马上想到墨西哥瘟疫一旦流行起来，一定会传到美国来，而与墨西哥相邻的美国的两个州正是美国肉食品的主要供应基地。一旦发生瘟疫，肉类食品供应肯定会紧张起来，肉价就会一路飞涨。于是他先派人去墨西哥实地了解情况后，立即调集大量资金购买了许多牛和肉猪饲养起来。过了不久，墨西哥的瘟疫果然传到了美国这两个州，市场肉价立即飞涨。此时，他趁机大量售出牛和肉猪，净赚数百万美元。

在危机到来的时候，人要有危机意识，努力地改善自身，但也不能被危机吓倒而无所作为。

质量和服务中的缺陷，使该品牌手机输掉了它从未想放弃的中国市场。在危机已经来临的时刻，爱立信仍全然不顾。如果说在开始出现问题的时候，

该生产商能够有危机意识，能在危机中不断地改变自身，也不至于失掉市场。

在一家家电公司的会议上，高层主管们正在为新推出的加湿器制订宣传方案。在现有的家电市场上，加湿器的品牌已经多如牛毛，而且每一个厂家都挖空了心思来推销自己的产品。怎样才能在如此激烈的竞争中将自己的加湿器成功地打入市场呢？所有的主管们都为此一筹莫展。这时一个新任主管说道：“我们一定要局限在家电市场吗？”所有的人都愣住了，静听他的下文：“有一次，我在家里看见妻子做美容时用的喷雾器，于是就想，我们的加湿器为什么不可以定位在美容产品上呢……”

他还没有说完，总裁就一跃而起，说道：“好主意！我们的加湿器就这样来推销！”于是在他们新推出的广告理念中，加湿器就被宣传为冬季最好的保湿美容用品。他们的广告词是——加湿器：给皮肤喝点水。

新的加湿器一上市，就成功抢占了市场，这当然和他们新颖的创意宣传是分不开的。在家电市场竞争日益激烈的销售战中，新颖的创意使人们记住了他们的产品，而如果依然在家电圈子里打主意，效果就不大了。

“塞翁失马，焉知非福。”任何危机都蕴藏着新的机遇，这是一个颠扑不破的人生真理。遇到问题的时候，不要让困难禁锢你的思想，试着换一种思维去思考，放弃盲目的执着，你就可以化逆境为顺境，从而轻易地捕捉到成功的契机。

困境中也有机遇

对于问题和机遇的关系，国内一位知名的企业家曾有过一段精彩的论述：“问题有时像一个油葫芦摆在你面前，你不碰它永远不会倒，你必须要去扳倒它，才能得到里面的油。这也应该是你面对问题时的态度。有了问题，你去解决，问题对你来说就是一种机遇。一旦问题得到了解决，你起码在解决这种问题中就获得了成功。”当在困境中遇到机遇的时候，要牢牢地抓住。

李嘉诚就是因为善于从问题中寻找机遇，才拥有了辉煌的一生。

1966年底，低迷了近两年的香港房地产业开始复苏。但就在此时，“要武力收复香港”的谣言四起，引发了香港市民的一次大移民。

移民者自然以有钱人居多，他们纷纷贱价抛售物业。这种情况致使新落成的楼宇无人问津，整个房地产市场卖多买少，有价无市。地产商、建筑商焦头烂额，一筹莫展。李嘉诚一直在关注、观察时势，经过深思熟虑，他毅然做出惊人之举：人弃我取，趁低吸纳。

李嘉诚在整个大势中逆流而行。从宏观上看，他坚信世间事乱极则治、否极泰来。就具体情况而言，他相信武力收复香港是不大可能的。他认为：当年保留香港，是考虑保留一条对外贸易的通道，现在的国际形势和香港的特殊地位并没有改变，因此，武力收复香港的可能性不大。正是基于这样的分析，李嘉诚做出“人弃我取，趁低吸纳”的历史性战略决策，并且将此看作是千载难逢的拓展良机。

于是在整个行市都在抛售的时候，李嘉诚不动声色地大量收购。李嘉诚将买下的旧房翻新出租，又利用地产低潮建筑费低廉的良机，在地盘上兴建物业。不少朋友为他的“冒险”捏了一把汗，同业的地产商都在等着看他的笑话。

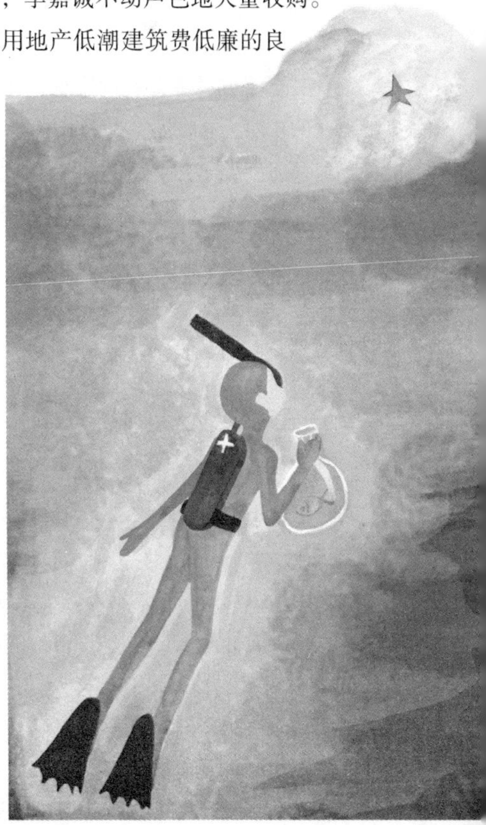

这场战后最大的地产危机一直延续到1969年。1970年，香港百业复兴，地产市场转旺。这时，李嘉诚已经聚积了大量的收租物业，从最初的1.1万平方米发展到3.3万平方米，每年的租金收入达390万港元。

李嘉诚成为这场地产大灾难的大赢家，并为他日后成为房地产巨头奠定了基础。

李嘉诚的行为带有一定的冒险性，说是赌博也未尝不可。但是，李嘉诚的冒险是建立在对形势的密切关注和精确分析之上。李嘉诚绝非投机家，他将整个地产业的灾难变成了自己的机遇。

机遇往往和问题连在一起，因此每个创业者都希望求取势能。但只有那些通过自身的努力，创造能增强自身能量的环境，谋得有利的发展资源，从问题中找到机遇的人，才能成就大业。这就像在牌局中，有的人紧紧抓住了出牌的好机会，有的人却让出好牌的机会白白地溜走。

成功是每个人心中的花，我们都希望这朵花盛开的无比娇艳。但成功之前的路却很难走，只有那些在困境中不低头，抓住困境中存在的机遇努力把握的人，才能真正地让成功这朵花开得更鲜艳。

不做“无所谓”的人，要做“无所畏”的人

人往往会受到外界环境的影响，或者受自己心灵的禁锢，而不能很好地发挥自己的才能。这时候，我们当中的一些人开始采取无所谓的态度，破罐子破摔，这种态度无疑会成为成功路上的绊脚石。

人应当摆脱重重的限制，努力地展现自己的才能，不做“无所谓”的人，要做“无所畏”的人。

有个长发公主叫雷凡莎，她头上长着很长很长的金发，长得很美丽。雷凡莎自幼便住在古堡的塔里，和她住在一起的老巫婆天天念叨雷凡莎长得很丑，她便信以为真，不敢出去见人，还将自己囚禁起来。

一天，一位年轻英俊的王子从塔下经过，被雷凡莎的美貌惊呆了，从这以后，他天天都要到塔下一饱眼福。雷凡莎从王子的眼睛里看到了自己的美丽，同时也从王子的眼睛发现了自己的自由和未来。有一天，她放下头上长长的金发，让王子攀着长发爬上塔顶，把她从塔里解救了出来。

其实囚禁雷凡莎的不是别人，正是她自己，那个老巫婆是她心里迷失自我的魔鬼。她听信了魔鬼的话，以为自己长得很丑，不愿见人，就把自己囚禁在塔里。

其实，人在很多时候不就像这位长发公主一样吗？人心很容易被尘世中的种种烦恼和物欲所捆绑，那都是自己把自己关进去的。

有些人凡事都要考虑别人怎么想，别人的想法如何已深深套在他们的心

头，从而束缚了自己的手脚，使自己停滞不前。

人生就如牌局，当拿到的是一手不怎么好的牌时，如果你抱定无所谓的态度，不去想办法扭转局面，那最后输牌的肯定是你。但如果你抱定无所畏的态度努力想办法，改善境遇，你就有可能胜利。

一家规模不大的建筑公司在为一栋新楼安装电线，他们要把电线穿过一根10米长、但直径只有3厘米的管道，而且管道是砌在砖石里，并且弯了4个弯。他们感到束手无策，显然，用常规方法很难完成任务。

一位爱动脑筋的装修工想出了一个新颖的主意。他到市场上买来两只白老鼠，一公一母。他把一根线绑在公鼠身上，并把它放在管道的一端，另一名工作人员则把那只母鼠放到管道的另一端，并轻轻地捏它，让它发出“吱吱”的叫声。公鼠听到母鼠的叫声，便沿着管道跑去寻找，它沿着管道跑，身后的那根线也被牵着跑，因此工人们很容易地就把那根线的一端和电线连在一起。就这样，穿电线的难题顺利得到解决。这位装修工后来因为善于创新得到上级嘉奖，并被委以重任。

现代竞争在很大程度上就是机会的竞争。机会是极为宝贵的，一旦遇到机会就应紧紧地抓住它。大画家徐悲鸿是一位伯乐，傅抱石的才能就是他发现的，但发现的缘由是因为傅抱石的自我推荐。假设傅抱石不趁徐悲鸿途经南昌的机会去拜访他，或因矜持、腼腆，见了大师不敢拿出自己的作品，说话吞吞吐吐、含含糊糊，又怎能得到徐悲鸿的赏识和帮助呢？

主动进取，充分显示自己的才能，这不是出风头，而是对自己的尊重和对社会的负责。有些真知灼见，你不宣传别人可能就不知晓；有些对社会进步具有促进作用的想法，你不宣传也就无法得到推广，这不仅是个人的损失，也是社会的损失。

善于表现，努力去施展自己的才能，做一个无所畏的人，才能创造辉煌的人生。

PART 09

牌是死的，人是活的

输牌了，不要找借口

生活中总有这样的人，他们在失败之后给自己找出无数的借口，不愿意承认失败是因为自身的不足造成的，不愿意正视自己的错误。而这样的人注定会不断地摔跤，所以我们要学会不找借口，遇到困难的时候先从自己的身上找原因。

有这样一个故事：

有一只色彩斑斓的大蝴蝶常嘲笑对面的邻居——一只小灰蝶很懒惰。

“瞧，它的衣服真脏，永远也洗不干净，总是灰突突的，还有斑点。看看我，一身衣服多漂亮，不论我飞到哪儿，总是人们眼里的宠儿。在公园里，小孩们追着我，单身的男子说‘希望将来的女朋友像我一样漂亮’，甚至有几只小蜜蜂追着我不放，以为我是一朵飘舞的美丽的鲜花呢。”大蝴蝶喋喋不休地向朋友们炫耀着自己的美丽，嘲笑着邻居小灰蝶的懒惰与丑陋。直到有一天，有个明察秋毫的朋友到它家，才发现对面的小灰蝶并非懒惰，而是它本身的衣服就是灰色的，但大蝴蝶却始终坚持自己的观点。

这位朋友只好把大蝴蝶带到医院眼科检查，医生说：“大蝴蝶的眼睛已高度近视了。”其他蝴蝶纷纷说：“它应该好好反省一下，其实是自己出了问题。”

缺乏自省能力的人就像这只大蝴蝶一样无视自身的缺点，总认为别人出了问题，这种做法对自身的发展十分不利。

这就像在牌局上，有人输牌了，你就会听到他的各种借口，因为牌不好了、受周围环境影响了等等，反正他从不说是自己的原因造成了这个结果。

“失败后，要诚实地对待自己，这是最关键的。只有坦率地处理好为什么失败这个问题，才能使失败成为成功之母。”海厄特这样说。

失败者的借口是最可怜的。任何一个人在人生的道路上都会遇到挫折，从挫折中汲取教训，是迈向成功的踏脚石。真正的失败是犯了大错却未能及时从中汲取有用的经验教训。当我们观察成功人士时会发现，他们的背景都不相同，但他们都经历过艰难困苦的阶段。

世上的人可以分为3种：“平凡”先生、“失败”先生和“成功”先生。把每一个“失败”先生拿来跟“平凡”先生以及“成功”先生相比，你会发现，他们各方面都很可能相似，只有一个例外，就是对遭遇挫折的反应不同。当“失败”先生跌倒时，就无法爬起来了，他只会躺在地上怨天尤人；“平凡”先生会跪在地上，准备伺机逃跑，以免再次受到打击；但是，“成功”先生的反应跟他们不同，他跌倒后，会立即反弹起来，同时会汲取这个宝贵的经验，

继续往前冲刺。

如果能利用种种挫折与失败，来驱使你更上一层楼，那么你一定可以实现自己的理想。

出现了问题，原因很可能就出在我们自己身上。但在生活中，很多人失败之后怨天尤人，就是不在自己身上找原因。其实，一个人失败的原因是多方面的，只有从多方面入手，找出失败的原因并有针对性地进行自省，才能彻底纠正它。

所以无论我们的牌输得有多惨，千万不要给输牌找借口，而是要认真地反省自身的不足，在失败中总结经验教训，为下次赢牌打好基础。

坚定梦想，方能笑傲江湖

有些人成功了，有些人却失败了。这是因为有人在遇到困难时退缩了，所以梦破灭了；而有的人却无论风雨有多大，仍一路兼程，他们因为心中有着坚定的梦想，所以最终获得了成功。

心态决定一个人的世界。只有渴望成功，不断地为之奋斗，你才能有成功的机会。《庄子》开篇的文章是“小大之辩”。说北方有一个大海，海中有一条叫作鲲的大鱼，宽几千里，没有人知道它有多长。鲲化成鸟后叫作鹏，它的背像泰山，翅膀像天边的云，飞起来时，可以乘风直上九万里的高空，鹏努力想飞往南海。蝉和斑鸠讥笑说：“我们愿意飞的时候就飞，碰到松树、檀树就停在上边；有时力气不够，飞不到树上，就落在地上，何必要高飞九万里，又何必飞到那遥远的南海呢？”

那些心中有着远大理想的人常常不能为常人所理解，就像目光短浅的蝉和斑鸠无法理解大鹏鸟的鸿鹄之志，更无法想象大鹏鸟靠什么飞往遥远的南海一样。因而像大鹏鸟这样的人必定要比常人忍受更多的艰难曲折，忍受心灵上的寂寞与孤独；因而他们必须要坚强，并把这种坚强潜移到他的远大志向中去，铸成坚强的信念。这些信念熔铸而成的理想将带给像大鹏鸟一样的人一颗伟大的心灵，而成功者正脱胎于这些伟大的心灵。

本·侯根是世界上最伟大的高尔夫球选手之一。他并没有其他选手那么好的体能，能力上也有一点缺陷，但他在坚毅、决心，特别是追求成功的强烈愿望方面高人一筹。本·侯根在打高尔夫球的巅峰时期，不幸遭遇了一场灾难。在一个有雾的早晨，他跟太太维拉丽开车行驶在公路上，当他在一个拐弯处掉头时，突然看到一辆巴士的车灯。本·侯根来不及想就本能地把身体挡在太太面前来保护她。这个举动反而救了他，因为方向盘深深地嵌入了驾驶座。事后他昏迷不醒，过了好几天才脱离险境。医生们认为他的高尔夫生涯从此结束了，甚至说他能站起来走路就已经很幸运了。

但是他们并未将本·侯根的意志与需要考虑进去。本·侯根刚能站起来走几步时，就下定要继续打高尔夫的决心。他不停地练习，并增强臂力。起初他还站不稳，再次回到球场时，也只能在高尔夫球场蹒跚而行。后来他稍微能工作、走路，就走到高尔夫球场练习。开始只打几个球，但是他每次去都比上一次多打几个球。最后当他重新参加比赛时，名次很快就上升了。理由很简单，他有必赢的愿望，他知道他又会回到高手之列。

普通人跟成功者的差别就是有无这种强烈的成功愿望。

保持一颗持久的渴望成功的心，不断地追求卓越，你就能获得成功。

行动，让梦想照进现实

一位成功学大师这样评价行动和知识：行动才是力量，知识只是潜在的能量；不积极行动，知识将毫无用处。只有行动才能够让梦想照进现实。

从前，有两个朋友，相伴一起去遥远的地方寻找人生的幸福和快乐，一路上风餐露宿，在即将到达目标的时候，遇到了一条风急浪高的大河，而河的彼岸就是幸福和快乐的天堂。关于如何渡过这条河，两个人产生了不同的意见，一个建议采伐附近的树木造成一条木船渡过河去，另一个则认为无论哪种办法都不可能渡得了这条河，与其自寻烦恼和死路，不如等这条河流干了，再轻轻松松地过去。

于是，建议造船的人每天砍伐树木，辛苦而积极地制造船只，并顺带着学会游泳，而另一个则每天躺下休息睡觉，然后到河边观察河水流干了没有。直到有一天，已经造好船的朋友准备扬帆的时候，另一个朋友还在讥笑他的愚蠢。

不过，造船的朋友并不生气，临走前只对他的朋友说了一句话："去做一件事不一定都成功，但不去做则一定没有机会成功！"

能想到等到河水流干了再过河，这确实是一个"伟大"的创意，可惜的是，这仅仅是个注定永远失败的"伟大"创意而已。

这条大河终究没有干枯掉，而那位造船的朋友经过一番风浪也最终到达了彼岸。

只有行动才会产生结果，行动是成功的保证。任何伟大的目标、伟大的计划，最终必然要落实到行动上。不肯行动的人只是在做白日梦，这种人不是懒汉就是懦夫，他们终将一事无成。

古希腊格言讲得好："要种树，最好的时间是10年前，其次是现在。”同样，要成为赢家，最好的时间是3年前，其次是现在。

要成为人生牌局的赢家，就应该尽早地迈出自己的第一步。

20世纪70年代的一天，史蒂芬·乔布斯和史蒂芬·沃兹尼亚克卖掉了一辆老掉牙的大众牌汽车，得到了1500美元。对于史蒂芬·乔布斯和史蒂芬·沃兹尼亚克这两个正准备开一家公司的人来说，这点钱甚至无法支付办公室的租金，而且他们所要面对的竞争对手是国际商业机器公司（IBM）——一个财大气粗的巨无霸。租不起办公室，他们就在一个车库里安营扎寨。正是在这样一个条件极差的车库里，苹果电脑诞生了，一个电脑业的巨子迈出了第一步。也正是这个从车库诞生的苹果电脑，成功地从IBM手里抢走了荣耀和财富。如果当初这两位青年因为怕遇到很多的困难而不动手行动的话，那么恐怕苹果电脑或许就不叫苹果了吧。

每个人都会有很多的想法，有不少的想法甚至可以说是绝妙的。但假若这些想法不去付诸实践，那永远也只是空想。不论你自己想得有多美，重要的是去做！没有人会嘲笑一个学步的婴儿，尽管他的步子趔趄、姿势难看，有时还会摔倒。

我们之所以难以将想法付诸实践，是因为当我们每一次准备搏一搏时，总有一些意外事件使我们停止，例如资金不够、经济不景气、新婴儿的诞生、对目前工作的一时留恋等种种限制以及许许多多数不完的借口，这些都成为我们拖拖拉拉的理由。我们总是想等着一切都十全十美的时候再行动，但事实总会和愿望不太相符，于是我们的计划不会有开始动手的那一天，只是变成了空想。

成功在于计划，更在于行动。目标再大，如果不去落实，也永远只能是空想。心动的时候，就应当尽快地将它付诸行动，这样才能够更好地把握住机遇。

在一次行动力研习会上，培训师说：“现在我请各位一起来做一个游戏，大家必须用心投入，并且采取行动。”他从钱包里掏出一张面值100元的人民币，他说：“现在有谁愿意拿50元来换这张100元的人民币？”他说了几次，都没有人行动，最后终于有一个人走向讲台，但他仍然用一种怀疑的眼光看着培训师和那一张人民币，不敢行动。那位培训师提醒说：“要配合，要参与，要行动。”那个人才采取行动，换回了那100元，那位勇敢的参与者立刻赚了50元。最后，培训师说：“凡事马上行动，立刻行动，你的人生才会不一样。”

现实生活中，我们往往在心动的时候会考虑到很多因素，会想这能实现吗？会想到诸多的困难阻挠，会想到自己力量的薄弱等。但是为什么不去试试呢？很多时候，我们缺少的是将心动变成行动的胆量。

人生就是这样，再美好的梦想，离开了行动就会变成空想；再完美的计划，离开了行动也会失去意义。我们要实现自己的理想，就应当注重行动，在行动中实现自己的梦想。如果你想改变你的现状，那就赶快行动吧！

狼来了，谁来拯救你

在遇到事情的时候，人总希望有人来拯救自己，希望别人能够带着自己走出困境。事实总是，当你满怀希望地等着那个拯救你的人出现的时候，他总也不来，直到你等到失望，才伤心、失望，自责、后悔当初没有自己解决问题，本来一切都有挽回的余地，但现在却一切都晚了，无可挽救了。人应当明白，只有自己才是自己的救星。狼来了，人要学会自救。

一个中国学生以优异的成绩考入了美国的一所著名大学，但由于人生地不熟、思乡心切加上饮食等诸多的不习惯，入学不久他便病倒了。更为严重的是，由于生活费用不够，他的生活甚为窘迫，濒临退学。给餐馆打工一个小时可以挣几美元，但他嫌累不干。几个月下来，他所带的费用所剩无几，放假时他准备退学回家。

回到故乡后，在机场迎接他的是他年近花甲的父亲。当他走下飞机扶梯时，看到自己久违的父亲，便兴高采烈地向他跑去。父亲脸上堆满了笑容，张开双臂准备拥抱儿子，可就在儿子就要搂到父亲脖子的一刹那，这位父亲却突然快速向后退了一步，孩子扑了个空，一个趔趄摔倒在地。他对父亲的举动深为不解。

父亲拉起倒在地上的孩子严肃地对他说：“孩子，这个世界上没有任何人可以做你的靠山、当你的支点，你若想在生活中立于不败之地，任何时候都不能丧失自立、自信、自强，一切全靠你自己！”说完父亲塞给孩子一张返程

机票。这位学生没跨进家门，直接登上了返美的航班。返校不久他就获得了学院里的最高奖学金，且有数篇论文发表在有国际影响的刊物上。

这世界上每一个人出生在什么样的家庭，有多少财产，有什么样的父亲、什么样的地位、什么样的亲朋好友并不重要，重要的是我们不能寄希望于他人，必要时要给自己一个趔趄，只要不轻言放弃，自立、自强，就没有什么实现不了的事情。

陶行知说："淌自己的汗，吃自己的饭，自己的事自己干。靠天靠人靠祖宗，不算是好汉。"我们每个人生存在这个世界上都应当依靠自己而活着，拥有自己独立的精神，独立地思考问题，独立地做事情。

"自助者，天助之"，这是一条屡试不爽的格言，它早已被漫长的人类历史进程中无数人的经验所证实。自立的精神是发展与进步的动力和根源，它体现在生活的各个领域，大到国家，小到个人。

人很可能会遇到各种的挫折阻挠，很多人认为这是命运对自己的不公。而大音乐家贝多芬是个聋子，他自己听不到美妙的乐曲，但他的乐曲却使得千千万万的人获得安慰。英国女诗人勃朗宁夫人下肢瘫痪，这是她的不幸，但她的诗篇却使她赢得世界声誉。美国天才作家爱伦·坡，在有生之年，生活极其艰苦，而且常常挨饿，这是他的不幸；时至今日，爱伦·坡的影响却是文学界中无法磨灭的印迹。俄罗斯大作家陀思妥耶夫斯基的一生中，有一半的时间是在监狱和贫民窟中度过的，而且还上了断头台，在临刑前一瞬才获得特赦，这是他的不幸，但他留存下来的著作却令他享誉世界。难道说这些人的命运就很好吗？关键还是在个人。每个人要学会的是自己主宰自己，而不是依靠他人的力量去达到成功。

真正的自助者是令人敬佩的觉悟者，他会藐视困难，而困难在他面前也会奇怪地轰然倒地，这个过程简直有如天神相助；真正的自助者就像黑夜里发光的萤火虫，不仅会照亮自己，而且能赢得别人的欣赏——当人们欣赏一个人时，往往会用帮助的形式表示爱护，好运气会因此而降临。

自助者，天助之。遇到问题，不要抱怨，不要依赖别人，自己积极地动脑筋想办法，困难就会迎刃而解。

学会没事找事做

有一些人总是闲不住，一闲下来他们心里就觉得不舒服。这种没事找事做的人很可能在长期的积累中不断进步，以“小流”汇聚成“江河”。而那些什么事情都不想干或者被动地做事情的人，将最终一事无成。

《颜氏家训》说：“天下事以难而废者十之一，以惰而废者十之九。”惰性往往是许多人虚度时光、碌碌无为的原因，这最终会使他们陷入困顿的境地。惰性集中表现为拖延，即可以完成的事不立即完成，今天推明天，明天推后天，奉行“今天不为待明朝，车到山前必有路”。结果，事情没做多少，青春年华却在这无休止的拖延中流逝殆尽了。而没事找事做的人刚好相反，他们总是能够给自己找事情做，从每一件小事情做起，在这些小事情中规划总结，最终干成大事。

懒惰是万恶之源，懒惰会吞噬一个人的心灵，就像灰尘可以使铁生锈一样。懒惰可以轻而易举地毁掉一个人，乃至一个民族。这的确引人深思。

城市附近有一个湖，湖面上总游着几只天鹅，许多人专程开车过去，就是为了欣赏天鹅的翩翩之姿。

“天鹅是候鸟，冬天应该向南迁徙才对，为什么这几只天鹅终年定居，甚至从未见它们飞翔过呢？”有人这样问湖边垂钓的老人。

“那还不简单吗？只要我们不断地喂它们好吃的东西，等到它们长肥了，自然无法起飞，就不得不待下来了。”老人说。

鸟因惰性而生死殊途，人也会因惰性而走向堕落。如果想战胜懒惰，勤劳是唯一的方法。人应该学会没事给自己找一些事情来做，没事找事可以为自己增添不少财富，没事找事做是防止被舒适软化、涣散精神活力的“防护堤”。

有位妇人名叫雅克妮，现在她已是美国好几家公司的老板，分公司遍布美国27个州，雇用的工人达8万之多。

她原本是一位极为懒惰的妇人，后来她的丈夫意外去世，家庭的全部负担都落在她一个人身上，她被迫去工作赚钱。她每天把子女送去上学后，便利用余下的时间替别人料理家务；晚上，孩子们做功课时，她还要做一些杂务。这样，她懒惰的习性就被克服了。后来，她发现很多妇女都外出工作，无暇整理家务。于是她灵机一动，花了7美元买清洁用品，为有需要的家庭整理琐碎家务。渐渐的，她把料理家务的工作变为一种技能。雅克妮就这样夜以继日地工作，终于使订单滚滚而来。

假如雅克妮不找事情做，恐怕也不会成功吧？

生活中，真正的赢家还是那些靠自己的汗水一步步走向成功的人。学会没事找事，就是要以一颗勤奋的心面对生活，认真地对待生活，让自己忙碌起来。

人生如打牌，不是想赢就能赢的，只有那些不懒惰、努力寻找机会和方法的人才能为自己赢牌铺好路，成为最终的胜者。

PART 10 合作共赢，逼迫命运重新洗牌

合作才能出好牌

当雁鼓动双翼时，对尾随的同伴具有推动的作用，雁群排开成V字形时，会比孤雁单飞增加70%的飞行距离。蚂蚁的合作精神也令人震惊：在洪水肆虐的时候，蚂蚁迅速抱成团，随波漂流。蚁球外层的蚂蚁，有些会被波浪打落冲走。但只要蚁球靠岸，或能依附一个大的漂流物，蚂蚁就得救了。

人与人之间的相互交往是人功成名就的重要前提之一，集体与集体之间的精诚合作是它们共同取得利益的重要途径。对此，我国古代一位名人曾经说："合群得力，离群失援；得力则胜，失援则败。"正如一位成功的领导者在接受记者采访时说的："我的成功，10%是靠我个人旺盛无比的进取心，而90%全仗着我拥有的那支强有力的团队。"

团结就是力量。如果人心所向，众志成城，就会以最小的付出获得最大的收获。日本在二战后短短数十年就成为经济强国，很大一部分原因就是日本企业员工的团体精神。日本的企业成员不一定有血缘关系，但凡是进入某一企业共同工作者，即被认为是这一"家"的成员，这就是团体意识。

单打独斗的个人英雄主义时代早已过去了。领导虽然位高权重，但是如果缺少一批忠心耿耿的下属，还是很难成就大事的。任何组织现在需要的不仅

是面面俱到的领导人才，更需要整个团队的合作精神。

管理大师威廉·戴尔在《建立团队》一书中指出："过去被视为传奇英雄，并能一手改写组织或部门的强硬经理人，在现今日趋复杂的组织下，已被另一种新型经理人取代。这种经理人能将不同背景、不同训练和不同经验的人，组织成一个有效率的工作团体。"

对企业组织管理有丰富经验，以负责教育培训工作而闻名于世的威廉·希特博士完全支持这一观点，他认为经理人要用"参与式"管理替代专断式管理。他说："与其试着由一个人来管理组织，为何不让整个组织一起分担管理的功能？"

如果没有下属的分工合作与齐心支持，领导的能力再强，也不会将公司管理得好。

1933年，正当经济危机在美国蔓延的时候，哈理逊纺织公司却是祸不单行，一场大火将公司化为灰烬。哈理逊公司3000名员工失业，生活没有了保障。就在这个时候，董事会做出了一项惊人的决定：向全公司员工继续支薪一个月。消息传来，员工们惊喜万分，纷纷打电话或写信向董事长亚伦·傅斯表示感谢。

一个月后，正当他们为下个月的生活费发愁的时候，他们又收到公司的第二封信，董事长宣布：再支付全体员工一个月的薪酬。接到信后的第二天，这些员工纷纷回到公司，自发地清理废墟，擦拭机器，还有一些人主动去联系一些已经中断联系的客户。

员工们使出浑身解数，夜以继日地工作，恨不得一天干24个小时。3个月后，哈理逊公司重新走上了正轨。当初反对傅斯这样做的人不得不佩服傅斯的智慧与精明。亚伦·傅斯站在灭顶灾难的边缘，以他超出常人的胆识和魄力赢得了人心，以他恒久的努力赢

得了团队的力量，最后取得了事业的成功。

博取了人心，凝聚了合力，还有什么可以阻挡成功的步伐？“众人”齐心定能扭转乾坤，利益也有了保证。

人生的牌局上，我们都想着取得更大的成功，而与人合作就是最大的一张智慧牌。只有与他人合作，我们才会在成功的路上走得更远。

大家赢才是真的赢

在工作或者学习中，你的同事或者同学可能是你的竞争对手，你会担心有一天他们会超过你，所以不愿意将自己在工作或者学习中的一些好的方法、心得体会告诉他们。其实，如果你把这些东西与他们分享的话，你会更快受益，向前迈的步子更大。

袁波是一个企业的职员，他做的工作是销售。在工作的过程中，他与伙伴肖涛一直是公司里的业务骨干，他们也是一对最明显的竞争对手。在业务能力上两人不分上下，所以两个人都很受老板的器重。长期以来，袁波与肖涛都是各自不断地跑业务，各忙各的，但总没有突破自己。

袁波想和肖涛好好沟通一下，虽然是朋友也是对手，但是每个人在业务上都会有自己的办法，何不互相借鉴一下？说不定会有更大的突破。于是他主动去找肖涛，说清楚自己的想法。两人一拍即合。

他们共同研究了销售过程中的一些好方法，以及遇到的一些难以解决的问题等。通过这一次谈话，他们从对方身上吸收了一些自己欠缺的东西，于是“士气大增”，在之后几个月，两人依旧不断地交流思想和方法，他们的业绩令老板感到吃惊。在公司讲授经验时袁波说：“实际上我们需要的是大家先抛开个人的利益不谈，一起合作，一起交流，这样更有助于不断地提升，因为我们面临的真正对手是整个大市场，而不是你我。”

的确，如果在工作中我们能够这样想问题的话，就能够在与别人的合作交流中得到更好的发展，提升得更快。

当合作团体取得成功的时候，每一个人都会取得进步，这会促使每个成员继续努力奋斗。有对手就会有压力，当别人和你一样成功的时候，你可能会不断地逼迫自己勇往直前，奋力追赶，所以进步就会快得多；别人对你无法构成威胁的时候，你的危机意识会减少，向前迈进的动力也会少很多。其实这也是为什么一个人在一个单位里已经是骨干的时候他还会离职的原因，就是因为没有一个眼前的对手。当你将自身的经验介绍给大家之后，因为有压力催你向前，所以会进步得更快。

西门和葛芬柯两个人是同乡，而且年龄相当，生日只相差三个星期。14岁时，他们同在当地的合唱团里唱和声。24岁时，他们两个有了第一张高居排行榜榜首的唱片《寂静之声》，人们认为他们会成为流行歌坛中最成功的歌手。

接着，他们创下了歌坛纪录：唱片《回家的路上》、《我是一块滚石》，脍炙人口，红极一时。影片《毕业生》中他们所唱的主题歌《罗宾逊夫人》，一经唱出，便风靡了全国。他们的唱片集《恶水上的大桥》不但赢得了5项格莱美奖，还售出了1500万张。不过，这是他们最后一次合作。

29岁那年，西门和葛芬柯两人分手了。从此，他们各走各的路。分手之后，两个人谁也再没获得当初合作时所取得的成就。

他们合作时，是西门作曲，葛芬柯演唱，也就是说，他们一个是幕后的创作者，一个是台前接受掌声的歌唱家。西门在提到《恶水上的大桥》唱片集时，表情很无奈地说："歌是由我写出来的，我也知道得由葛芬柯来演唱才行。可是，他是那样的成功、受崇拜，我却在一旁受冷落，眼睁睁地看着荣耀都堆在了葛芬柯一个人身上，心里真是承受不了。"

他们红极一时是因为合作，他们辉煌不再是因为分开。很多人都想着自己获得更大的成功是一件多么欣喜的事情，但是很多时候，通过合作才能双赢。你看到合作时的风光，于是想一个人或许更成功，但是这样想就错了，大家赢才是真的赢。所以，敞开你的胸怀吧，帮助别人也就是帮助自己，只有你的牌友赢得更多的时候，你才有更多赢的机会。

晴天处人缘，雨天好借伞

如今，在激烈的竞争中，谁拥有资讯谁就能成为赢家，而这些资讯往往是靠广博的人际交往获得的。在人际交往的过程中获得各种信息，可让你的事业如日中天。可以说，人脉是一种可再生资源，是你为今后的发展埋下的一颗可以发芽的种子。

正所谓“晴天处人缘，雨天好借伞”，好人脉能够为你创造机遇。不善于经营人脉的人因无法有效地把握机遇，常常会与机遇失之交臂。

李嘉诚的次子李泽楷家中实木装饰的餐厅里挂满了镜框，里面镶嵌着李泽楷与一些政界要人的合影，其中有新加坡前总理李光耀以及英国前首相撒切尔夫人等。结交上层人士广植人脉，是李泽楷能够在商界游刃有余的坚实基础。

1999年3月，李泽楷凭父亲李嘉诚与他个人的人脉资源，使香港特区政府确立了建设“数码港”项目，并将其交由盈科集团投资独家兴建。李泽楷再次利用丰富的人脉资源，收购了上市公司“得信佳”，并将自己的盈科集团改名为“盈科数码动力”。盈科的收购行动及“数码港”概念的刺激，使其股市市

值由40亿元变成了600亿元，成为香港第十一大上市公司，李泽楷一天赚了500多亿。

2003年1月，李泽楷出席了在瑞士达沃斯举办的世界经济论坛，并与微软的比尔·盖茨、索尼的董事长兼首席执行官出井伸之这些杰出的企业家在一起讨论。这使得李泽楷的个人形象在商界更具有影响力，同时也为李泽楷在商界赚得更多财富广植了人脉。

励志大师安东尼·罗宾说："人生最大的财富便是人脉关系，因为它能为你开启所需能力的每一道门，让你不断地成长，不断地贡献社会。"

在商场上，人们通常会利用人脉关系获得人际信息，对于商人来说，人脉对他们的生意起着至关重要的作用。

日本三洋电器的前总裁龟山太一郎被同行誉为"情报人"。对于大量信息的汇集他别出心裁，最有趣的是他自创的"情报槽"理论。他说："一般汇集情报，有从人身上、从事物身上两个来源。我主张从人身上加以搜集。如此一来，资料建档之后随时可以活用，对方也随时会有反应，就好像把活鱼放回鱼槽中一样。把情报养在'情报槽'，它才能随时吸收足够的营养。"把人的情报比喻成鱼，恰如其分。人脉关系也如同鱼一样被养在"情报槽"里，随时可以使用。

一位有名的评论家说："我每一次访问都像烧一条鱼一样，什么样的鱼可以在市场买到，怎么烹调最好，我得先弄清楚。"对于生意人来说，从别人身上获得大量的信息并及时处理这些信息是很重要的，只有通过这些信息的汇总，了解市场的动向，以及对竞争对手知根知底，才能更好地调整自己的战略措施，最终取得胜利。

秦松下岗半年多了，如今他又上班了。令他想不到的是，这次居然是工作主动找他，当然这还得益于秦松以前结识的一位朋友。

两年前，秦松在出租房子时认识了一家房屋中介公司的栗女士。在会谈中，双方谈得十分愉快。不久，秦松的家搬到了桥西区，与栗女士的公司离得远了，双方联系得也少了。

没过多长时间，秦松工作的厂子破产了，他也下岗了。一次偶遇闲聊中，栗女士得知秦松下岗后，说自己的公司正在扩大，需要一个办理产权手续的员工，不知道秦松是否愿意屈就。秦松想，别人也就一句客气话，就口头应承说回家考虑一下。没想到，他刚到家，栗女士就打电话问他是否第二天就能上班。栗女士说，办房产手续对于公司而言是一个重要岗位，交给陌生人不放心，秦松是个热心肠，又是熟人，如果方便的话，马上上班。后来由于干得好，他又升任公司的西部经理。

许多时候，你面临的生活问题、工作问题，单单依靠个人的力量很难解决。但是人脉广了就不一样了，朋友会出主意，提供人力、物力帮你解决难题。

在人生的牌局中，如果你平时注意培植自己的人脉资源，与牌友搞好关系，这样，在你需要帮助的时候，他们就会施以援手。如果你平时不注意这些，很可能会出现孤立无援的凄凉场景，结局是可想而知的。

做买卖离不开“牵线人”

“一个人的成功，15%取决于专业本领，85%取决于人际关系与处世技巧。”这一观点是由卡耐基提出的，并得到了世人的认可和推崇，这一观点在越来越注重交际的生活中、工作中得到了验证。实践告诉我们：专业本领往往只能带来一种机会，而交际本领则可以带来千百种机会。交际本领可使人利用外界的无限能量。

美国普林斯顿大学曾对1万人的人事档案进行分析，结果发现：专业技术、知识和经验只占成功因素的25%，其余75%取决于良好的借势效应。哈佛大学就业指导小组对几千名被解雇的男女进行调查，发现人际关系不好的人遭解雇的概率比不称职的人高出两倍。另一份研究报告表明，在美国每年离职的人员中，因人际关系不好而导致无法施展所长的占90%。可见，人际关系的好坏很重要。人际关系的好坏主要取决于交际本领的高低。

心理学家曾做过一项研究，研究对象均为智商很高的科学家，他们之中有的人出类拔萃，有的人成绩平平。为什么差距这么大？原来有成就的人都善于交际，拥有自己的交际圈，善于借势。那些成绩平平的人则因不善交际而得不到别人的帮助。如果以上还不能说明什么的话，我们来看一组数据：诺贝尔科学奖金自1901年设立以来，到1972年为止的286名获奖者中，有2/3的人是因与别人合作进行研究而获奖的。而且，合作研究获奖占总获奖数的比例也在逐渐上升，在诺贝尔奖奖金设立的头25年这个比例为41%，第二个20年跃升至65%，而现在为79%。

可见，较好的人际关系可以使人有更好的发展，有别人相助更能得心应手。

每个人的一生中都会有很多朋友，他们在各行各业占有一席之地，也许某天就会成为帮助我们的人。因此，我们需要建立一个良好的关系网。

其实在你的发展道路上，每个阶段都会有人相助，只不过你自己没有觉察到而已。

普尼科投资顾问有限公司总经理许飞的发迹也是一个很好的例证。许飞的成功离不开中国区副总裁董功文的帮助。他们的相遇是偶然的，一个是房客，一个是房东。当许飞刚创业的时候，董功文为许飞筹集了大笔资金，使许飞的事业有了雄厚的资本作为后盾。不仅如此，董功文还给许飞提了许多宝贵的建议，避免他走弯路。一个是高级投资经理人，几乎站在金融行业的最高端，地位和经济实力自不用说，而另一个只是个“毛孩子”，没有任何的背景。董功文好比许飞事业平衡的支点，不仅是他真诚的合作人，更是他人生目标、人生价值实现的引导者。

许飞现在公司的主要业务以金融系统的培训为主，他所做的事情有两个重点，第一是找合适的人教课，第二是吸引目标群体上课。而邀请来授课的也都是响当当的人物，不是随便请得动的。因为许飞对运营MBA课程项目充满兴趣，所以经常请教某著名大学MBA联合会秘书长徐健，徐健同时也是某银行北京分行的经理。几次聊天之后，他们便开始称兄道弟了。因为一直在银行工作，徐健在银行界有很多人脉，而作为MBA联合会秘书长，他在MBA的圈子里也有很广泛的网络。徐健为许飞架起人脉的桥梁提供了“原料”。门户打开后，天地顿宽，后来许飞的人脉如滚雪球一般越滚越大，关系网迅速扩大，事业也越来越成功了。

一个善于利用资源的打牌者，会充分调动自己的牌友关系网，使其为他所用，让自己可以事半功倍。对于一个人、一个企业来讲，积极主动地建立好人际关系网、企业合作关系网，才能获得成功。

第三篇

只有想不到，没有做不到

PART 01 思路决定出路，方向决定人生

生活是由思想造就的

成功学家戴尔·卡耐基先生说：“如果我们想的都是快乐的念头，我们就会快乐；如果我们想的都是悲伤的事情，我们就会悲伤。”

成功学家卡耐基曾参加过一个广播节目，要求找出“你所学到的最重要的一课是什么”。

卡耐基认为自己学到的最重要的一课是：思想的重要性。只要知道你在想些什么，就知道你是怎样的一个人，因为每个人的特性，都是由思想造就的。每个人的命运，很大程度上取决于他们的心理状态。塞缪尔·麦克格罗什说：“我们的思想是打开世界的钥匙。”每一个人所必须面对的最大问题——事实上可以算是我们需要应付的唯一问题，就是如何选择正确的思想。如果我们能做到这一点，就可以解决所有的问题。曾经统治罗马帝国，本身又是伟大哲学家的马库斯·奥里亚斯，把这些总结成一句话——决定你命运的一句话：“生活是由思想造就的。”

我们会发现，当我们改变对事物和其他人的看法时，事物和其他的人对我们来说就会发生改变。要是一个人把他的思想引向光明，他就会很吃惊地发现，他的生活受到很大的影响。一个人所能得到的，正是他自己思想的直接结

果。有了奋发向上的思想之后，一个人才能努力奋斗，才能有所成就。如果我们的思想消极，我们就永远只能弱小而愁苦。

思路突破：人生需要设计

有一句名言："你希望自己成为什么样的人，你就会成为什么样的人。"人生就是"自我"不断实现的过程，自我实现的要求产生于自我意识觉醒之后，经历了"自我意识——自我设计——自我管理——自我实现"这样一个过程。如果把自我设计看作立志，那么自我管理便是工作，而自我实现就处在自我管理的过程中和终极点上。

人在一生中会做无数次的设计，但如果最大的设计——人生设计没做好，那将是最大的失败。设计人生就是要对人生实行明确的目标管理。如果没有目标，或者目标定位不正确，你的一生必然碌碌无为，甚至是杂乱无章的。做好人生设计，必须把握两点：一是善于总结，一是善于预测。对过去进行总结和对未来进行设计并不矛盾。只有对自己的过去进行好好的回顾、梳理、反思，才能找出不足，继续发扬优势。这样，在进行人生设计时，才能扬长避短。而对未来进行预测，就是说要有前瞻性的观念和能力。缺少了前瞻性的观念和能力，人将无法很好地预见自己的未来，预见事物的动态发展变化，也就不可能根据自己的预见进行科学的人生设计。一个没有预见性的人，是不可能设计好人生、走好人生之路的。

还有一点必须记

住，那就是设计好人生的前提是自知、自查。了解自己，了解环境，这是成功的前提条件。知己知彼，方能百战不殆。对自己有着清楚的了解与估量，才能有的放矢地进行人生设计。在知己知彼以后，需要对自己合理定位。人不是神，有很多不足和缺陷，对自己期望过低、过高都不利于自身成长。

但设计人生不能盲从，也不能一味地服从与遵循死理。设计目标是为了实现目标，而不是为了设计而设计。设计只是手段，而不是我们要的结果。因此，我们需要变通的设计，因时因事因地而变化。设计也不是屈服，设计的主动权要掌握在我们自己的手中——我的人生我做主，用自己手中的画笔在画布上画出美丽的图画。

积极思考才有出路

思考习惯一旦形成，就会产生巨大的力量。19世纪美国著名诗人及文艺批评家洛威尔曾经说过："真知灼见，首先来自多思善疑。"

大凡成就伟大事业的人，都凭借了一种积极的思考力量，凭借着创造力、进取精神和激励人心的力量在支撑和构筑着所有成就。一个精力充沛、充满活力的人总是创造条件使心中的愿望得以实现。要知道，没有任何事情会自动发生。

从前有个小村庄，村里除了雨水没有任何水源。为了解决这个问题，村里的人决定对外签订一份送水合同，以便每天都能有人把水送到村子里。有两个人愿意接受这份工作，于是村里的长者把这份合同同时给了这两个人。

得到合同的两个人中有一个叫艾德，他立刻行动了起来。每日奔波于几千米外的湖泊和村庄之间，用他的两只桶从湖中打水并运回村庄，并把打来的水倒在由村民们修建的一个结实的大蓄水池中。每天早晨他都必须起得比其他村民早，以便当村民需要用水时，蓄水池中已有足够的水供他们使用。由于起早贪黑地工作，艾德很快就开始挣钱了。尽管这是一项相当艰苦的工作，但是艾德很高兴，因为他能不断地挣钱，并且他对能够拥有2份专营合同中的一份而感到满意。

另外一个获得合同的人叫比尔。令人奇怪的是自从签订合同后比尔就消失了，几个月来，人们一直没有看见过比尔。这点令艾德兴奋不已，由于没人与他竞争，他挣到了所有的水钱。

比尔干什么去了？原来他通过积极思考做了一份详细的商业计划书，并凭借这份计划书找到了4位投资者，和比尔一起开了一家公司。6个月后，比尔带着一个施工队和一笔投资回到了村庄。花了整整一年的时间，比尔的施工队修建了一条从村庄通往湖泊的大容量的不锈钢管道。

这个村庄需要水，其他有类似环境的村庄一定也需要水。于是经过考察，比尔重新制订了他的商业计划，开始向全国的村庄推销他的快速、大容量、低成本并且卫生的送水系统，每送出一桶水他只赚1便士，但是每天他能送几十万桶水。无论他是否工作，几十万的人都要消费这几十万桶的水，而所有的这些钱便都流入了比尔的银行账户中。显然，比尔不但开发了使水流向村庄的管道，而且还开发了一个使钱流向自己的钱包的管道。

从此以后，比尔幸福地生活着，而艾德在他的余生里仍拼命地工作，最终还是陷入了“永久”的财务问题中。

多年来，比尔和艾德的故事一直指引着人们。每当人们要做出生活决策时，这个故事都能够提醒我们，“磨刀不误砍柴工”，积极的思考比苦干更重要。

综观古今，勤奋的人不计其数，但在事业上获得成功的人却不是很多。那是因为很多人都不能积极地思考。与此相反，如果你能在日常的生活与工作中养成积极思考的习惯，你会发现人生的出路很多，成功绝对不只是梦想。

思路突破：驱除消极的思想

消极思想就像一个恶魔，其致命和深植人心的程度，较之各种形式的恐惧有过之而无不及。我们必须认真地为自己的心灵设防，保护自己不受这个恶魔的侵害。

你可以设法抵御来自劫匪的欺侮，法律为你的权益提供了保障。但消极思想这个恶魔却难对付得多，它常常蹑手蹑脚悄悄来袭。它的武器是无形的，完全由心态造成，它的面貌正如人类的经验一样种类繁多。但我们必须认清它的真面目，它其实就是人本身的心态在作祟。

无论消极思想的影响是你自己造成的，还是你身边消极人物的活动所导致的，为了保护你自己，你要有足够的意志力。运用这种意志力在心中筑起一道围墙，使你对消极思想产生免疫力。

不幸的是，对于劫匪的欺侮人们都会自觉地反抗，但对于消极思想的侵犯，却很少有人去注意。

具有消极思想的人想去说服爱迪生，让他相信造不出一种可以记录和复制人声的机器，因为从来没有人制造过这样的机器。爱迪生对此置之不理，他知道自己可以制造出任何心灵构思出来的并有理论依据的东西来。

具有消极思想的人告诉伍沃滋，如果他想开一家只卖5分钱、10分钱商品的店他就会破产。伍沃滋不予理睬，他知道，只要他的计划由信心做后盾，他可以在理性的范围内办成所有的事情。最后他累积了上亿美元的资产。

你若不去主宰自己的心灵，就容易被别人主宰，受到别人的消极影响。

你要远离消极思想，否则成功就遥不可及。

塞缪尔·斯迈尔斯认为要使成功的金科玉律成为自己的法则，就必须养成肯定事物的习惯。如果不能做到这点，即使潜在意识能产生很好的作用，还是无法实现愿望的。相对于肯定性的思考的，就是否定性的思考。凡事以积极的方式即是肯定，而以消极的方式则是否定。

人类的思考往往容易向否定的方面发展，所以肯定思考的价值愈发重要。

如果经常抱着否定想法，必然无法期望理想人生的降临。有些嘴里硬说没有这种想法的人，事实上已经受到潜在意识的不良影响了。

有些人经常这样否定自己：“凡事我都做不好”、“过去屡屡失败，这次也必然失败”、“人生毫无意义可言，整个世界只是黑暗”、“没有人肯和我结婚”、“我是个不擅交际的人”……抱有这种想法的人，往往都不快乐。

当我们向他问及此种想法由何产生时，得到的回答多半是：“这是认清事实的结果。”尤其对于罹患抑郁症者而言，他们均会异口同声地说：“我想那是出于不安与忧虑吧！我也拿自己没办法。”

然而，只要换一个角度去想，现实并不如你所想象的那么糟，例如有些人会想：“我虽然一无是处，但也过得自得其乐，不是吗？”有了乐观而积极的想法，肯定自我，你才会找到新的方向和意义。

培养正确思考的能力

没有正确的思考，是不会克服坏习惯的。如果你不学习正确的思考，是绝对防止不了失败的。

奥里森·马登认为，一个人的工作效能与生活质量是以正确的思想方法为基础的。所以，如果你想让自己成为一名成功人士，提高自己的做事效率，就必须培养并具备正确的思想方法。

纳克博士认为能够把这个世界变成更理想的生活空间，全靠创造性的思考。

纳克博士是美国的大教育家、哲学家、心理学家、科学家和发明家，他一生中在艺术和科学上有许多发明，有许多发现。纳克博士的个人经历证实，他锻炼脑力和体力的方法可以培养健康的身体并促进心智的灵活。

奥里森·马登曾带着介绍信前往纳克博士的实验室去造访他。

当奥里森·马登到达时，纳克博士的秘书对他说："很抱歉，这个时候我不能打扰纳克博士。"

奥里森·马登问："要过多久才能见到他呢？"

秘书回答："我不知道，恐怕要3小时。"

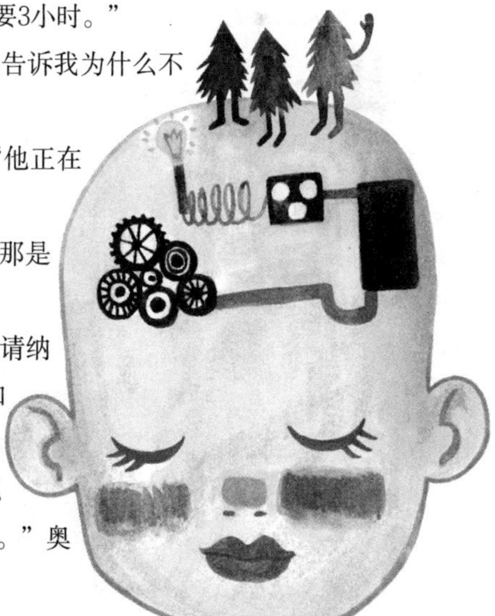

奥里森·马登继续问："请你告诉我为什么不能打扰他，好吗？"

秘书迟疑了一下，然后说："他正在静坐冥想。"

奥里森·马登忍不住笑了："那是怎么回事——静坐冥想？"

秘书笑了一下说："最好还是请纳克博士自己来解释吧！我真的不知道要多久，如果你愿意等，我们很欢迎；如果你想以后再来，我可以留意，看看能不能帮你约一个时间。"奥里森·马登决定等待。

当纳克博士终于走出实验室时，他的秘书

给他们作了介绍。奥里森·马登开玩笑地把他秘书说的话告诉他。在看过介绍信以后，纳克博士高兴地说：“你不想看看我静坐冥想的地方，并且了解我怎么做吗？”

于是他带着马登到了一个隔音的房间。这个房间里唯一的家具是一张简朴的桌子和一把椅子，桌子上放着几本白纸簿、几支铅笔以及一个开关电灯的按钮。

在谈话中，纳克博士说，每当他遇到困难而百思不解时，就走到这个房间来，关上房门坐下，熄灭灯光，让身心进入深沉的集中状态。他就这样运用“集中注意力”的方法，要求自己的潜意识给他一个解答，不论什么都可以。有时候，灵感似乎迟迟不来；有时候似乎一下子就涌进他的脑海；更有些时候，得花上2小时那么长的时间它才出现。等到念头开始清晰起来，他立即开灯把它记下。

纳克博士曾经把别的发明家努力钻研却没有成功的发明重新加以研究，并使之日臻完美，因而获得了200多项专利权。他的成功秘诀就在于，能够完善那些欠缺的部分。

纳克博士特别安排时间来集中心神思索，寻找另外一点。对于这个“另外一点”，他很清楚自己要什么，并立即采取行动，因而他获得了成功。

思路突破：注重正确的思维程序

要学会正确思考首先要学会控制自己的思想。卡耐基认为，思想是一个人唯一能完全控制的东西。因为你的思想会受到周围环境的影响，所以，你必须有着一套科学有序的流程，来控制这些影响因素。为此，奥里森·马登对思维流程做出了科学的解释，将正确思维归于以下4点。

★发现问题

“发现问题”是整个思维过程中最困难的一部分。要知道，在你提出问题之前，你不可能知道你要寻找的是什么解决方法，更不可能解决这个问题。

★分析情况

一旦你找出这个问题后，你就要从所处环境中发现尽可能多的线索。

在分析情况的过程中，你寻找的是具体的信息资料。你不要被一开始就找到问题的解决办法和答案所诱惑，而漏掉了别的办法。你应该强迫自己去寻找有关的信息资料，直到你觉得自己已仔细并准确地分析了这种情况之后，再做出判断。

★寻找可行的解决方法

一旦你找出了问题、分析了情况之后，你就可以开始寻找解决问题的办法。同样，你也要避免那些看起来似乎很好的答案。

在这一步骤中创造性是很重要的。除了那些一眼就能看出的似乎有道理的解决办法之外，你还要寻找其他的办法，尤其在采纳现成的方案时要特别留心。如果别人也探讨过同样的问题，而且其解决办法听起来也适合于你的情况时，就要仔细判断一下当时的情况与你的情况究竟相同在何处。

注意，不要采用那些还没有在你这种情况下检验过的解决方法。

★科学验证

很多人到了上一步就停止了，这其实是不完整的，因而也是不科学的。

一旦解决办法找到了，你就要对其进行检验和证明，看看这些办法是否有效，是否能解决提出的问题。在检验之前你可能不知道这些办法是否正确。

在这个过程中，你所要做的就是寻找这种情况的原因，并加以解释，你要回答诸如“为什么”、“是什么”、“怎么会”之类的问题。

下面来看看理性思考的实例，边看边结合上面的思维程序进行练习，得出自己的结论。

PART 02 目标越高，成功越快

远大的目标是成功的磁石

什么样的理想，将决定你成为什么样的人。远大的目标是成功的磁石。

被誉为发明之父的爱迪生，小时候只上了几个月的学，就被老师辱骂为愚蠢糊涂的低能儿而退学了。爱迪生为此十分伤心，他痛哭流涕地回到家中，要妈妈教他读书，并出语惊人地说："长大了一定要在世界上做一番事业。"这句话出自当时被认为是愚钝儿的爱迪生之口，未免显得荒唐可笑。但是，正是由于爱迪生自小就确立了一个远大志向，惊人的目标使他越过前进道路上的坎坎坷坷，成为举世闻名的发明家。

美国哈佛大学对一批大学毕业生进行了一次关于人生目标的调查，结果如下：

27%的人，没有目标；60%的人，目标模糊；10%的人，有清晰而短期目标；3%的人，有清晰而长远的目标。

25年后，哈佛大学再次对这批学生进行了跟踪调查，结果是：

那3%的人，25年间始终朝着一个目标不断努力，几乎都成为社会各界成功人士、行业领袖和社会精英；10%的人，他们的短期目标不断实现，成为各个领域中的专业人士，大都生活在社会中上层；60%的人，他们过着安稳的生活，也有着稳定的工作，却没有什么特别的成绩，几乎都生活在社会的中下层；剩下27%的人，生活没有目标，并且还在抱怨他人，抱怨社会不给他们机会。

要成功就要设定目标，没有目标是不会成功的。目标就是方向，就是成功的彼岸，就是生命的价值和使命。

2001年的亚洲首富孙正义，23岁那一年得了肝病，在医院住院期间，他读了4000本书，他大量地阅读，大量地学习。

在出院之后，他写了40种行业规划，但最后选择了软件业。事实上，他的选择是对的，软件行业使他成了亚洲首富。

选好行业之后，他开始创业。创业初期，条件艰苦，他的办公桌是用苹果箱拼凑而成的。他招聘了两名员工。有一次，他和两名员工一起分享他远大的目标，他说："我25年后要赚100兆日币，成为亚洲首富。"这是孙正义的目标，但在两名员工看来却是件不可思议的事情。他们对孙正义说："老板，请允许我们辞职，因为我们不想和一位疯子一起工作。"

事实上，孙正义的目标实现了，他成了亚洲首富。

谚语云：如果你只想种植几天，就种花；如果你只想种植几年，就种树；如果你想流传千秋万世，就种植观念！

对于你来说，你将来想要获得什么成就才是最

重要的。你必须对你的未来怀有远大的理想，否则你就不会做成什么大事，说不定还会一事无成。

理想是同人生奋斗目标相联系的有实现可能的想象，是人的力量的源泉，是人的精神支柱。如果没有理想，岁月的流逝只意味着年龄的增长。

有了远大的理想，还要有看得清、瞄得着的射击靶。目标必须是明晰的、具体的、现实的、可以操作的，当然，这是为理想服务的短期目标。只有实现一个个短期目标，才能筑起成功的大厦。

一位美国的心理学家发现，在为老年人开办的疗养院里，有一种现象非常有趣：每当节假日或一些特殊的日子，像结婚周年纪念日、生日等来临的时候，死亡率就会降低。他们中有许多人为自己立下一个目标：要再多过一个圣诞节、一个纪念日、一个国庆日等。等这些日子一过，心中的目标、愿望已经实现，继续活下去的意志就变得微弱了，死亡率便立刻升高。生命是可贵的，并且只有在它还有一些价值的时候去做应该做的事，去实现自己的目标，人生才会有意义。

要攀到人生山峰的更高点，当然必须要有实际行动，但是首要的是找到自己的方向和目的地。如果没有明确的目标，更高处只是空中楼阁，望不见更不可及。如果我们想要使生活有突破，到达很新且很有价值的目的地，首先一定要确定这些目的地是什么。

明白了你的命运来自于你的奋斗目标，就会给自己一个希望，就在你的内心祈祷，你对自己说：我一定要做个伟大的人。只要你这样想这样做，你就一定会像你所想象的那样，成为一个伟大的人。

让我们为自己找一个梦想，树立一个目标吧，人生因有远大的目标而伟大！

定位改变人生

切合实际的定位可以改变我们的人生。人生重要的是找到自己的位置，并做好所有这个位置要做的事情。坐在自己的位置上，最心安理得，也最长久。

在暴风雨过后的一个早晨，海边沙滩的浅水洼里留下许多被昨夜的暴风雨卷上岸来的小鱼。它们被困在浅水里，虽然近在咫尺，却回不了大海。被困的小鱼有几百条，甚至几千条。用不了多久，浅水洼里的水就会被沙粒吸干，被太阳蒸干，这些小鱼都会被干死。

海边有三个孩子。第一个孩子对那些小鱼视而不见。他在心里想，这水洼里有成百上千条的鱼，以我一人之力是根本救不过来的，我何必白费力气呢？

第二个孩子在第一个水洼边弯下腰去——他在拾起水洼里的小鱼，并且用力把它们扔回大海。第一个孩子讥笑第二个孩子："这水洼里这么多鱼，你能救得了几条呢？还是省点力气吧。"

"不，我要尽我所能去做！"第二个孩子头也不抬地回答。

"你这样做是徒劳无功的，有谁会在乎呢？"

"这条小鱼在乎！"第二个孩子一边回答，一边拾起一条小鱼扔进大海。"这条在乎，这条也在乎！还有这一条、这一条、这一条……"

第三个孩子心里在嘲笑前面两个家伙没有脑子，天上掉馅饼，多好的发财机会呀，干吗不紧紧抓住呢？于是，第三个孩子埋头把小鱼装进用自己的衣服做成的布袋里……

多年后，第一个孩子做了医生。他当班的时候，因为嫌病人家属带的钱太少而拒收一位生命垂危的伤者，致使伤者因没有得到及时的治疗而眼睁睁地看着他死去！迫于舆论压力，医院开除了见死不救的他。他觉得委

屈，想到了多年前海滩上的那一幕，他始终不认为自己错了。“那么多的小鱼，我救得过来吗？”他说。

第二个孩子也做了医生。他医术高明，医德高尚，对待患者不论有钱无钱，都精心施治。他成了当地群众交口称赞的名医。他的脑子里也经常浮现出多年前海滩上的那一幕。“我救不了所有的人，但我还是可以尽我所能救一些人的，我完全可以减轻他们的痛苦。”他常常对自己说。

第三个孩子开始经商，他很快就发了横财。暴发后，他又用金钱开道，杀入官场，并且一路青云直上，最后，他因贪污受贿事发，被判处死刑。刑场上，他的脑子里浮现出多年前海滩上的那一幕：一条条小鱼在布袋里挣扎，一双双绝望的眼睛死死地瞪着他……

要找到自己的定位，必须首先了解自己的性格、脾气，了解了自己才能对自己有一个合适的定位。

每个人都可以在社会中寻找到适合自己的行业，并且把它做好。但并不是每个行业你都能做得最好，你需要寻找一个你最热爱、最擅长，能够做得最好的行业。

一个人的职业定位清晰，可以坚定自己的信念，可以明确自己的前进方向，可以发挥自己的最大潜能，可以实现自己的最大价值。毕竟，人生有限，我们没有太多的时间浪费在左右飘摇当中。

有一次，一个青年苦恼地对昆虫学家法布尔说：“我不知疲劳地把自己的全部精力都花在我爱好的事业上，结果却收效甚微。”

法布尔赞许说：“看来你是位献身科学的有志青年。”

这位青年说：“是啊！我爱科学，可我也爱文学，对音乐和美术我也感兴趣。我把时间全都用上了。”

法布尔从口袋里掏出一块放大镜说：“先找到自己的定位，弄清自己到底喜欢什么，然后把你的精力集中到一个焦点上试试，就像这块凸透镜一样！”

凡大学者、科学家，无一不是先找准自己的定位，然后“聚焦”成功的。就拿法布尔来说，他为了观察昆虫的习性，常达到废寝忘食的地步。有一天，他大清早就俯在一块石头旁。几个村妇早晨去摘葡萄时看见法布尔，到黄昏收工时，她们仍然看到他伏在那儿，她们实在不明白：“他花一天工夫，怎么就只看着一块石头，简直中了邪！”其实，为了观察昆虫的习性，法布尔不知花去了多少个这样的日日夜夜。

找到自己感兴趣的东西，找准自己的定位，是一个人成功的前提。

有一天，一位禅师为了启发他的门徒，给他的徒弟一块石头，叫他去蔬菜市场，并且试着卖掉它。这块石头很大，很好看。但师父说："不要卖掉它，只是试着卖掉它。注意观察，多问一些人，然后只要告诉我在蔬菜市场它卖多少钱。"这个人去了。在菜市场，许多人看着石头想：它可以做很好的小摆件，我们的孩子可以玩，或者我们可以把这当作称菜用的秤砣。于是他们出了价，但只不过几个小硬币。徒弟回来说："它最多只能卖到几个硬币。"

师父说："现在你去黄金市场，问问那儿的人。但是不要卖掉它，光问问价。"从黄金市场回来，这个门徒很高兴，说："这些人太棒了。他们乐意出到1000块钱。"师父说："现在你去珠宝商那儿，但不要卖掉它。"他去了珠宝商那儿。他简直不敢相信，他们竟然乐意出5万块钱，他不愿意卖，他们继续抬高价格——出到10万。但是徒弟说："我不打算卖掉它。"他们说："我们出20万、30万，或者你要多少就多少，只要你卖！"这个人说："我不能卖，我只是问问价。"他不能相信："这些人疯了！"他自己觉得蔬菜市场的价已经足够了。

他回来。师父拿回石头说："我们不打算卖了它，不过现在你明白了，如果你生活在蔬菜市场，把自己定位在那里，那么你只有那个市场的理解力，你就永远不会认识更高的价值。"

人必须对自己有一个定位，无论是生活、学习、工作，只要有了一个正确的定位，就好像有了基础一样，定位越准，我们成功的可能性就越大。在给自己定位时，有一条原则不能变，即你无论做什么，都要选择你最擅长的。只有找准自己最擅长的，才能最大限度地发挥自己的潜能，调动自己身上一切可以调动的积极因素，并把自己的优势发挥得淋漓尽致，从而获得成功。

不为自己设限

只有那些不断超越自己的人，才能不断取得伟大的成功。

著名心理学家和心理治疗医生艾琳·C.卡瑟拉在其《全力以赴——让进取

战胜迷茫》一书中讲了这样一个病例：在奥斯卡金像奖发奖仪式次日的凌晨三时，她被奥斯卡奖获得者克劳斯从沉睡中唤醒，克劳斯进门后举着一尊奥斯卡奖的金像哭着说：“我知道再也得不到这种成绩了。大家都发现我是不配得这个奖的，很快都会知道我是个冒牌的。”克劳斯认为他所获得的成功“是由于碰巧赶上了好时间、好地方，有真正的能人在后边起了作用”的结果。他不相信自己获得奥斯卡奖是多年锻炼和勤奋工作的结果。尽管他的同事通过评选公认他在专业方面是最佳的，但他却不相信自己有多么出色和创新的地方。

卡瑟拉在治疗病人中还发现，有位国际知名的芭蕾女明星每过一段时间，她就要在有演出的那天发一顿脾气，把脚上的芭蕾鞋一甩，饭也不吃，从250双跳舞鞋中她找不到一双合脚的；还有一位知名的歌剧演员，有时候一准备登台就觉得嗓子发堵；有一位著名运动员，他的后脊梁过一段时间就痛起来，影响他发挥竞技能力。卡瑟拉认为，这些严重影响成功的症状是由于经不住成功而引起的。

成功不但会引起以上心理障碍，成功有时还会给人带来自满自大的消极后果。有人对43位诺贝尔奖获得者作了跟踪调查，发现这些人获奖前平均每年发表的论文数为5～9篇，获奖后则下降为4篇。有的政治家取得一系列成功后，因过分自信而造成重大失误；有的作家写出一两篇佳作后，再无新作问世，原因固然很多，但不能正确对待成功，不能不说是一个重要原因。

这些都是成功人士无法超越自己的案例。因为无法超越自己，为自己设了太多的限制，他们害怕失去目前拥有的，他们认为无法超越已取得的成就。因为你不相信自己的能力，在前进途中为自己设了限制，他们只会止步不前。

我们平常人呢？如果不能不断超越自我，会怎样呢？

对于现代人来说，知识面越广越好，得到的信息越多越好。如果不时时超越已取得的成就，就很容易变成鼠目寸光的人。鼠目寸光不但不利于自己事业的发展，而且很难在竞争激烈的现代社会立足，最终只能为大时代所抛弃。

有些老医生，自从出了医科学校之后，诊病下药无不用些老法子，于是渐渐步入没落之途了。他们明明应该把门面重新漆一漆了，明明应该去使用新发明的医疗器械及最近出现的著名药品了，但他们都不做改变。他们从不肯稍微划出些时间来看些新出版的刊物，更不肯稍费些心机去研究实验种种最新的临床疗法。他所施用的诊疗法，都是些显效迟缓、陈腐不堪的老套，他所开出来的药方，都是不易见效的、人家用得不愿再用了的老药品。他们一点也没留意到，医院早已来了一位青年医生，已有了最新的完善设备，所用的器械无不是最新的一种；开出来的药方，都写着最新发明的药品；所读的都是些最新出版的医学书报。同时他的诊所的陈设也是新颖完美，病人走进去看了都很满意。于是老医生的病人，渐渐都跑到这位青年医生那里去了。等他发觉了这个情形，已经悔之不及了。

“自我设限”是人生的最大障碍，如果想突破它，我们就必须不怕碰壁。这就需要我们有积极的进取心了。

进取心包括你对自己的评价和你对未来的期望。你必须高屋建瓴地看待自己，否则，你就永远无法突破你为自己设定的限度。你必须幻想自己能跳得更高，能达到更高的目标，以督促自己努力得到它，否则，你永远也不能达到。如果你的态度是消极而狭隘的，那么，与之对应的就是平庸的人生。

进取心还要求我们不断挑战自我，在做事中挑战自我。

李嘉诚来到塑胶裤带公司做一名推销员时，塑胶裤带公司有7名推销员，数李嘉诚最年轻、资历最浅，而另几位是历次招聘中的佼佼者，经验丰富，已有固定的客户。显而易见，这是一种不在同一条起跑线上的竞争，是一种劣势条件下的不平等的竞争。

李嘉诚不甘下游，不想输于他人，他给自己定下目标：3个月内，干得和别的推销员一样出色；半年后，超过他们。李嘉诚自己给自己施加压力，有了压力，才会奋发拼搏。

坚尼地城在港岛的西北角，而客户多在港岛中区和隔海的九龙半岛。李嘉诚每天都要背一个装有样品的大包出发，乘巴士或坐渡轮，然后马不停蹄地行街串巷。李嘉诚认为，别人做8个小时，我就做16个小时，开始别无他法，只能以勤补拙。

要做好一名推销员，一要勤勉，二要动脑——李嘉诚对此有深切的体会。正是这两点，使他后来居上，销售额不仅在所有推销员中遥遥领先，达到第二名的7倍！

李嘉诚做事，从来是不做则已，要做就做得最好，不是完成自己的本职工作就算了，而是在推销的本职工作内干出了非凡的业绩的同时，还利用推销的行业特点，捕捉了大量的信息。

他注重在推销过程中搜集市场信息、并从报刊资料和四面八方的朋友那儿了解塑胶制品在国际市场的产销状况。

经过调研之后，李嘉诚把香港划分成许多区域，把每个区域的消费水平和市场行情都详细记在本子上。他对哪种产品该到哪个区域销售，销量应该是多少，一清二楚。

李嘉诚经过详尽的分析，得出了自己的结论，然后建议领导该上什么产品，该压缩什么产品的批量。

李嘉诚推销不忘生产，他协助领导以销促产，使塑胶公司生机盎然，生意一派红火。

只有充分掌握市场状况，至少对这一行业未来一到二年的发展前景有了准确的预测，着手每一件事情时，才会简单得多，准确得多。

注重行情，研究资讯，是商场决策的基本要素，年纪轻轻的李嘉诚在这方面已显示了其过人的从商资质。

李嘉诚因此于一年后被跃升为部门经理，统管产品销售。这一年，李嘉诚年仅18岁。

两年后，他又晋升为总经理，全盘负责日常事务。

李嘉诚对推销已是十分内行，但生产及管理对他来说却是非常陌生的领域。

不怕不懂，就怕不学。李嘉诚深知自己的薄弱环节所在。因此，他很少坐在总经理办公室，大部分时间都蹲在现场，身着工装，和工人一道摸爬滚打，熟悉生产工艺流程。

对于每道工序李嘉诚都要亲自尝试，他兴致很高，一点也不觉得苦和累。

有一次，李嘉诚站在操作台上割塑胶，不小心把手指割破了，一时鲜血直流。

十指连心，疼痛钻心。但李嘉诚吭都没吭一声，迅速缠上绷带，就像什么事都没发生一样，又继续操作。

后来，伤口发炎肿胀，他才到诊所去看医生。

许多年后，一位记者向李嘉诚提及此事说："你的经验，是以血的代价换得的。"

李嘉诚微笑着说："大概不好这么说，那都是我愿意做的事，只要你愿做某件事情，就不会在乎其他的。"

李嘉诚自小受儒家思想的熏陶和影响，谦逊持重。其实，就客观而言，记者的话并没有夸大其词。

到了这一步，李嘉诚似乎应该心满意足了，然而，在他的人生字典中没有满足二字。正干得顺利的他，再一次跳槽，重新投入社会，以自己的聪明才智，开始新的人生搏击。

只不过，这一次，李嘉诚不是到另一家企业去打工，而是要开创自己的事业——他要办一个工厂，自己当领导！

经过了多年的痛苦经历和磨炼，李嘉诚很快地成熟了。他像喷薄欲出的一轮红日，积累了太多的能量，而终于到了横空出世的时候。古往今来，无数人都有过与李嘉诚相类似的痛苦经历，但是能够成就大业的人毕竟寥寥无几。为什么呢？因为他们不会挑战自己。

当"知足常乐"成为一些人生活信条的时候，"否定自己"就显得很有震撼力。确实，安于现状也能暂时得到一些世俗的幸福，但随之而来的，可能是懒散与麻木。甚至可以这样说：开除自己，是对智力与勇气的挑战。

若从字面上说，开除自己，还有这样一层意思：如果你是个见了毛毛虫也要打哆嗦的人，那么，请开除自己的懦弱；倘若你是一个毫不利人、专门利己的人，那么，请开除自己的自私……同样道理，我们还可以开除自己的浅薄、浮躁、虚伪、狂妄——总之，你尽可能地开除自己的缺点好了，使自己不断地趋于完美，就像一棵不断修枝剪蔓的树，唯一的目标，就是为了日后做一棵高大挺拔的栋梁之材。

把自己从相对安逸的环境中开除出去，再开除自己身上的缺点，那么，你离成功的彼岸，肯定会越来越近。不管怎么说，开除自己，就是在给自己提供压力的同时，也提供了更多的希望与机遇。

而只有那些不断超越自己的人，才能不断取得伟大的成功。牛顿把自己看作是在真理的海洋边捡贝壳的孩子。爱因斯坦取得成绩越大，受到称誉越多，越感到无知，他把自己所学的知识比做一个圆，圆越大，它与外界未知领域的接触面也就越大。科学无止境，奋斗无止境，人类社会就是在不满足已有的成功中不断进步的。

永远坐在最前排，锻造一颗积极进取的心

20世纪30年代，英国一个不出名的小镇里，有一个叫玛格丽特的小姑娘，自小就受到严格的家庭教育。父亲经常对她说："孩子，永远都要坐前排。"父亲极力向她灌输这样的观点：无论做什么事情都要力争一流，永远走在别人前头，而不能落后于人。"即使是坐公共汽车，你也要永远坐在前排。"父亲从来不允许她说"我不能"或者"太难了"之类的话。

对年幼的孩子来说，他的要求可能太高了，但他的教育在以后的年代里被证明是非常宝贵的。正是因为从小就受到父亲的"残酷"教育，才培养了玛格丽特积极向上的决心和信心。在以后的学习、生活或工作中，她时时牢记父亲的教导，总是抱着一往无前的精神和必胜的信念，尽自己最大努力克服一切困难，做好每一件事情，事事必争一流，以自己的行动实践着"永远坐在前排"。

玛格丽特在学校永远是最勤恳的学生，是学生中的佼佼者之一。她以出类拔萃的成绩顺利地升入当时像她那样出身的学生绝少能进入的文法中学。

在玛格丽特满17岁的时候，她开始明确了自己的人生追求一从政。然而，那个时候，进入英国政坛要有一定的党派背景。她出身保守党派氛围的家庭，但要想从政，还必须要有正式的保守党关系，而当时的牛津大学就是保守党员最大俱乐部的所在地。由于她从小受化学老师的影响很大，同时想到大学学习化学专业的女孩子比其他任何学科都少得多，如果选择其他的某个文科专

业，那竞争就会很激烈。

于是，一天，她终于勇敢地走进校长吉利斯小姐的办公室说："校长，我想现在就去考牛津大学的萨默维尔学院。"

女校长难以置信，说："什么？你是不是欠缺考虑？你现在连一节课的拉丁语都没学过，怎么去考牛津？"

"拉丁语我可以自学掌握！"

"你才17岁，而且你还差一年才能毕业，你必须毕业后再考虑这件事。"

"我可以申请跳级！"

"绝对不可能，而且，我也不会同意。"

"你在阻挠我的理想！"玛格丽特头也不回地冲出校长办公室。

回家后她取得了父亲的支持，就开始了艰苦的复习备考工作。这样在她提前几个月得到了高年级学校的合格证书后，就参加了大学考试并如愿以偿地收到了牛津大学萨默维尔学院的入学通知书。玛格丽特离开家乡到牛津大学去了。

上大学时，学校要求学5年的拉丁文课程。她凭着自己顽强的毅力和拼搏精神，硬是在1年内全部学完了，并取得了相当优异的考试成绩。其实，玛格丽特不光是学业上出类拔萃，她在体育、音乐、演讲及学校活动方面也都表现得很出色。所以，她的校长这样评价她："她无疑是我们建校以来最优秀的学生之一，她总是雄心勃勃，每件事情都做得很出色。"

40多年以后，这个当年对人生理想孜孜以求的姑娘终于如愿以偿，成为英国乃至整个欧洲政坛上一颗耀眼的明星，她就是连续4年当选保守党党魁，并于1979年成为英国第一位女首相，雄踞政坛长达11年之久，被世界政坛誉为"铁娘子"的玛格丽特·撒切尔夫人。

人生就是一场战斗，想要快速通关就要做到奋力冲在最前线。

"永远坐在前排"，不仅可以激励我们追求成功的愿望，更重要的是，它还可以培养我们追求成功的信心和勇气。

PART 03 励志改变人生，打造强者心态

心态对了，状态就对了

美国的一位牧师正在家里准备第二天的布道。他的小儿子在屋里吵闹不止，令人不得安宁。牧师从一本杂志上撕下一页世界地图，然后撕成碎片，丢在地上说："孩子，如果你能将这张地图拼好，我就给你1元钱。"

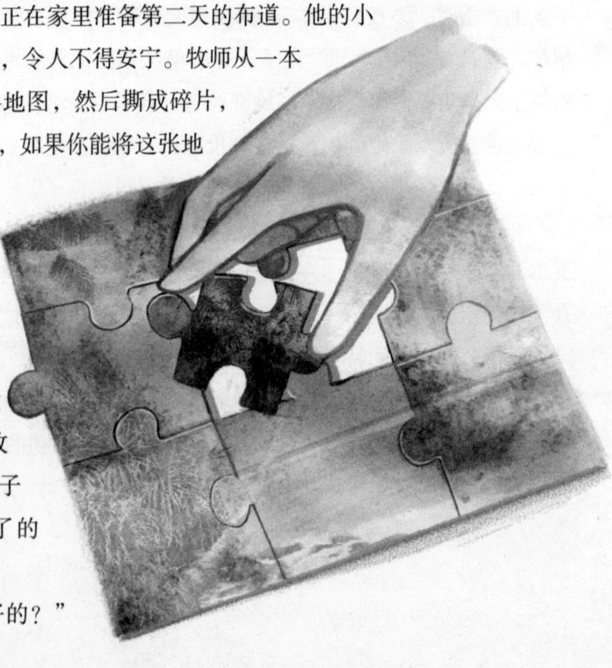

牧师以为这件事会使儿子花费一上午的时间，但是没过10分钟，儿子就敲响了他的房门。牧师惊愕地看到，儿子手中捧着已经拼好了的世界地图。

"你是怎样拼好的？"

牧师问道。

“这很容易，”孩子说，“在地图的另一面有一个人的照片。我先把这个人的照片拼到一起，再把它翻过来。我想，如果这个人是正确的，那么，世界地图就是正确的。”

牧师微笑着给了儿子1元钱，“你已经替我准备好了明天的布道，如果一个人的心态是正确的，他的世界就是正确的。”

心态决定状态，你的心态对了，状态也就不会错了。

信念达到了顶点，就能够产生惊人的效果

信念是欲望人格化的结果，是一种精神境界的目标。信念一旦确定，就会形成一种成就某事或达到某种预期的巨大渴望，这种渴望所激发出来的能量，往往会超出我们的想象。由信念之火所点燃的生命之灯是光彩夺目的。

美国的罗杰·罗尔斯是纽约的第53任州长，也是纽约历史上的第一位黑人州长。他出生于纽约声名狼藉的大沙头贫民窟。那里环境肮脏，充满暴力，是偷渡者和流浪汉的聚集地，他也从小就学会了逃学、打架，甚至偷窃。直到一个叫皮尔·保罗的人当了罗杰·罗尔斯那座小学的校长。

有一天，罗杰·罗尔斯正在课堂上捣乱，校长就把他叫到了身边，说要给他看手相。于是罗尔斯从窗台上跳下，伸着小手走向讲台，皮尔·保罗先生说，我一看你修长的小拇指就知道，将来你是纽约州的州长。当时，罗尔斯大吃一惊，因为长这么大，只有他奶奶让他振奋过一次，说他可以成为5吨重的小船的船长。这一次，皮尔·保罗先生竟说他可以成为纽约州的州长，着实出乎他的预料。他记下了这句话，并且相信了它。

从那天起，纽约州州长就像一面旗帜飘扬在他的心间。他的衣服不再沾满泥土，他说话时也不再夹杂污言秽语，他开始挺直腰杆走路，他成了班主席。在以后的几十年里，他没有一天不按州长的身份要求自己。51岁那年，他真的成了州长。在他的就职演说中有这么一段话，他说：信念值多少钱？信念是不值钱的，它有时甚至是一个善意的欺骗，然而你一旦坚持下来，它

就会迅速升值。这正如马克·吐温所说的：信念达到了顶点，就能够产生惊人的效果。

成功者的人生轨迹告诉我们：信念，是立身的法宝，是托起人生大厦的坚强支柱；信念，是成功的起点，是保证人追求目标成功的内在驱动力。信念，是一团蕴藏在心中的永不熄灭的火焰，是一条生命涌动不息的希望长河。

著名的黑人领袖马丁·路德·金说过："这个世界上，没有人能够使你倒下，如果你自己的信念还站立着的话。"所以，信念的力量，在于使身处逆境的你，扬起前进的风帆；信念的伟大，在于即使遭受不幸，亦能召唤你鼓起生活的勇气；信念的价值在于支撑人对美好事物一如既往地孜孜以求。

当然，如果一个人选择了错误的信念，那必将是对生命致命的打击，起码也会让人导致平庸。错误的信念会夺去你的能量、你的欲望和你的未来。曾有研究者做过这样一个实验：他们把善于攻击鲦鱼的梭鱼放在一个玻璃钟罩里，然后把这个玻璃钟罩放进一个养着鲦鱼的水箱中。罩里的梭鱼看到鲦鱼后，立刻发动了几次攻击，结果它敏感的鼻子狠狠地撞到了玻璃壁上。几次惨痛的尝试之后，梭鱼最终放弃，并完全忽视了鲦鱼的存在。当钟罩被拿走后，鲦鱼们可以自由自在地在水中四处游荡，即使当它们游过梭鱼鼻子底下的时候，梭鱼也继续忽视它们。由于一个建立在错误信念基础之上的死结，这条梭鱼终因不顾周围丰富的食物而把自己饿死了。在现实生活中，又有多少错误的信念成了束缚我们的玻璃钟罩呢？

人生是一连串选择的结果，而选择一个正确的信念，会成就我们的一生。人生的变数很多，然而，不管外界多么的不易把握，只要心中升腾着信念的火焰，艰难险阻就都将不复存在。

决心取得成功比任何一件事情都重要

下决心是一种运用能力的过程，是一个人综合素质的折射。一个人能否成功，很大程度上取决于自己的决心。抓住机遇，下定决心，离成功也就不远；优柔寡断，踌躇不决则会错过良机，与成功失之交臂。

按照弗洛伊德的理论，人生来就有"做伟人"的欲望。人为成功而来，也为成功而活。但“想成功”与“要成功”却是有着天壤之别的。所以，我们在生活中会看到很多人都在说：“我很想成功！”但却没有看到他们真正地下决心。要知道，成功不是喊叫出来的，也不是写出来的，成功是下决心做出来的！

很多想成功的人，对成功只是存在一种向往或一种侥幸心理。他们的目标要么游移不定，要么好高骛远，不着边际，因而很难整合现有资源，很难有计划和方法；要么迟迟不动，要么行动不坚决、不彻底、不持久，一遇挫折，立即为自己找个“本来就是想想而已”的借口，下台了事。

要成功的人才是真正在成功之前下过坚定决心的人。下定决心，不仅能体现一个人果决的勇气、决断时的自信、坚定不移的志气，更会锻造出自己的魅力，从而赢得他人的信任。只有下定决心成功，才会目标明确、现实可行。也只有下定决心的人，才会在成功的路上不断地检讨自己，改变自己，创造条件，适应环境要求；才能获得深刻的驱动力，而不顾任何艰难险阻，义无反顾，锲而不舍，持之以恒。

世界顶级的推销员与培训大师汤姆·霍普金斯曾告诉他的学员们说：“成功有三个最重要的秘诀，第一个就是下定决心；第二个还是下定决心；第三个当然还是下定决心。”

这是霍普金斯之所以成功的经验之谈，因为就在他刚刚进入推销行业的时候，他常常因为害怕敲别人家门或跟陌生人谈论产品时被拒绝，故而业绩一直无法实现突破。直到有一天，他上了一个课程，在课堂上老师告诉他：“下一次还有一个课程非常棒，那个课程可以帮助我们激发所有的潜能，让自己能够成为顶尖人物。”

霍普金斯说：“我很想听下个课程，但我没有钱，等我存够了钱再上。”这时候老师却对他说：“你到底是想成功，还是一定要成功？”他回答说：“我一定要成功。”老师又问：“假如你一定要成功的话，请问你会怎么处理这个事情？”于是霍普金斯回答：“我会立刻借钱来上课。”

从此，霍普金斯发现了自己一直业绩平平的原因，是自己从来没有真正地下过决心。于是在下一次推销之前，他从公司里找了一位同事并带他下楼，他对同事说：“你看着，假如我无法向对面那个陌生人推销产品的话，我走过马路来就被车撞死给你看。”

他说完这句话的时候，脑海里一片空白，根本不知道他即将如何推销。但他还是硬着头皮走过去，开始与陌生人交谈，于是他使出了浑身解数向那位陌生人推销产品，经过20分钟的苦口婆心之后，不可思议的事情发生了：他终于卖出了产品！后来，霍普金斯在分析他的人生是怎么改变的时候，发现答案只有四个字，那就是“下定决心”。

所以，人生从你下定决心的那一刻就已经开始改变，你所做出的任何一个决定都决定着你的人生。

苦难是卢梭受益最大的学校

在法国里昂的一次宴会上，人们对一幅是表现古希腊神话还是历史的油画发生了争论。主人眼看争论越来越激烈，就转身找他的一个仆人来解释这幅画。使客人们大为惊讶的是：这仆人的说明是那样清晰明了，那样深具说服力。辩论马上就平息了下来。

“先生，您是从什么学校毕业的？”一位客人对这个仆人很尊敬地问。

“我在很多学校学习过，先生，”这年轻人回答，“但是，我学的时间

最长、收益最大的学校是苦难。”

这个年轻人为苦难的课程付出的学费是很有益的。尽管他当时只是一个贫穷低微的仆人，但不久以后他就以其超群的智慧震惊了整个欧洲。

他就是那个时代法国最伟大的天才——法国哲学家和作家卢梭。

凡是天生刚毅的人必定有自强不息的精神。但凡在年轻时遭遇苦难而能做到坚忍不拔的人，在以后的人生道路上多半会走得更豁达、从容。

面对困难，你强它便弱

一个女儿对她的父亲抱怨，说她的生命是如何痛苦、无助，她是多么想要健康地走下去，但是她已失去方向，整个人惶惶然然，只想放弃。她已厌烦了抗拒、挣扎，但是问题似乎一个接着一个，让她毫无招架之力。

父亲二话不说，拉起心爱的女儿，走向厨房。他烧了3锅水，当水沸腾之后，他在第一个锅里放进萝卜，第二个锅里放了一颗蛋，第三个锅则放进了咖啡。

女儿望着父亲，不明所以，而父亲只是温柔地握着她的手，示意她不要说话，静静地看着滚烫的水，以炽热的温度煮着锅里的萝卜、蛋和咖啡。一段时间过后，父亲把锅里的萝卜、蛋捞起来各放进碗中，把咖啡过滤后倒进杯子，问：“你看到了什么？”

女儿说：“萝卜、蛋和咖啡。”

父亲把女儿拉近，要女儿摸摸经过沸水烧煮的萝卜，萝卜已被煮得软烂；他要女儿拿起这颗蛋，敲碎薄硬的蛋壳，她细心地观察着这颗水煮蛋；然后，他要女儿尝尝咖啡，女儿笑起来，喝着咖啡，闻到浓浓的香味。

女儿谦虚而恭敬地问：“爸，这是什么意思？”

父亲解释：这3样东西面对相同的环境，也就是滚烫的水，反应却各不相同：原本粗硬、坚实的萝卜，在滚水中却变软了；这个蛋原本非常脆弱，它那薄硬的外壳起初保护了液体似的蛋黄和蛋清，但是经过滚水的沸腾之后，蛋壳内却变硬了；而粉末似的咖啡却非常特别，在滚烫的热水中，它竟然改变了水。

“你呢？我的女儿，你是什么？”父亲慈爱地问虽已长大成人，却一时失去勇气的女儿，“当逆境来到你的门前，你有何反应呢？你是看似坚强的萝卜，痛苦与逆境到来时却变得软弱、失去了力量吗？或者你原本是一颗蛋，有着柔顺易变的心？你是否原是一个有弹性、有潜力的灵魂，但是在经历死亡、分离、困境之后，变得僵硬顽强？也许你的外表看来坚硬如旧，但是你的心灵是不是变得又苦又倔又固执？或者，你就像是咖啡？咖啡将那带来痛苦的沸水改变了，当它的温度高达100摄氏度时，水变成了美味的咖啡，当水沸腾到最高点时，它就越加美味。如果你像咖啡，当逆境到来、一切不如意的时候，你就会变得更好，而且将外在的一切转变得更加令人欢喜。懂吗，我的宝贝女儿？你要让逆境摧折你，还是你主动改变，让身边的一切变得更美好？”

在人生的道路上，谁都会遇到困难和挫折，就看你能不能战胜它。战胜了，你就是英雄，就是生活的强者。

PART 04 把“不可能”变为“可能”

走出囚禁思维的栅栏

每个人自身的独特性，造成其别具一格的思维方式，每个人都可以走出一条与众不同的发展道路来。但保持个性的同时，也应追求突破创新，否则，你将陷入自身的思路的“圈套”当中。

每个人都会有“自身携带的栅栏”，若能及时地从中走出来，实在是一种可贵的警悟。独一无二的创新精神，勇于进取，绝不自损、自贬，在学习生活中勇于独立思考，在日常生活中善于注入创意，在职业生活中精于自主创新，正是能够从自我囚禁的“栅栏”里走出来的鲜明标志。形成创造力自囚的“栅栏”，通常有其内在的原因，是由于思维的知觉性障碍、判断力障碍以及常规思维的惯性障碍所导致的。知觉是接受信息的通道，知觉的领域狭窄，通道自然受阻，创造力也就无从激发。这条通道要保持通畅，才能使信息流丰盈、多样，使新信息、新知识的获得成为可能，使得信息检索能力得到锻炼，不断增长其敏锐的接收能力、详略适度的筛选能力和信息精化的提炼能力，这是形成创新心态的重要前提。判断性障碍大多产生于心理偏见和观念偏离。要使判断恢复客观，首先需要矫正心理视觉，使之采取开放的态度，注意事物自身的特性而不囿于固有的见解或观念。这在新事物迅猛增殖、新知识快速增加的当今时代，尤其值得重视。

要从自囚的“栅栏”走出来，还创造力以自由，首先就要还思维状态以自由，突破常规思维。在此基础上，对日常生活保持开放的、积极的心态，对创新世界的人与事，持平视的、平等的姿态，对创造活动，持过程才最重要的精神状态，这样，我们将有望形成十分有利于创新生涯的心理品质，并及时克服内在消极因素。

成功的人往往是一些不那么“安分守己”的人，他们绝对不会因取得一些小小的成绩而沾沾自喜，获得一点小成功就停下继续前行的脚步。

一位雕塑家有一个12岁的儿子。儿子要爸爸给他做几件玩具，雕塑家只是慈祥地笑笑，说：“你自己不能动手试试吗？”

为了制好自己的玩具，孩子开始注意父亲的工作，常常站在大台边观看父亲运用各种工具，然后模仿着运用于玩具制作。父亲也从来不向他讲解什么，放任自流。

一年后，孩子初步掌握了一些制作方法，玩具造得颇像个样子。这样，父亲偶尔会指点一二。但孩子脾气倔，从来不将父亲的话当回事，我行我素，自得其乐。父亲也不生气。

又一年，孩子的技艺显著提高，可以随心所欲地摆弄出各种人和动物形

状。孩子常常将自己的“杰作”展示给别人看，引来诸多夸赞。但雕塑家总是淡淡地笑，并不在乎。

有一天，孩子存放在工作室的玩具全部不翼而飞，父亲说：“昨夜可能有小偷来过。”孩子没办法，只得重新制作。

半年后，工作室再次被盗。又半年，工作室又失窃了。孩子有些怀疑是父亲在捣鬼：为什么从不见父亲为失窃而吃惊、防范呢？

一天夜晚，儿子夜里没睡着，见工作室灯亮着，便溜到窗边窥视，只见父亲背着手，在雕塑作品前踱步、观看。好一会儿，父亲仿佛做出某种决定，一转身，拾起斧子，将自己大部分作品打得稀巴烂！接着，父亲将这些碎土块堆到一起，放上水重新混合成泥巴。孩子疑惑地站在窗外。这时，他又看见父亲走到他的那批小玩具前！父亲拿起每件玩具端详片刻，然后，将儿子所有的自制玩具扔到泥堆里搅和起来！当父亲回头的时候，儿子已站在他身后，瞪着愤怒的眼睛。父亲有些羞愧，吞吞吐吐道：“我，是，哦，是因为，只有砸烂较差的，我们才能创造更好的。”

10年之后，父亲和儿子的作品多次同获国内外大奖。

父亲不愧是位雕塑家，他不但深谙雕塑艺术品的精髓更懂得如何雕塑儿子的“灵魂”。每一个渴望成功的人都必须谨记：只有不断突破自我，超越以往，你才能开创出更美好、更辉煌的人生来。

摆脱思维定式

思维定式即常规思维的惯性，它是一种人人皆有的思维状态。当它在支配常态生活时，还似乎有某种“习惯成自然”的便利，所以它对于人的思维也有好的一面。但是，当面对创新的事物时，如若仍受其约束，就会形成对创造力的障碍。

老观念不一定对，新想法不一定错，只要突破思维定式，你也会获得成功。

当你陷于惯性思维中时，除不质疑让自己改变的能力外，你必须质疑一切。解决惯性思维问题的方案有3个步骤，即发现、确信、改正。

发现惯性思维

你可能会在很晚的时候才发现你在进行惯性思维。当你在进行自己的创作时，也许你每天都念叨着自己的小说，每天都写作，一年后，你却发现有400页不知所云。你必须养成习惯，经常回顾自己所做的努力，看看自己已经做了什么，以及你将要做什么，并以此来确定你仍然在沿着正确的方向前进，而不是误入歧途。

承认在进行惯性思维

这一条做起来就比说出来难得多了。这需要承认你已经犯下了一个错误，但人们经常不愿意这样做。想一想你最近一次对某个问题思考得殚精竭虑的状况吧。你是否回头看看并承认了这个事实？你是否停了下来，等待情况改天出现好转？或者你是不是在不好的创意产生后，另外想出一个好的办法，试图让时间和单纯的努力得到回报？这种事情很难做到，并且具有讽刺性：你越是规矩死板，那么你想阻止自己的损失、停止愚蠢做法的可能性就越小，结果你所做的一切，不过是让你在思维的牛角尖里钻入得更深而已。

从惯性思维中走出来

一位美国学者说，一个普通的读完大学的学生，将经受2600次测试、测验和考试，于是寻求“标准答案”的想法在他的思想中变得根深蒂固。对某些数学问题而言，这或许是好的，因为那儿确实只有一个正确的答案。困难在于，生活中的大部分问题不是这样的。生活是模棱两可的，有很多正确的答案。如果你认为只有一个正确答案，那么当你找到一个时，你就会停止寻找。如果一个人在学校里一直受这种“唯一标准答案”的教育，那么长大毕业后进入工作单位时，当别人告

诉他说“请你发明一种新的产品”，或者“请你开拓新的市场”，他将如何应付呢？这突然而来的“发挥创造力，搞创造性的东西”，在学校里根本没有人教过，他怎么会知道呢？当然就只能束手无策、面红耳赤地说不出话来了。

富有创造力的人必然懂得，要变得更有创造力，一开始就得发现众多可能性。每一种可能性都有成功的希望。有些习惯和行为有助于创造力发挥作用，有些则会严重破坏创造力。寻找唯一的答案就会遇到阻力，而寻找多种可能性则会推动创造力的行动。

换一个角度，换一片天地

有一位哲人曾经说过：“我们的痛苦不是问题的本身带来的，而是我们对这些问题的看法而产生的。”这句话很经典，它引导我们学会解脱，而解脱的最好方式是面对不同的情况，用不同的思路去多角度地分析问题。因为事物都是多面性的，视角不同，所得的结果就不同。

有时候，人只要稍微改变一下思路，人生的前景、工作的效率就会大为改观。

当人们遇到挫折的时候，往往会这样鼓励自己：“坚持就是胜利。”有时候，这会让我们陷入一种误区：一意孤行，不撞南墙不回头。因此，当我们的努力迟迟得不到结果的时候，就要学会放弃，要学会改变一下思路。其实细想一下，适时地放弃不也是人生的一种大智慧吗？改变一下方向又有什么难的呢？

一位中国商人在谈到卖豆子时，显示出了一种了不起的激情和智慧。

他说：如果豆子卖得动，直接赚钱好了。如果豆子滞销，分三种办法处理：

第一，将豆干沤成豆瓣，卖豆瓣。

如果豆瓣卖不动，腌了，卖豆豉；如果豆豉还卖不动，加水发酵，改卖酱油。

第二，将豆子做成豆腐，卖豆腐。

如果豆腐不小心做硬了，改卖豆腐干；如果豆腐不小心做稀了，改卖豆腐花；如果实在太稀了，改卖豆浆。如果豆腐卖不动，放几天，改卖臭豆腐；如果还卖不动，让它长毛彻底腐烂后，改卖腐乳。

第三，让豆子发芽，改卖豆芽。

如果豆芽还滞销，再让它长大点，改卖豆苗；如果豆苗还卖不动，再让它长大点，干脆当盆栽卖，命名为“豆蔻年华”，到城市里的各间大中小学门口摆摊和到白领公寓区开产品发布会，记住这次卖的是文化而非食品。如果还卖不动，建议拿到适当的闹市区进行一次行为艺术创作，题目是“豆蔻年华的枯萎”，记住以旁观者身份给各个报社写个报道，如成功可用豆子的代价迅速成为行为艺术家，并完成另一种意义上的资本回收，同时还可以拿点报道稿费。如果行为艺术没人看，报道稿费也拿不到，赶紧找块地，把豆苗种下去，灌溉施肥，3个月后，收成豆子，再拿去卖。

如上所述，循环一次。经过若干次循环，即使没赚到钱，豆子的囤积相信不成问题，那时候，想卖豆子就卖豆子，想做豆腐就做豆腐！

换个思路，换个角度，变通一下，总会有新的方向和市场。一条路走到黑只会是头破血流，不妨绕道而行，自己的状况也会取得突破。

对于每个人来说，思维定式使头脑忽略了定式之外的事物和观念。而根据心理学和脑科学的研究成果来看，思维定式似乎是难以避免的。不过经实验证明，人类通过科学的训练还是能够从一定程度上削弱思维定式的强度的，那么，这种训练方法是什么呢？答案是：尽可能多地增加头脑中的思维视角，拓展思维的空间。

美国创造学家奥斯本是“头脑风暴法”的发明人。为了促进人们大胆进行创造性想象、提出更多的创造性设想，奥斯本提出著名的思想原则，以激励人们形成“激烈涌现、自由奔放”的创造性风格。

自由畅想原则

指思维不受限制，已有的知识、规则、常识等种种限定都要打破，使思维自由驰骋。破除常规，使心灵保持自由的状态，对于创造性想象是至关重要的。

从事机械行业的人习惯于用车床切割金属。在车床上直接切割部件的是车刀，它当然要比被切割的金属坚硬。那么，切割世界上已知最硬的东西该

怎么办呢？显然无法制出更硬的车刀，于是，善于进行自由畅想的技师发明了电焊切割技术。

延迟评判原则

指在创造性设想阶段，避免任何打断创造性构思过程的判断和评价。日本一家企业的管理者在给下属布置任务时指出：只要是有关业务的合理性建议，一律欢迎，不管多么可笑，想说就说出来。但他强调，绝不允许批评别人的建议。虽然开始大家有些拘谨，但后来气氛越来越活跃。结果，征集到了100多条合理性建议，企业的发展因此出现了大幅度的飞跃。

数量保障质量原则

指在有限的时间内，提出一定的数量要求，会给设想的人造成心理上的适当压力，往往会减少因为评判、害怕而造成的分心，提出更多的创造性设想。在实践中，奥斯本发现，创造性设想提的越多，有价值的、独特的创造性设想也越多，创造性设想的数量与创造性设想的质量之间是有联系的。数量保障质量原则就是利用了这一规律。

综合完善原则

指对于提出的大量的不完善的创造性设想，要进行综合和进一步加工完善的工作，以使创造性设想更加完善和能够实施。

奥斯本的四项原则，虽然是用于小组创造活动的，但是，这四条原则保障创造性设想过程能够顺利进行，因此，对于个人进行创造性思维启发是巨大的。

要解决一切困难是一个美丽的梦想，但任何一个困难都是可以解决的。一个问题就是一个矛盾的存在，只要在矛盾之中，尝试着拓展思路去看问题，寻找到一个合适的矛盾介点，就可以迎来一个柳暗花明的新局面。

思想超前方能无中生有

思想超前，用中国一句古话来形容就是未雨绸缪，以长远的眼光，对未来早做谋划。思想超前的人，能够洞悉种种隐匿未现的机遇，从而早做准备，果断出击，实现“无中生有”的目标。

要走无中生有的路，就要运用超前思维以“见人所未见”、“为人所未为”。要走无中生有的路，就要有魄力、有决心、有方法，搭别人的车走自己的路，或借用别人的路，行自己的车；要走无中生有的路，还要有很高的心理素质。

威尔士是美国东北部哈特福德城的一位牙科医生，是西方世界医学领域对人体进行麻醉手术的最早试验者。在威尔士以前，西方医学界还没有找到麻醉人体之法，外科手术都是在极残酷的情况下进行的。

后来，在英国化学家戴维发现笑气（氧化亚氮）以后，1844年，美国化学家考尔顿考察了笑气对人体的作用，带着笑气到各地做旅行演讲，并做笑气

“催眠”的示范表演。这天他来到美国东北部哈特福特城进行表演，不想在表演中发生了意外。那是在表演者吸入笑气之后，由于开始的兴奋作用，病人突然从半昏睡中一跃而起，神志错乱地大叫大闹着，从围栏上跳出去追逐观众。在追逐中，由于他神志错乱，动作混乱，大腿根部一下子被围栏划破了个大口子，鲜血涌泉般地流淌不止，在他走过的地上留下一道殷红的血印。围观的观众早被表演者的神经错乱所惊呆，这时又见表演者不顾伤痛向他们追来，更是惊吓不已，都惊叫着向四周奔去，表演就这样匆匆收了场。

这场表演虽结束了，但表演者在追逐观众时腿部受伤而丝毫没有疼痛的现象，却给现场的牙科医生威尔士留下了非常深刻的印象。于是他立即开始了对氧化亚氮的麻醉作用进行实验研究。

1845年1月，威尔士在实验成功之后，来到波士顿一家医院公开进行无痛拔牙表演。表演开始，威尔士先让病人吸入氧化亚氮，使病人进入昏迷状态，随后便做起了拔牙手术。但不巧，由于病人吸入氧化亚氮气体不足，麻醉程度不够，威尔士的钳子夹住病人的牙齿刚刚往外一拔，便疼得那位病人“啊呀”一声大叫起来。众人见之先是一惊，随之都对威尔士投去轻蔑的眼光，指责他是个骗子，把他赶出了医院。

威尔士表演失败了，他的精神也崩溃了。他转而认为手术疼痛是“神的意志”，于是他放弃了对麻醉药物的研究。

可是他的助手摩顿与其不同，摩顿开始了自己的探索。1846年10月，摩顿在威尔士表演失败的波士顿医院当众再做麻醉手术实验。结果在众目睽睽之下，他获得了成功。

“无中生有”是需要胆识和毅力的，在“无中生有”的创新之路上，往往有失败和风险同行。成功属于能够不畏艰险，善于从失败中汲取经验并坚持到底的人。

PART 05 没有解决不了的问题，只有解决不了问题的人

没有笨死的牛，只有愚死的汉

世间没有死胡同，就看你如何寻找方法，寻找出路。且看下文故事中的林松是如何打破人们心中“愚”的瓶颈，从而找到自己成功的出路。

有一年，山丘市经济萧条，不少工厂和商店纷纷倒闭，商人们被迫贱价抛售自己堆积如山的存货，价钱低到1元钱可以买到10条毛巾。

那时，林松还是一家纺织厂的小技师。他马上用自己积蓄的钱收购低价货物，人们见到他这样做，都嘲笑他是个蠢材。

林松对别人的嘲笑一笑置之，依旧收购抛售的货物，并租了很大的货仓来贮存。

他母亲劝他不要购入这些别人廉价抛售的东西，因为他们历年积蓄下来的钱数量有限，而且是准备给林松办婚事用的。如果此举血本无归，那么后果便不堪设想。

林松安慰她说：

“3个月以后，我们就可以靠这些廉价货物发大财了。”

林松的话似乎兑现不了。

过了10多天后，那些商人即使降价抛售也找不到买主了，他们便把所有

存货用车运走烧掉。

他母亲看到别人已经在焚烧货物，不由得焦急万分，便抱怨起林松。对于母亲的抱怨，林松一言不发。

终于，政府采取了紧急行动，稳定了山丘市的物价，并且大力支持那里的经济复苏。

这时，山丘市因焚烧的货物过多，商品紧缺，物价一天天飞涨。林松马上把自己库存的大量货物抛售出去，一来赚了一大笔钱，二来使市场物价得以稳定，不致暴涨不断。

在他决定抛售货物时，他母亲又劝告他暂时不忙把货物出售，因为物价还在一天一天飞涨。

他平静地说：

“是抛售的时候了，再拖延一段时间，就会后悔莫及。”

果然，林松的存货刚刚售完，物价便跌了下来。

后来，林松用这笔赚来的钱，开设了5家百货商店，生意十分兴隆。

如今，林松已是当地举足轻重的商业巨子了。

面对问题，成功者总是比别人多想一点，老王就是这样的人。

老王是当地颇有名气的水果大王，尤其是他的高原苹果色泽红润，味道甜美，供不应求。有一年，一场突如其来的冰雹把将要采摘的苹果砸开了许多伤口，这无疑是一场毁灭性的灾难。然而面对这样的问题，老王没有坐以待毙，而是积极地寻找解决这一问题的方法，不久，他便打出了这样的一则广告，并将之贴满了大街小巷。

广告上这样写道："亲爱的顾客，你们注意到了吗？在我们的脸上有一道道伤疤，这是上天馈赠给我们高原苹果的吻痕——高原常有冰雹，只有高原苹果才有美丽的吻痕。味美香甜是我们独特的风味，那么请记住我们的正宗商标——伤疤！"

从苹果的角度出发，让苹果说话，这则妙不可言的广告再一次使老王的苹果供不应求。

世上无难事，只怕有心人。面对问题，如果你只是沮丧地待在屋子里，便会有禁锢的感觉，自然找不到解决问题的正确方法。如果将你的心锁打开，开动脑筋，勇敢地走出自己固定思维的枷锁，你将收获很多。

三分苦干，七分巧干

人们常说：一件事情需要三分的苦干加七分的巧干才能完美。意思是做事要注重寻找解决问题的方法，用巧妙灵活的方法解决难题，不要一味地蛮干。也就是说，"苦"的坚韧离不开"巧"的灵活。一个人做事，若只知下苦功夫，则易走入死道，若只知用巧，则难免缺乏"根基"，唯有三分苦加上七分巧才能更容易达到自己的目标。王勉就是深知此道理的人。

王勉是一家医药公司的推销员。一次他坐飞机回公司，竟遇到了意想不到的劫机。通过各界的努力，问题终于得以解决。就在要走出机舱的一瞬间，他突然想道：劫机这样的事件非常重大，应该有不少记者前来采访，为什么不好好利用这次机会宣传一下自己公司的形象呢？

于是，他立即从箱子里找出一张大纸，在上面写了一行大字："我是××公司的王勉，我和公司的××牌医药品安然无恙，非常感谢搭救我们的人！"

他打着这样的牌子一出机舱，立即就被电视台的镜头捕捉住了。他立刻成了这次劫机事件的明星，很多家新闻媒体都争相对他进行采访报道。

等他回到公司的时候，受到了公司隆重的欢迎。原来，他在机场别出心裁的举动，使得公司和产品的名字几乎在一瞬间家喻户晓了。公司的电话都快打爆了，客户的订单更是一个接一个。董事长当场宣读了对他的任命书：主管营销和公关的副总经理。事后，公司还奖励了他一笔丰厚的奖金。

王勉的故事，说明了一个道理：做任何事情，都要将“苦”与“巧”巧妙结合。正所谓“三分苦干，七分巧干”，“苦”在卖力，“巧”在灵活地寻找方法，只有这样，才最容易找到走向成功的捷径。陈良的故事就说明了这个道理。

陈良出生在一个穷困的山村，从小家里就很困难。17岁那年，他独自一人带着8个窝窝头，骑着一辆破自行车，从小山村到离家100公里外的城里去谋生。

城里的工作本来就不好找，加上他连高中都没有毕业，学历这么低，要想找到一份好的工作是难上加难。

他好不容易在建筑工地上找到了一份打杂的活。一天的工钱是两元钱，这只够他吃饭，但他还是想尽办法每天省下一元钱接济家人。

尽管生活十分艰难，但他还是不断地鼓励自己会有出人头地的一天。为此，他付出了比别人更多的努力。两个月后，他被提升为材料员，每天的工资加了一元钱。

靠着自己的不懈努力，他初步站稳了脚跟。之后，他就开始重视方法。他认为：要在新单位站稳脚跟，更多地得到大家的认可，就不能只靠苦干，更要靠巧干。那么，怎样才能做到这点呢？

冥思苦想之后，他终于想到了一个点子。工地的生活十分枯燥，他想，能不能让大家的业余生活过得丰富一点呢？想到这里，他拿出自己省下来的一点钱，买了《三国演义》、《水浒传》等名著，认真阅读后，就给大家讲故事。这一来，晚饭后的时间，总是大家最开心的时间。每天，工地上都洋溢着工友们欢乐的笑声。

一天，老板来工地检查工作，发现他有非常好的口才，于是决定将他提升为公关业务员。

一个小点子付诸实践后就能有这样的效果，他极受鼓舞。于是，他便将主动找方法，并运用到工作的各个方面。

对工地上的所有问题，他都抱着一种主人翁的心态去处理。夜班工友有随地小便的习惯，怎么说都没有用，他便想尽各种方法让大家文明上厕；一个工友性格暴躁，喝酒后要与承包方拼命，他想办法平息矛盾，做到使各方都满意……

别看这些都是小事，但领导都看在眼里。慢慢地，他成了领导的左膀右臂。

由于他经常主动找方法，终于等来了一个创业的良机。有一天，工地领导告诉他，公司本来承包了一个工程，但由于各种原因，难度太大，决定放弃。

作为一个凡事都爱“三分苦干，七分巧干”的人，他力劝领导别放弃。领导看着他充满热情，突然说了一句话：“这个项目我没有把握做好。如果你看得准，由你牵头来做，我可以为你提供帮助。”

他几乎不敢相信自己的耳朵：这不是给自己提供了一个可以自行创业的绝好机会吗？他毫不犹豫地接下了这个项目，然后信心百倍地干了起来。

但遇到的困难是出乎意料的，仅仅是报批程序中需要盖的公章就有15个，但他还是想尽办法，一个个都盖下来了。终于项目如期完成了，他掘到了人生的第一桶金。

不久，他便成立了自己的建筑公司，并且事业做得越来越大。

方法就在你自己身上

王明在一家广告公司做创意文案。一次，一个著名的洗衣粉制造商委托王明所在的公司做广告宣传，负责这个广告创意的文案创意人员拿出的东西都不能令制造商满意。没办法，经理让王明把手中的事务先搁置几天，专心完成这个创意文案。

连着几天，王明在办公室里抚弄着一整袋的洗衣粉想：“这个产品在市场上已经非常畅销了，以前的许多广告词也非常富有创意。那么，我该怎么下手才能重新找到一个切入点，做出既与众不同、又令人满意的广告创意呢？”

有一天，他在苦思之余，把手中的洗衣粉袋放在办公桌上，又翻来覆去地看了几遍，突然间灵光闪现，他想把这袋洗衣粉打开看一看。于是他找了一张报纸铺在桌面上，然后，撕开洗衣粉袋，倒出了一些洗衣粉，一边用手揉搓着这些粉末，一边轻轻嗅着它的味道，寻找感觉。

突然，在射进办公室的阳光下，他发现了洗衣粉的粉末间遍布着一些特别微小的蓝色晶体。审视了一番后，证实的确不是自己看花了眼，他便立刻起身，亲自跑到制造商那儿问这到底是什么东西。他被告知这些蓝色小晶体是一些“活力去污因子”，因为有了它们，这一次新推出的洗衣粉才具有了超强洁白的效果。

了解了这个情况后，王明回去便从这一点下手，绞尽脑汁，寻找到最好的广告创意，因此推出了非常成功的广告。

王明的例子给我们这样一个启示：解决问题的关键不在于问题本身，更在于我们没有解开自己的心结，在于我们没有用心去“想”。在美国也有这样的故事。

在美国，有一位年轻的铁路邮务生叫佛尔，他曾经和其他邮务生一样，用传统的方法分发信件，结果使许多信件被耽误几天或几周之久。

佛尔不满意这种现状，并想尽办法要改变它。很快，他发明了一种把信件集合寄递的办法，极大地提高了信件的投递速度。

鉴于他对邮电局的贡献，领导很快提升了他的职位。

是的，当谁都认为工作只需要按部就班做下去的时候，偏偏总有一些优秀的人，会找到更有效的方法，将效率大大提高，将问题解决得更完美！正因为他们有这种“找方法”的意识和能力，所以他们以最快的速度得到了认可！

“与其诅咒黑暗，不如点起一支蜡烛。”这句话是克里斯托弗斯的座右铭，它也应当成为指导我们工作和生活的一条准则。诅咒和抱怨，并不能解决问题，黑暗和恐惧仍然存在，而且还会因为人们的逃避和夸大而增加解决的难度。

然而，如果我们果断地采取行动，及时寻找解决问题的办法，哪怕我们只做了一点点努力，也会使我们朝着克服困难、解决问题的方向迈进一步。同时，我们还可能在积极努力的过程中寻找到不同的、更便捷的解决问题的方式，因为解决问题的方法就在我们自己身上。

问题在发展，方法要更新

时代在前进，人们所掌握的知识越来越多，许多过去我们无法给出答案或是给出了错误答案的一系列问题，在今天都已不再是难题。既然问题在不断变化，人们掌握的东西也在不断发展，那方法也必定是在不断更新的。

1928年的暑假，天气格外闷热，英国伦敦赖特研究中心的弗莱明医生心情异常烦躁，他胡乱放下手中的实验，准备去郊外避暑。实验台上的器皿杂乱无章地放着，这在一向细心的弗莱明20多年的科研生涯中还是第一次。

9月初，天气渐凉。弗莱明回到了实验室。一进门，他习惯性地来到工作台前，看看那些盛有培养液的培养皿。望着已经发霉长毛的培养皿，他后悔在度假前没把它们收拾好，但是一只长了一团团青绿色霉花的培养皿却引起了弗莱明的注意，他觉得这只被污染了的培养皿有些不同寻常。

他走到窗前，对着亮光，发现了一个奇特的现象：在霉花的周围出现了一圈空白，原先生长旺盛的葡萄球菌不见了。会不会是这些葡萄球菌被某种霉菌杀死了呢？弗莱明抑制住内心的惊喜，急忙把这只培养皿放到显微镜下观察，发现霉花周围的葡萄球菌果然全部死掉了！

于是，弗莱明特地将这些青绿色的霉菌培养了许多，然后把过滤过的培养液滴到葡萄球菌中去。奇迹出现了：几小时内，葡萄球菌全部死亡！他又把培养液稀释10倍、100倍……直至800倍，逐一滴到葡萄球菌中，观察它们的杀菌效果，结果表明，它们均能将葡萄球菌全部杀死。

进一步的动物实验表明，这种霉菌对细菌有相当大的毒性，而对白细胞却没有丝毫影响，就是说它对动物是无害的。

一天，弗莱明的妻子因手被玻璃划伤而开始化脓，肿痛得很厉害——这无疑是感染了细菌。弗莱明看着妻子红肿的手背，取来一根玻璃棒，蘸了些实验用的霉菌培养液。第二天，妻子兴奋地跑来告诉弗莱明："亲爱的，您的药真灵！瞧，我的手背好了。您用的是什么灵丹妙药啊？"望着妻子消尽了红肿的手背，弗莱明高兴地说："我给它命名为盘尼西林（青霉素）！"

现实中，每天都会产生出许多新问题，也会发现许多新方法。在青霉素发明之前，人们遇到细菌感染问题采用的是另一类方法，而在青霉素被发现之后，细菌感染的问题有了新的也是更有效的解决方法。

再举一个简单的例子。大家在电视剧里看到古代常用一种"滴血认亲"的方式来判断两者的亲属关系。我们姑且不论这个方法是否科学，但随着科技的日新月异，要解决这个问题，已经不再采用古老的方法，而改用全新的科学技术，进行DNA对比。它们解决的是同一个问题，却是用了不同的方法。由于古代科学技术的限制，我们不可能要求他们能运用当今的科技。同样，因为新技术的诞生，旧的方法也被新技术所取代。

PART 06 只有做错的事，没有失败的人

每个生命都不卑微

著名企业家迈克尔出身贫寒，在从商之前，他曾是一家酒店的服务生，干的就是替客人搬行李、擦车的活儿。

有一天，一辆豪华的劳斯莱斯轿车停在酒店门口，车主人吩咐一声："把车洗洗。"迈克尔那时刚刚中学毕业，还没有见过世面，从未见过这么漂亮的车子，不免有几分惊喜。他边洗边欣赏这辆车，擦完后，忍不住拉开车门，想上去享受一番。这时，正巧领班走了出来。"你在干什么？穷光蛋！"领班训斥道，"你不知道自己的身份和地位吗？你这种人一辈子也不配坐劳斯莱斯！"

受辱的迈克尔从此发誓："这一辈子我不但要坐上劳斯莱斯，还要拥有自己的劳斯莱斯！"他的决心是如此强烈，以至于这成了他人生的奋斗目标。许多年以后，当他事业有成时，果然买了一部劳斯莱斯轿车！

如果当初迈克尔也像领班一样认定自己的命运，那么，也许今天他还在替人擦车、搬行李，最多做一个领班。

高普说："并非每一次不幸都是灾难，早年的逆境通常是一种幸运，与困难做斗争不仅磨炼了我们的人生，也让我们为日后更为激烈的竞争准备了丰

富的经验。”

每个人都不卑微，都具有特殊才能，每个人都应该尽量地灵活运用自己的这项特殊才能。有很多人以为自己所具有的这项才能，只是一些难登大雅之堂的“小玩意儿”，根本不曾想过利用这些“小玩意儿”来体现自身的价值。而杰出人士正是因为勤于思考，善于发掘利用自己的才能，才获得了很大的成功。

思路突破：不懈追求才能羽化成蝶

有一条毛毛虫，它一缩一伸，一伸一缩，终于爬上了一片树叶，从这里它能观望四周昆虫们的活动。它好奇地看着它们唱呀，跳呀，跑呀，飞呀，一个比一个来劲儿。在它的身边，一切生命都尽情地展现着它们的活力。可就只有它，可怜巴巴的，没有清脆响亮的歌喉，天生不会跑、不会飞，它只能蠕动着，连这样一点点的移动都深感不易。当毛毛虫艰难地从一片叶子爬到另一片叶子上，它觉得它似乎走了漫漫征程，周游了整个世界。它过得虽然这样艰难，可它倒是从来不抱怨自己命运不好，也从不嫉妒那些活蹦乱跳的昆虫们。它知道，昆虫各有各的不同。它呢，只是一条毛毛虫，当务之急是学会吐出细细亮亮的柔丝，好用这些细丝编织起一个结结实实的茧子来。

毛毛虫没有时间胡思乱想，它得下劲儿干，在有限的时间里把自己从头到脚严密地包裹在一个温暖的茧子里。

“那么接着我该做什么呢？”它在与世隔绝的全封闭的小茧屋里自问道。

“该做的事会一件一件来的！”它仿佛听到有人在回答它，“耐着点儿性子吧，马上就会知道下一步该做什么了！”

终于，它熬到了清醒的时候，发现自己已经不再是从前那条行动笨拙的

毛毛虫。它灵活地从小茧屋中爬出来，摆脱了那个狭小的天地，此时，它惊喜地看到自己已经长出了一对轻盈的翅膀，五色斑斓，鲜丽可爱。它快活地扇了扇，它的身子简直像羽毛一样轻盈。于是它翩翩地从这片叶子上飞起，在那片叶子上落下，飘飘逸逸，融入蔚蓝的雾霭之中。

在现实生活中，很多人企图不劳而获，结果都为此付出了惨重的代价，或越来越贫穷，或走上了邪路。天上不会掉馅饼，想要收获，就必须付出自己的努力。当我们看到美丽的蝴蝶时，不要忘记这是丑陋的毛毛虫付出了艰苦努力的结果！

学会从失败中获取经验

一件事情上的失败绝不意味着你的整个人生都是失败的，失败只是暂时的受挫，不要把它当成生死攸关的问题。不要被失败所困，花点时间找出失败的原因，并从中汲取教训。如果你不能摆脱失败的阴影，那么你将会裹足不前。

相传清朝康熙年间，安徽青年王致和赴京应试落第后，决定留在京城，一边继续攻读，一边学做豆腐谋生。可是，他毕竟是个年轻的读书人，没有做生意的经验。夏季的一天，他所做的豆腐剩下不少，只好用小缸把豆腐切块腌好。但日子一长，他竟忘了有这缸豆腐，等到秋凉时想起来了，腌豆腐已经变成了“臭豆腐”。王致和十分恼火，正欲把这“臭气熏天”的豆腐扔掉时，转而一想，虽然臭了，自己总还可以留着吃吧。于是，就忍着臭味吃了起来，然而，奇怪的是，臭豆腐闻起来虽有股臭味，吃起来却非常香。

于是，王致和便拿着自己的臭豆腐去给自己的朋友吃。好说歹说，别人才同意尝一口，没想到，所有人在捂着鼻子尝了以后，都赞不绝口，一致认为此豆腐美味可口。王致和借助这一错误，改行专门做臭豆腐，生意越做越大，而影响也越来越广。最后，连慈禧太后也慕名品尝美味的臭豆腐，并对其大为赞赏。

从此，王致和臭豆腐身价倍增，还被列入御膳菜谱。直到今天，许多外国友人到了北京，都还点名要品尝这所谓“中国一绝”的王致和臭豆腐。

腌豆腐变臭这次失败，改变了王致和的一生。

所以在人生路上，遇到失败时我们要学会转个弯，把它作为一个积极的转折点，选择新的目标或探求新的方法，把失败作为成功的新起点。

学会从失败中获取经验，你就会获得最后的成功。

爱迪生从自己“屡败屡战”的经历中总结出一条宝贵的经验。他说：“失败也是我需要的，它和成功一样对我有价值。只有在我知道一切做不好的方法以后，我才知道做好一件工作的方法是什么。”从这个意义上，我们应该认识到挫折和险境未必不是机遇，我们不仅要把成功视为珍宝，也要把失败看作财富。

失败是生活中的一个组成部分，是有所进取、求变创新和参与竞争的过程中一个正常的组成部分。只要你进取，就必然会有失误；只要你还活着，就绝不是彻底失败！既然如此，失败又有什么可怕呢?

思路突破：掌握反败为胜的诀窍

对于一个志向高远的人来讲，失败只是意味着自己尚未成功。反败为胜，奋起努力，铸造新的辉煌是每一位有梦想、有抱负的人士必须掌握的一项技能。

★虚心求教

凡是成大事者都有这种乐于征询他人意见的好习惯。一个聪明、有所作为的大人物，要善于利用各种方法使人主动向他提供意见，并且善于审查这些意见，从中摘取有益于自己的加以利用。美国历届总统中，最肯虚心求教于人的，莫过于老罗斯福了。他每遇到一件要事，都要召集相关的人员开会，详细商议。有时为使自己获得更多的参考，他甚至发电报至几千公里外，请他所要请教的人前来商议。而美国早期政界名人路易斯·乔治，治理政务也以精明周密而著称，但是他对于自己的学问还是常感怀疑。每当他做好了财政预算送交议会审核之前，都会和几位财政专家聚首商议，即使一些极细微的地方，也不肯放过。他的成功秘诀可以一言以蔽之，就是“多多求教于人”。

★坚持到底

罗薇尔太太是美国房地产业最著名的房产推销大师，她在经历过一次失败的婚姻之后，开始从事房地产销售。没想到过了一整年，连一栋房子也没有卖出去。而此时她身上只剩下100多美元，她感到万念俱灰。这时，公司举办了一个为期5天的销售课程，她去上课。从那以后，她成了连续8年世界房地产销售冠军。她说了一句令人深省的话："成功者绝不放弃，放弃者绝不成功。"

别坐等别人来帮你

一个村夫独自去山上，遭到一只秃鹰的袭击。秃鹰猛烈地啄着村夫，将他的鞋子和袜子撕成碎片后，便狠狠地啃起村夫的双脚。

这时有一位打柴人经过，看见村夫鲜血淋漓地忍受痛苦，不禁驻足问他："为什么要忍受秃鹰的啄食呢？"

村夫回答："实在没有办法啊。这只秃鹰刚开始袭击我的时候，我曾经试图赶走它，但是它太顽强了，几乎抓伤我的脸颊，因此我宁愿牺牲双脚。啊，我的脚差不多被撕成碎屑了，真可怕！"

打柴人说："你只要一枪就可以结束它的生命呀。"

村夫听了，尖声叫嚷："真的吗？那么你助我一臂之力，好吗？"

打柴人回答："我很乐意，可是我得去拿枪，你还能支撑一会儿吗？"

在剧痛中呻吟的村夫，强忍着被撕扯的痛苦说："无论如何，我会忍下去的。"

于是打柴人飞快地跑去拿枪。但就在打柴人转身的瞬间，秃鹰突然拔身冲起，在空中把身子向后拉得远远的，以便获得更大的冲力，然后如同一根标枪般，把它的嘴向着村夫的喉头深深啄去。村夫终于等不及援助，扑倒在地。

如果说在这个世界上，只有一个人能帮助你，那个人就是你自己。面对困境，你只有勇敢自救，才能掌控人生的航向，主宰自己的命运。如果你把希望寄存在别人身上，被动消极地等待别人的救助，你无异于把自己的命运交由他人或"上帝"摆布，那么你的一切都不会由你说了算了。

思路突破：困境中勇敢自救

在困境中不要有等待他人援助的心理，要学会自己拯救自己。依赖他人的心理会使你消极怠工，让你陷入更危险的境地。

一头驴子不小心掉进一口枯井里，它哀怜地叫喊、求救，期待主人把它救出去。驴子的主人召集了数位乡邻出谋划策，却想不出好办法，大家倒是认定反正驴子已经老了，“人道毁灭”也不为过，况且这口枯井迟早也会被填上。

于是，人们拿起铲子开始填井。当第一铲泥土落到枯井中时，驴子叫得更响了，它显然明白了主人的意图。

又是一铲泥土落到枯井中，驴子出乎意料地安静了，人们发现，此后每一铲泥土打在它背上的时候，驴子都会做一件令人惊奇的事情：它努力抖落背上的泥土，踩在脚下，把自己垫高一点。

人们不断把泥土往枯井里铲，驴子也就不停地抖落那些打在背上的泥土，使自己再升高一点。就这样，驴子慢慢地升到了枯井口，在人们惊奇的目光中，从从容容地走出枯井。

这则故事给我们3个启示：第一，假若你现在正身处枯井中，求救的哀鸣换来的也许只是埋葬你的泥土。那么，驴子教会我们走出绝境的秘诀，便是拼命抖落打在背上的泥土，把本来用来埋葬你的泥土变为拯救自己的泥土，即将不利因素转化为有利因素；第二，无论绝望与死亡如何惊天动地，有时候要走出“枯井”也就这么简单；第三，驴子走出枯井时的从容，应该说是现代人，尤其是从困境中走出来的人，在面向未来时，应该达到的一种境界。

成为命运的强者

苦难是孕育智慧的摇篮，它不仅能磨炼人的意志，而且能净化人的灵魂。如果没有那些坎坷和挫折，人绝不会有这么丰富的内心世界。苦难能毁掉弱者，也能造就强者。

1899年7月21日，海明威出生于美国伊利诺伊州芝加哥市郊的橡树园镇。他10岁开始写诗，17岁时发表了他的小说《马尼托的判断》。上高中期间，海明威在学校周刊上发表了不少作品。

14岁时，他曾学习过拳击。第一次训练，海明威被打得满脸鲜血，躺倒在地。但第二天，海明威还是裹着纱布来了。20个月之后，海明威在一次训练中被击中头部，伤了左眼，这只眼睛的视力再也没有恢复。

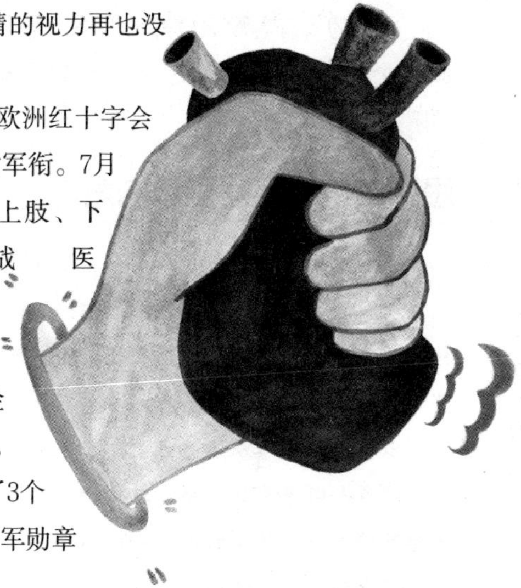

1918年5月，海明威志愿加入赴欧洲红十字会救护队，在车队当司机，被授予中尉军衔。7月初的一天夜里，他的头部、胸部、上肢、下肢都被炸成重伤，人们把他送进野战医院。他的膝盖被打碎了，身上中的炮弹片和机枪弹头多达230余个。他一共做了13次手术，换上了一块白金做的膝盖骨。有些弹片没有取出来，到去世时仍留在体内。他在医院躺了3个多月，接受了意大利政府颁发的十字军勋章和勇敢勋章，这一年他刚满19岁。

1929年，海明威的《永别了，武器》问世，作品获得了巨大的成功。成功后的海明威便开始了他新的冒险生活。1933年，他去非洲打猎和旅行，并出版了《非洲的青山》一书。1936年，他写成了短篇小说《乞力马扎罗的雪》和《麦康伯短暂的幸福生活》。

1939年，他完成了他最优秀的长篇小说《丧钟为谁而鸣》。

日本偷袭珍珠港后，海明威参加了海军，他以自己独特的方式参战，改装了自己的游艇，配备了电台、机枪和几百磅炸药，到古巴北部海面搜索德国的潜艇。

1944年，他随美军在法国北部诺曼底登陆。他率领法国游击队深入敌占区，获取大量情报，并因此获得一枚铜质勋章。

他靠着顽强的性格战胜了一切在常人看来是不可能战胜的困难和挫折。就在他生命的最后，海明威鼓足力量，做了最后的冲刺。1952年发表的中篇小说《老人与海》给他带来了普利策文学奖和诺贝尔文学奖的崇高荣誉。《老人与海》中的老人是海明威最后的硬汉形象。那位老人遇到了比不幸和死亡更严峻的问题——失败。老人拼尽全力，只拖回一具鱼骨。“一个人并不是生来就要给打败的，你尽可以消灭他，可就是打不败他。”这是老人的话，也是海明威人生的写照。

成功的人有着顽强拼搏的性格，这会让他们在困难和挫折面前越挫越勇，最后成为“真的猛士”，并在历经艰难险阻、风风雨雨后收获了一片属于自己的阳光。

思路突破：磨砺坚忍的意志

坚忍，是克服一切困难的保障，它可以帮助人们成就事业，实现理想。

有了坚忍，人们在遇到大灾祸、大困苦的时候，就不会无所适从；在各种困难和打击面前，就能顽强地生存下去。世界上没有其他东西可以代替坚忍，它是唯一的，也是不可缺少的。

以坚忍为资本从事事业的人，他们所取得的成功，比以金钱为资本的人更大。许多人做事有始无终，就因为他们没有足够的坚忍力，使他们无法达到最终的目的。一个伟大的人，一个有坚忍力的人却绝非这样，他不管情形如何，总是不肯放弃，不肯停止，失败之后，他会含笑而起，以更大的决心和勇气继续前进。

一个希望获得成功的人，要不停地问自己：“你有耐心、有坚忍力吗？你能在失败之后，仍然坚持吗？你能不顾任何阻碍，一直前进吗？”

你只有充分发挥自己的天赋和本能，才能找到一条通往成功的通天大道。一个下定决心就不再动摇的人，无形之中能给人一种最可靠的保证，他做起事来一定肯于负责，一定有成功的希望。因此，我们做任何事，事先应确定一个目标，之后，就千万不能再犹豫了，应该遵照已经定好的计划，按部就班地执行，不达目的绝不罢休。举个例子来说：一位建筑师打好图样之后，若完全依照图样，按部就班地去动工，一座理想的大厦不久就会成为实物。倘若这位建筑师一面建造，一面又把那张图样东改一下，西改一下，试问，这座大厦还有建成之日吗？成功者的特征是：绝不因受到任何阻挠而颓丧，只知道盯住目标，勇往直前。

如何培养坚忍的意志？很简单，只要你确定人生的目标，专注于你的目标，那么你所有的思想、行动及意念都会朝着那个方向前进。而当你在前进的途中遭遇困难和障碍时，只要你能保持一颗永不放弃的决心，你的意志力就会不断增强，它将协助你冲破人生的重重障碍，直抵成功的彼岸。

PART 07 拒绝平庸，走向卓越

责任心是成功的关键

松下幸之助说过：“责任心是一个人成功的关键。对自己的行为负责，独自承担这些行为的哪怕是最严重的后果，正是这种素质构成了伟大人格的关键。”事实上，当一个人养成了尽职尽责的习惯之后，无论从事任何工作，他都会从中发现工作的乐趣。在这种责任心的驱使下，工作能力和工作效率会得到大幅度提高，当我们把这些运用到实践当中，我们就会发现，成功已掌握在自己的手中。

一位超市的值班经理在超市视察时，看到自己的一名员工对前来购物的顾客态度极其冷淡，偶尔还向顾客发脾气，令顾客极为不满，而他自己却毫不在意。

这位经理问清原因之后，对这位员工说：“你的责任就是为顾客服务，令顾客满意，并让顾客下次还到我们超市购物，但是你的所作所为是在赶走我们的顾客。你这样做，不仅没有承担起自己的责任，而且还正在使企业的利益受到损害。你懈怠自己的责任，也就失去了企业对你的信任。一个不把自己当成企业一分子的人，就不能让企业把他当成自己人，你可以走了。”

这名员工由于对工作的不负责任，不但危害了企业的利益，还让自己失去了工作。可见，对工作负责就是对自己负责。

对那些刚刚进入职场的大学生来说，对工作负责不但能够使自己养成良好的职业习惯，还能为自己赢得很好的工作机会。但如果缺乏责任感，就只能面临被淘汰的危险。

晓青曾是一家软件公司的程序员。学计算机专业的晓青毕业后非常幸运地进入了这家比较大的软件公司工作。上班的第一个月，由于她刚毕业在学校还有一些事情要处理，所以经常请假，加上她住的地方离公司比较远，经常不能按时上下班。好在她专业技术过硬，和同事一起解决了不少程序上的问题，很明显，公司也很看重她的工作能力。

学校的事情处理完了，晓青上班仍像第一个月那样，有工作就来，没有工作就走，迟到，早退，甚至还在上班时间拉同事去逛街。有一次，公司来了紧急任务，上司安排工作时怎么也找不着她。事后，同事悄悄地提醒她，而她却以一句“没有什么大不了的”，让同事无言以对。她认为自己工作能力够了就行，其他的不必放在心上。结果可想而知：在试用期结束后的考评中，晓青的业务考核通过了，但在公司管理规章和制度的考核上给卡住了，她只能接受被淘汰的命运。

“没有什么大不了的”，绝不是一位初涉职场的新人或是任何一位员工在有工作任务的时候可以说的话。上班时间逛街是绝对不可以的，接到工作任务，也必须马上回公司。晓青的表现可以说是现在很多大学毕业生的通病，在学校养成的散漫、不守纪律、独来独往的习惯，使他们到团队以后，在心理上很难在短时间内改正。把公司的照顾当作福利，缺乏应有的责任感，就是能力再强，公司也只能忍痛割爱了，毕竟公司看重的是员工的团队意识。

对工作负责就是对自己

负责。所以，任何一名员工都应尝试着对自己的工作负责，那时你就会发现，自己还有很多的潜能没有发挥出来，你要比自己往常出色很多倍，你会在平凡单调的工作中发现很多的乐趣。最重要的是你的自信心还会得到提升，因为你能做得更好。

当你尝试着对自己的工作负责的时候，你的生活会因此改变很多，你的工作也会因此而改变。其实，改变的不是生活和工作，而是一个人的工作态度。正是工作态度，把你和其他人区别开来。这样一种敬业、主动、负责的工作态度和精神让你的思想更开阔，工作起来更积极。尝试着对自己的工作负责，这是一种工作态度的改变，这种改变，会让你重新发现生活的乐趣、工作的美妙。

思路突破：主动负责，勇于承担

主动负责，勇于承担责任是成熟的标志。对于责任，人们往往不愿意主动承担，但对那些获益丰厚的好事，邀功请赏者却总是不乏其人。主动承担责任的人是成熟的人，他们善于把握自身的行为，能对自己的言行负责，会做自我的主宰。

李艳在一家大公司办公室从事打字复印工作。一天中午休息时间，同事们出去吃饭了，这时，一个董事经过他们部门时停了下来，想找一些资料。这并不是李艳分内的工作，但是她依然回答道："对这些资料我不太清楚，但是，张总，让我来帮助您处理这件事情吧！我会尽快找到这些资料并将它们放在您的办公室里。"当她将董事所需要的资料放在他面前时，董事显得格外高兴。

故事到这里并没有结束，2个月后李艳被调到了一个更重要的部门工作，并且薪水提高了30%。那是谁推荐她的呢？不用说也知道，就是那位董事。在一次公司管理会上，有一个更高职位的工作空缺，董事推荐了她。

世界上很少有报酬丰厚却不需要承担任何责任的好事。想要一时不负责任当然有可能，但要免除所有责任就得付出巨大的代价。当责任从前门进来，你却从后门溜走，你失去的可能就是伴随责任而来的机会！对大部分的职位而言，报酬和所承担的责任是成正比的。

主动要求承担更多的责任或自动承担责任是成功者必备的素质。有些情况下，即使你没有被正式告知要对某件事负责，你也应该努力做好它。如果你能表现出胜任某种工作，那么责任和报酬就会接踵而至。

职场上有两种人永远无法超越别人：一种是只做别人交代的工作的人，另一种是做不好别人交代的工作的人。哪一种人更令人沮丧，实在很难说。总之，这两种人都会成为首先被淘汰的人，或是在同一个单调卑微的工作岗位上耗费终生的人。

成为上面所说的任何一种人，你或许可以躲过一时的责任，却永无成功之日。在工作中，虽然听命行事的能力相当重要，但个人的主动进取更受重视。决定哪些该做，就应该立刻采取行动，不必等到别人交代。清楚了解公司的发展规划和你的工作职责，你就能预知该做些什么，然后一一着手去做。

很多人认为自己只是公司里的一名普通员工，没有什么责任可言，只有那些管理者才要承担工作上的责任，但是他们没有意识到，每一个普通员工都有义务、有责任履行自己的职责和义务。这种履行必须是发自内心的责任感，而不是为了获得奖赏。工作不单单是谋生的工具，除了得到金钱和地位之外，还要考虑到自己应尽的责任。老板心里最清楚自己需要什么样的员工，没有责任感的员工不可能是一个优秀的员工。就算你是一名最普通的员工，只要你担当起了你的责任，你就是老板最需要的优秀员工。

精业才能立业

“无论从事什么职业，都应该精通它。”这句话应当成为一个高效能人士的座右铭。下决心掌握自己职业领域的所有问题，使自己变得比他人更精通。如果你是工作方面的行家里手，精通自己的全部业务，就能赢得良好的声誉，也就拥有了一种获得成功的秘密武器。

某人就个人努力与成功之间的关系请教一位伟人：“你是如何完成如此多的工作的？”“我在一段时间内只会集中精力做一件事，但我会彻底做好它。”如果你对自己的工作没有做好充分的准备，又怎能因自己的失败而责怪他人、责怪社会呢？现在，最需要做到的就是“精通”二字，大自然要经过千百年的进化，才能长出一朵艳丽的花朵和一颗饱满的果实。但是现在，很多年轻人随便读几本法律书，就想处理一桩桩棘手的案件，或者听了两三堂医学课，就急于做外科手术——要知道，那个手术关系着一条宝贵的生命啊！这种人注定会是失败者。一位先哲说过："如果有事情必须去做，便全身心去做吧！"另一位明哲则道："不论你手边有何工作，都要尽心尽力地去做到尽善尽美！"做事情无法善始善终的人，其心灵上亦缺乏相同的特质。他不会培养自己的个性，意志无法坚定，无法达到自己追求的目标。一面贪图玩乐，一面又想修道，自以为可以左右逢源的人，不但享乐与修道两头落空，还会悔不当初。这种人最终是会一无所成，是不会成为一名高效能人士的。做事一丝不苟能够迅速培养严谨的品格、获得超凡的智能。它既能带领普通人往好的方向前进，更能鼓舞优秀的人追求更高的境界。因此，如果你想在自己所从事的行业中有所成就，就要下定决心成为行业的专家员工，对行业领域里的所有问题都要比别人更精通。

思路突破：干一行，爱一行，精一行

一位智者曾经说过，如果你能真正制作好一枚曲别针，比你制造一架粗陋的蒸汽机挣得更多。业务水平的高低直接关系着我们的服务、产品、工作质量，同时也关系着集体和个人利益。要做一个新时期高素质的员工，就必须做

到“精业”，对自己所从事的事业精益求精，刻苦钻研业务知识，争取让自己成为公司的“专家员工”。

业务水平的高低不仅直接关系到我们的工作质量和企业命运，和我们个人的利益也密切相关。

重庆煤炭集团永荣电厂的罗国洲，是一名有着30年工龄的普通员工，从烧锅炉工到司炉长、班长、大班长，至今他仍深情地爱着陪伴他成长并成熟的锅炉运行岗位。就是在这个岗位上他当上了锅炉技师，成为远近闻名的“锅炉点火大王”和锅炉“找漏高手”；就是这个岗位，让他感受到了一名工人技师的荣耀和自豪。

罗国洲有一副听漏的“神耳”，只要围着锅炉转上一圈，就能从炉内的风声、水声、燃烧声和其他声音中，准确地听出锅炉受热面是哪个部位管子有泄漏声；往表盘前一坐，就能在各种参数的细微变化中，准确判断出哪个部位有泄漏点。

除了找漏，罗国洲还练就了一手锅炉点火、锅炉燃烧调整的绝活，在用火、压火、配风、启停等多方面，他都有独到见解。锅炉飞灰回燃不畅，他提出技术改造和加强投运管理建议，实施后使飞灰含碳量平均降低到8%以下，锅炉热效率提高了4%，为企业年节约32万元。针对锅炉传统运行除灰方式存在的问题，罗国洲提出“恒料层”运行，实施后，解决了负荷大起大落问题，使标煤耗下降0.4克/千瓦时，年节约200多万元。

罗国洲学历不高，工种一般，职务很低，但他却成为社会公认的技术能手和创新能手，他的成长经历给我们的启迪就是：干一行，爱一行，精一行，只要努力，就有收获！

除非你确实厌恶了某个行业，否则最好不要轻易转行。因为这样会让你中断学习。每一行都有其苦乐，因此你不必想得太多，关键是要把精力放在工作上，要像海绵一样，广泛吸取这一行业中的各种知识。你可以向同事、主管、前辈请教，还可以吸收各种报章、杂志的信息。另外，专业进修班、讲座、研讨会也都要参加，也就是说，要在你所干的这一行业中全方位地深度发展。假若你学有所精，并在自己的工作中表现出来，你必然会得到老板的青睐。

把每一个细节做到完美

俗语说“一滴水可以折射整个太阳”，许多“大事”都是由微不足道的“小事”组成的。日常工作中同样如此，看似烦琐，不足挂齿的事情比比皆是。如果你对工作中的这些小事轻视怠慢，敷衍了事，到最后就会因“一着不慎”而失掉整盘棋。所以，每个员工在处理细节时，都应当引起重视。

工作中无细节，要想把每一件事情做到无懈可击，就必须从小事做起，付出你的热情和努力。士兵每天做的工作就是队列训练、战术操练、巡逻排查、擦拭枪械等小事；饭店服务员每天的工作就是对顾客微笑、回答顾客的提问、整理清扫房间、细心服务等小事；公司中你每天所做的事可能就是接听电话、整理文件、绘制图表之类的细节。但是，我们如果能很好地完成这些小事，没准儿将来你就可能是军队中的将领、饭店的总经理、公司的老总。反之你如果对此感到乏味、厌倦不已，始终提不起精神，或者因此敷衍应付差事，勉强应对工作，将一切都推到“英雄无用武之地”的借口上，那么你现在的位置也会岌岌可危，在小事上都不能胜任，何谈在大事上“大显身手”呢。没有做好“小事”的态度和能力，做“大事”只会成为“无本之木，无源之水”，根本成不了气候。可以这样说，平时的每一件“小事”其实就是一个房子的地基，如果没有这些材料，想象中美丽的房子，只会是“空中楼阁”，根本无法变为“实物”。在职场中，每一个细节的积累，就是今后事业稳步上升的基础。

有一位老教授说起过他的经历：“在我多年来的教学实践中，发觉有许多在校时资质平凡的学生，他们的成绩大多是中等或中等偏下，没有特殊的天分，有的只是安分守己的诚实性格。这些孩子走上社会参加工作，不爱出风头，默默地奉献。他们平凡无奇，毕业之后，老师、同学都不太记得他们的名字和长相。但毕业几年、十几年后，他们却带着成功的事业回来看老师，而那些原本看来有美好前程的孩子，却一事无成。这是怎么回事？

“我常与同事一起琢磨，认为成功与在校成绩并没有什么必然的联系，但和踏实的性格密切相关。平凡的人比较务实，比较能自律，所以许多机会落在这种人身上。平凡的人如果加上勤能补拙的特质，成功之门必定会向他大方地敞开。”

人们都想做大事，而不愿意或者不屑于做小事，中国人想做大事的人太多，而愿意把小事做好的人太少。事实上，随着经济的发展，专业化程度越来越高，社会分工越来越细，真正所谓的大事实在太少，比如，一台拖拉机，有五六千个零部件，要几十个工厂进行生产协作；一辆福特牌小汽车，有上万个零件，需上百家企业生产协作；一架波音747飞机，共有450万个零部件，涉及的企业单位更多。

因此，多数人所做的工作还只是一些具体的事、琐碎的事、单调的事，它们也许过于平淡，也许鸡毛蒜皮，但这就是工作，是生活，是成就大事不可缺少的基础。所以无论做人、做事，都要注重细节，从小事做起。一个不愿做小事的人，是不可能成功的。老子就一直告诫人们："天下难事，必做于易；天下大事，必做于细。"要想比别人更优秀，只有在每一件小事上下功夫。不会做小事的人，也做不出大事来。

思路突破：从大处入手，小处着手

只要能一心一意地做事，世间就没有做不好的事。这里所讲的事，有大事，也有小事，所谓大事、小事，只是相对而言的。很多时候，小事不一定就真的小，大事不一定就真的大，关键在做事者的认知能力。那些一心想做大事的人，常常对小事嗤之以鼻，不屑一顾。"做事要从大处入手，小处着手"。其实连小事都做不好的人，大事是很难成功的。

克里米亚战争造成了巨大的人员伤亡和财产损失。欧洲的四大强国英国、法国、土耳其和俄国都被牵连了进来，而战争最初却是因一把钥匙而起的。

土耳其宣称，耶路撒冷圣墓中的一个神龛归土耳其的基督教会所有，于是就把神龛锁了起来，并且拒绝交出钥匙。这一行为使得希腊的教会很恼火。后来，争端不断升级。于是，俄国作为希腊的保护国，法国作为拉丁教会的代表也参加了进来，形势开始变得复杂起来。俄国要求土耳其对希腊的教会进行补偿，但土耳其拒绝这一要求。由于英国传统上就有保护土耳其人的习惯，在这场纠纷中理所当然地站在土耳其人的一边。英土结成联盟共同反对法国和俄国。就是这样芝麻粒大小的事情，引发了这场巨大的战争。

一个小小的细节，一件再小不过的事情，往往就蕴含着巨大的危机和决定你一生成败的因素。而那些真正伟大的人物非常清楚这个道理，他们从来都不蔑视日常生活中的各种小事情。

即使常人认为很卑贱的事情，他们也都满腔热情地去干。

对于每一位职场中人，成功最重要的秘诀之一，就是去做别人不愿意做的小事。

因此，做事不可以被大小限制，被时间限制，被空间限制。人生三不朽，曰立德、立功、立言。因而，需要具有超越自我、超越时空的观念，跳出大大小小的圈子，成就最普通而又最特殊，最平凡而又最高尚，最渺小而又最伟大的事业。

不因小而失大，不因少而失多。抛弃大小的竞争，抛弃高下的念头，抛弃富贵的欲望，而一心一意从小事做起，就是洗厕所、扫大街，也会比别人打扫得更干净。

越是那种埋怨自己工作价值渺小的人，真正给他们一份棘手的工作时，他们越是退缩而不敢接受。具有十成力量的人，去做仅仅需要一成力量的工作，其中有生命的意义和悠闲的心情。在我们漫长的人生旅程中，这种生命的意义和悠闲的心情对于人格的形成与扩展，有决定性的帮助作用。认真观察你就会发现，那些成功者及伟人都是注意小事的人，因此不要看轻任何一个细小的历练，没有人可以一步登天。认真对待每一件事，你会发现自己的人生之路越来越广，成功的机遇也会接踵而来。

规划自己的职业生涯

社会的不断开放与发展，决定了我们的一生当中很有可能会从事多份不同的工作。也许每过几年就会换一次工作，或者是公司内部调动，或者跳槽到其他公司，或者干脆转行，这些情况都有可能发生。面对这么多的变化，你现在的知识和技能最终都会被时间所淘汰。为了使自己不被淘汰，你必须不断学习新的知识和技能。

为了防患于未然，你应该经常问自己这样一个问题："我的下一份工作会是什么？"然后根据周围情况的变化和你现在工作的新需要，还有未来的潮流来决定你一年以后将从事什么工作，5年以后从事什么工作。

然后你可以这么问自己："我的下一份事业会是什么？"由于你所在的

行业处于不断的变化之中，为了能够拥有成功而幸福的生活，你是否必须进入一个全新的领域？哪个领域最吸引你？如果你能在任何一个行业就业，你会选择哪个行业？

在这些问题里面，也许最重要的一个问题是：为了能够在以后的日子里拥有高质量的生活，我必须在哪些方面非常优秀？

只有对自己的未来有计划性，你才会有一个美好的未来，而预测未来的最好的方法就是自己创建未来。

职业生涯设计的目的绝不只是协助个人达到和实现个人目标，更重要的是帮助个人真正了解自己，并进一步评估内外环境的优势、限制，在“衡外情，量己力”的情形下，设计出合理且可行的职业生涯发展方向。

作家贾平凹的职业生涯的最终定位就充分说明了这一点。他在上大学的时候，因为在校刊上发表了一首顺口溜，于是便开始努力写诗。两年之中写了上千首诗，却反应平平；接着，他写起古诗来，也不怎么样；后来，学写评论、散文、随笔，同样没有突出的成绩；当他的第一个短篇小说发表之后，他才意识到，这种文学形式才是最适合自己的，于是便一发而不可收了，写了大批短篇小说，从而开始在中国文坛上崭露头角。

贾平凹的经历说明，每一个人不见得都能完全认识到自己的才能。“知己”如同“知彼”一样，绝非易事。正因为这样，每个人根据自身的特点，选择适合成才的目标，是要经过一番摸索、实践的。人无全才，各有所长，亦有所短。所谓发现自己，就是充分认识自己所长，扬长避短。如果你有自知之明，善于找到自己最擅长的工作，你就会获得成功。

在人生的各个阶段，每位当事人多少得掂掂自己的分量，并分析所追求的目标

及价值。我们大多数人都认为对自己已有足够的了解，但其实不然，许多错误的人生抉择即发生在对自己认识不清上。

正确的自我认识，越来越受到各界的关注。哈佛大学的入学申请要求必须剖析自己的优缺点，列举个人兴趣爱好，还要列出3项成就并做出说明，自我认识的重要性从中可见一斑。通过对自己以往的经历及经验的分析，找出自己的专业特长与兴趣点，这是职业设计的第一步。在第一步的基础上，再对环境、人际关系等方面进行分析，就可以完成自己的职业设计。

思路突破：设计好职业蓝图

找到一份工作，虽然意味着求职历程的结束，但却只是一个人职业生涯的开始。工作的目的并不仅仅是混口饭吃，因此求职者要坚决摒弃那种“有奶便是娘”的想法，必须在求职之初就为自己的职业生涯做好规划，这样才可能使你的人生更精彩。事实上，求职绝不是一个孤立的环节，它跟你的整个人生密切相关。对每一个人来说，职业生涯都有着不同的阶段，不同的阶段都会遇到不同的问题，这些问题就是职业生涯为了考验你而赋予你的任务。如何完成这些任务将关系到你职业生涯的发展方向，你未来的前途也将在不断的提出问题和解决问题的过程中，逐渐露出它清晰的面目。

在开始设计职业规划的周期性任务之前，每个人都必须对职场生命有一个清晰的认识，只有这样你才不至于在工作中感到无所适从。因此在这里我们引入了“职业周期阶段”这一概念，从而把每个人的职业生涯分成不同的周期和阶段。也就是说，你在实现职业生涯宏伟目标的过程中，将会经历不同的阶段。在这些周期阶段中，你将会面对一些清晰可见的任务，这些不同的阶段任务组成了你向职业生涯顶峰攀登的一条崎岖之路，它们也将决定你未来职业生涯的方向。

那么，如何规划你的职业蓝图呢？

★20岁至30岁，走好第一步

这一阶段的主要特征，是从学校走上工作岗位，是人生事业发展的起点。如何起步，直接关系到今后的成败。这一阶段的主要任务之一，就是选择职业。在充分做好自我分析和内外环境分析的基础上，选择适合自己的职业，设定人生目标，制订人生计划。

★30岁至40岁，不可忽视修订目标

这个时期是一个人风华正茂之时，是充分展现自己的才能、事业得到迅速发展之时。对很多人来说，还有一个调整职业、修订目标的任务。人到30多岁时，应当对自己、对环境有更清楚的了解。看一看自己所选择的职业、所选择的人生路线、所确定的人生目标是否符合现实，如有出入，应尽快调整。

★40岁至50岁，及时充电

这一阶段，是人生的收获季节，也是事业上获得成功的人大显身手的时期。到了这个年龄仍一无所得、事业无成的人应深刻反省一下原因何在？重点在自己身上找原因，对环境因素也要做客观分析，切勿将一切原因都归咎于外界因素、他人之过。只有正确认识自己，找出客观原因，才能解决问题，把握今后的努力方向。此阶段的另一个任务是继续“充电”。

很多人在此阶段都会遇到知识更新问题，特别是近年来科学技术高速发展，知识更新的周期日趋缩短，如不及时充电，将难以满足工作需要，甚至影响事业的发展。

★50岁至60岁，做好晚年生涯规划

此阶段是人生的转折期，无论是在事业上继续发展，还是准备退休，都面临转折问题。由于医学的进步，生活水平的提高，很多人此时乃至以后的十几年，身体都能健康，照样工作，所以做好晚年生涯规划十分重要。主要内容应包括以下几个方面：一是确定退休后的二三十年内，你准备干点什么事情，然后根据目标，制订行动方案；二是学习退休后的工作技能，最好是在退休前3年开始着手学习；三是了解退休后再就业的有关政策；四是寻找退休后再就业的工作机会。

正如前面列出的职业生涯中的周期阶段、问题和任务中所见，职业生涯周期中每一个阶段的年龄范围都相当宽泛。不同职业的人经历这些阶段的速度不同，个人方面的因素还强烈地影响着职业生涯的运动速度。个人如何与何时穿越一个组织包含的等级和职能边界，将取决于组织的职业开发程序、个人才干和工作的动机，何时何处需要何种人的情境因素，以及其他难以预料的情况。因此，分析职业生涯的阶段时，最好把它们看作每个人都会以各种不同的方式碰到的一系列范围广泛的共同问题，而不是谋求把它们与特定的年龄或其他生命阶段相符合。

像老板一样思考

像老板一样思考是对员工能力的一个较高层次的要求，它要求员工站在老板的立场和角度上思考、行动，把公司的问题当成自己的问题来思考。它不仅是员工个人能力提升的重要准则，也是提高工作绩效的关键。

在IBM公司，每一个员工都有一种意识——我就是公司的主人，并且对同事的工作和目标有所了解。员工主动接触高级管理人员，与上司保持有效沟通，对所从事的工作更是积极主动，并能保持高度的工作热情。

每一位老板都希望自己的员工可以像自己一样，随时随地都站在公司发展的角度来考虑问题。然而由于角色、地位和对公司所有权的不同，员工的心态很难与管理者完全一致。在许多员工的思想中，“公司的发展是由员工决定的”之类的话只不过是一句空话，这是他们拒绝从老板的角度思考问题的主要理由。

彼得是一位颇有才华的年轻人，但是对待工作总是显得漫不经心。为此，他的老师汤姆专门找他做过交流，他的回答是：“这又不是我的公司，我没有必要为老板拼命。如果是我自己的公司，我相信自己一定会比他更努力，做得更好。”

一年以后，彼得写信告诉汤姆他离开了原来的公司，自己独立创业，开办了一家小公司。“我会很用心地做好它，因为它是我自己的。”在信的末尾他这样写道。汤姆回信对他表示祝贺，同时也提醒他注意，对未来可能遭遇的挫折一定要有足够的思想准备。

半年以后，汤姆又一次得到了彼得的消息，彼得告诉汤姆自己一个月前关闭了公司，重新回到了打工族群体，理由是：“我发现原来有那么多的事要我去做，我实在是应付不了。”

许多员工的态度十分明确：“我是不可能永远打工的，打工只是过程，当老板才是目的。我每干一份工作都在为自己挣经验和关系，等到机会成熟，我会毫不犹豫地自己干。”这是一种值得敬佩的创业激情，但是如果抱着“如果自己当老板，我会更努力”的想法则可能适得其反。很多情况下，我们需要和老板进行“换位思考”，试着站在老板的角度去考虑问题。这样我们每做一件事都会成为日后创业的宝贵经验，等到时机成熟后，我们就可以拥有自己的事业。

思路突破：站在公司的角度看问题

我们经常听到公司员工有这样的说法：

我这么辛苦，但收入却和我的付出不成比例，我努力工作还有必要吗？

这又不是我的公司，我这么辛苦是为了什么？

公司与员工经常会有冲突，员工常常感到公司没有给予自己公正的待遇，其实，产生这样的想法是因为你和公司所处的角度不同。公司的老板希望你比现在更努力地工作，更加为公司着想，甚至把公司当成自己的事业来奉献。而你站在员工个人的角度来考虑问题，你自认为已经很努力了，工作占用了你大部分的精力和时间，但公司只给了你不相称的待遇。

你可能感慨自己的付出和受到的肯定与获得的报酬并不成正比，但是你必须时刻提醒自己：你是在为自己做事，你的产品就是你自己。

在这里，我们提出的理念是希望员工学习站在公司的角度思考问题，换个角度，你得出的结论就会不同。如果你是老板，一定会希望员工能和自己一样，将公司当成自己的事业，更加努力，更加勤奋，更加积极主动。现在，当你的老板向你提出这样那样的要求时，你还会抱怨吗？还会产生刚才的想法吗？

我们没有必要把自己的想法强加给别人，但是却必须学会从别人的立场来看待问题，这样可以避免很多不必要的冲突。

从公司的角度出发，将公司视为己有并尽职尽责完成工作的人，才是老板真正器重的人，是终将会获得成功的人。

站在公司的角度，我们要经常地问自己下列问题：

（1）如果我是老板，我对自己今天所做的工作完全满意吗？

（2）回顾一天的工作，我是否付出了全部的精力和智慧？

（3）我是否完成了企业给自己、自己给自己所设定的目标？

（4）我的言行举止是否代表了企业的利益，是否符合老板的立场？

站在公司的角度看问题要求我们能够坦率沟通并解决问题。很多时候，沟通的不顺畅为我们带来了许多不必要的麻烦。你不知道你的老板希望你做什么，不知道公司需要你成为怎样的员工。沉默不能带来顺畅的沟通，更无法让别人知道你或为你带来机会。

老板的立场代表着公司的利益，你要学着从公司的角度看问题，就要主动找你的上司或老板，了解他们需要怎样的员工，他们最希望你做些什么。积极主动地改进你的工作，你会发现不仅是你的工作改变了，同事、上司、老板对你的看法也改变了，你离成功更近了，你对于老板而言变得不可替代了。

有时，无须老板一而再、再而三地告诉你要做些什么，你可以主动调整你的工作，在完成本职工作的基础上，向更高的工作目标挑战，熟悉更多其他的工作。当你完全能够胜任更好的工作时，你就获得了成功。当你的工作态度改变，你对于老板的重要性改变时，你的人生也将随之改变。

把工作当作自己的事业

几乎所有老板心目中卓越员工的标准都是：热爱自己的工作！当你把自己的职业当成事业看待时，你就会对工作充满激情，工作越做越好，你也会变得越来越卓越。

在一个小镇上有3个石匠正在努力工作，一个过路人问他们在干什么。第一个石匠说："我每天都枯燥地搬石头砌墙。"第二个石匠说："我的工作很重要，我要把墙垒好，这样房子才结实。"第三个石匠则很自豪地说："我的责任十分重大，这是镇上的第一所教堂，我要将它建成小镇的标志！"

同样是砌墙，3个人看待这件事的态度却不一样。第三个石匠心中有百年大教堂，他把自己的工作当作是一项伟大的事业来干，因此他不仅不觉得枯燥无味，反而很有自豪感，他一定会为了心中的那个教堂兢兢业业地干活，并且不会有一丝懈怠，因此他必将是那3个石匠中干得最出色的一个。

工作是每一个人的使命所在。正如蜜蜂的天职是采花粉酿蜜一样。人的天职是工作，如果你不一味地把工作当作一种负担，而是把它当成自己的事业来看待时，你就会产生工作的动力和激情，并从中找到乐趣。日本的“经营之神”松下幸之助是举世皆知的成功企业家，他的经营哲学是：把职业当成自己毕生为之奋斗的事业，日积月累，用心做好每一天的事。松下幸之助常说，自己之所以成功，是因为他从内心里把自己的职业当成事业。他指出：“我并没有那么长远的规划。只是珍视每一个日日夜夜，做好每一项工作，这是今日我能辉煌的秘诀。当年，我仿佛并没有什么要建一座大工厂的远大规划。创业初期，一天的营业额仅1日元，后来又期盼一天有2日元，达到2日元又渴望3日元，如此而已，我只不过是努力地做好每一天的工作。”他在一次演讲中还说道：“迄今每遇到难题的时候，我都扪心自问：自己是否以生命为赌注全力对待这项工作？当我感到非常烦恼苦闷时，往往是因为没有全身心地投入工作。由此我便洗心革面，全力向困难挑战。有了勇气，困难便不称其为困难了。”松下幸之助就是这样去工作，才取得了事业的成功。然而，职场中很多人都没有意识到这一点，他们都认为成功只属于少数人，是那些大老板、明星、政府官员们的事情，而自己仅仅是一名为了生存而工作的打工仔，自己辛勤劳动、付出时间以及提供相应的能力，就是为了换取一份老板或公司给予的薪水而已。事实上，当你在思想上认为工作只是谋生的一种手段时，你就只能靠那点微薄的工资勉强度日，永远也不能取得事业上的成功。

真正聪明的员工会善待自己的工作并把工作当成自己的事业。他会让自己忙起来，在忙碌中体会生命的力量和工作的愉悦。他感到他的工作如此之快乐，以至于他没有空闲的工夫来诉说自己是怎样劳苦，我们也就不会听见他有什么抱怨。喜欢发牢骚的总是那些没有做什么工作，而又喜欢干着急的人。他们之所以痛苦并不是因为工作本身，而是由于自己的着急。美国西北大学的校长沃尔特·司科特说：“过度工作并不像一般人所想象的那样危险，也不像很多人认为的那样普遍。有许多人把工作过度和实际工作过少而担心工作过多混为一谈。如果一个人一天做完事后很有成就感，那么不管这一天的工作有多么辛苦，他的内心都是舒适和满足的。反之，如果一天下来无所事事，没有成就感，即使这一天过得再清闲，他的内心都是焦灼而失望的。要是一个人对工作怀有浓厚的兴趣，觉得战胜工作的困难就是一种快乐，那么，他不仅不会觉得疲倦，反而会觉得轻松一些。”

思路突破：不只为薪水而工作

大多数人认为工作就是为了赚钱，或者认为自己辛辛苦苦，只是为了老板而工作，自己并没有从工作中获益多少。如果我们被这种心理和观念统治，我们的眼光必然变得短浅，看不清自己的发展道路。

事实上，工作是为老板，更是为自己。若为了工资而工作，不但对老板是一种伤害，长此下去也是一种对自己生命的摧毁，会使事业的生命日渐枯萎，白白断送掉自己的前程。为薪水工作的人，很容易被动地工作，刚刚上班就盼望着下班，工作时不愿意付出自己的全部力量，最终埋没了自己的全部才能，磨灭掉了自己的创造力。

员工为老板工作，老板必须付给员工报酬，这是员工价值的一种体现。但是，除工资之外，任何一家公司和老板其实还给了每一位员工很多很多东西。员工在工作中获得的报酬除了金钱，最大的收获就是经验，还有就是良好的培训、个人职业品质的提高和个人品德的完善。这些东西，如果员工在企业里工作时能够很好地获得，将会使自己一生受益匪浅。这些无形的东西，再多的金钱都买不来。

一个人要把工作作为谋求长远发展的事业，不用过分考虑自己的薪水有多少，而应该关注工作本身带给自己的报酬，应该时常想到“工作是为老板更是为自己”。

树立及时充电的理念

当今社会是信息饱和与知识爆炸的时代，这使得我们除不断学习以适应这种社会环境之外，别无选择。现代科学技术发展的速度越来越快，新的科技知识和信息迅猛增加。有一些人在本科毕业、硕士毕业、博士毕业以后就以为自己的知识储备已经完成，足够去应付新时代的风风雨雨，但是事实往往并非如此。在现实社会中，只有那些不断更新自己知识，不断改进自身知识结构的人，才能真正在市场上站住脚。

在这个知识与科技发展一日千里的时代，必须不断地学习，不断地充实自己，不断地追求成长，才能使自己在职场上始终立于不败之地。用知识及时给自己“充电”，是时下流行的新名词，也是成大事的基本要求。

在当今时代，你如果不每天学习，不断充电，那么很快就会被发展的社会所淘汰。因此，无论何时何地，每一个现代人都不要忘记给自己充电。只有那些随时充实自己、为自己奠定雄厚基础的人，才能在竞争激烈的环境中生存下去。

只有严格要求自己、不断进取的人，才有资格与人比高下。一个颇有魄力的老总在公司的总结会上说了这样一段话：

“美国的大公司，在开办新的分公司或增设分厂时，20世纪50年代出生的人，往往就任主管职位。如果现在公司任命你担任技术部长、厂长或分公司经理的话，你们会怎样回答？你会以‘尽力回报公司对我的重用，作为一个厂长，我会生产优良产品，并好好训练员工’回答我，还是以‘我能胜任厂长的职务，请安心地指派我吧’来马上回答呢？

“一直在公司工作，任职10年以上，有了10年以上工作经验的你们，平时不断地锻炼自己、不断地进修了吗？一旦被派往主管职位的时候，有跟外国任何公司一较高下、把工作做好的胆量吗？如果谁有把握，那么请举手。”

这位老总环顾了一下四周，发现没有人举手，他继续说：“各位可能是由于谦虚，所以没有举手。到目前，很多深受公司、同行和社会称赞的主管，都是因为在委以重任时，表现优异。正是由于他们的领导，公司才有现在的发展，他们都是从年轻的时候起，就在自己的工作岗位上不断进修，不断磨炼自己，认真学习工作要领的人。当他们被委以重任时，能够充分发挥自己的力量，带来良好的成果。”

从这个例子中也可以看出，只有时常激励自己，不断努力，保持不断进取的精神，才能够在工作中更上一层楼。不断进步，不断学习，这一点无论何时何地都不能改变。

思路突破：积极主动地学习

在一定程度上，你的学习能力决定了你能在公司爬多高，因为任何工作都是需要学习才可以改进或者创新的。当一个人没有从外界学习新东西的能力或者兴趣时，当一个人不愿意或者没时间思考时，当一个人排斥创新时，他的进步与成长之路也就停止了。

下面是几种适用于职场的学习方法：

★在工作中学习

工作是任何职业从业人员的第一课堂，要想在当今竞争激烈的职场中胜出，就必须学习从工作中吸取经验，探寻智慧的启发，获取有助于提升效率的资讯。

★努力争取培训的机会

多数公司都有自己的员工培训计划，培训的费用一般列入公司人力资源开发的成本开支。而且公司培训的内容与工作紧密相关，所以争取成为公司的培训对象是十分必要的。为此你要详细了解公司的培训计划，如培训周期、人员数量、时间的长短，还要了解公司的培训对象有什么条件，是注重资历还是潜力，是关注现在还是关注将来。如果你觉得自己完全符合条件，就应该主动向老板提出申请，表达渴望学习、积极进取的愿望。老板对于这样的员工是非常欢迎的，同时技能的增长也是你晋升加薪的能力保障。

★自费进修

在公司不能满足你的培训要求时，也不要放松下来，可以自费进修一些课程。当然首选应是与工作密切相关的科目，其他还可以考虑一些热门的或自己感兴趣的科目。这类培训更多意义上被当作一种“补品”，在以后的职场中会增加你的“分量”。

随着知识、技能的更新越来越快，不通过学习、培训进行更新，适应性自然会越来越差。而老板又时刻把目光盯向那些掌握新技能、能为公司提高竞争力的员工。

未来的职场竞争将不再是知识与专业技能的竞争，而是学习能力的竞争，一个人如果善于学习，他的前途必会一片光明。

PART 08
行动起来，一切皆有可能

行动永远是第一位的

英国前首相本杰明·迪斯雷利曾指出，虽然行动不一定能带来令人满意的结果，但不采取行动就绝无满意的结果可言。

因此，如果你想取得成功，就必须先从行动开始。

每天不知会有多少人把自己辛苦得来的新构想取消，因为他们不敢执行。过了一段时间以后，这些构想又会回来折磨他们。

天下最可悲的一句话就是："我当时真应该那么做，但我却没有那么做。"经常会听到有人说："如果我当年就开始那笔生意，早就发财了！"一个好创意胎死腹中，真的会叫人叹息不已，永远不能忘怀。一个人被生活的困

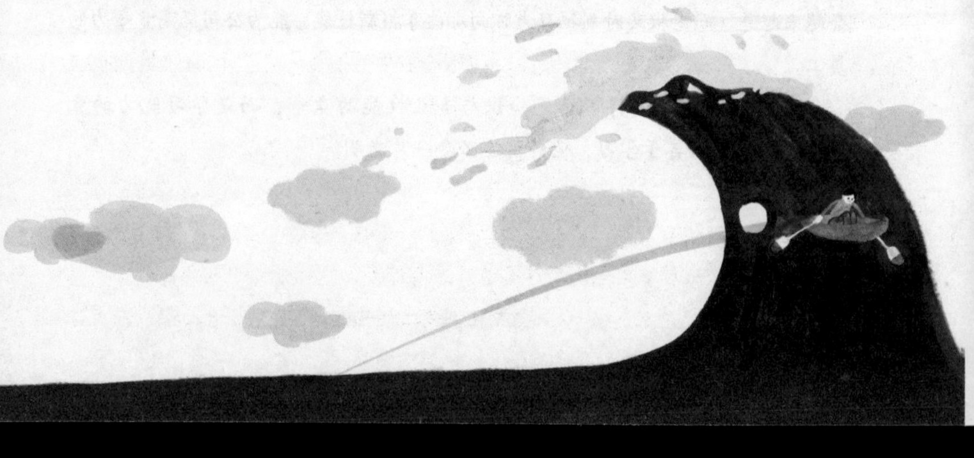

苦折磨久了，如果有了一个想要改变的梦想，那他已经走出了第一步，但是若想看见成功的大海，只走一步又有什么用呢？

因此，你有了梦想，只有行动起来，最终才能摆脱受折磨的命运。

连绵秋雨已经下了几天，在一个大院子里，有一个年轻人浑身淋得透湿，但他似乎毫无觉察，满天怒气地指着天空，高声大骂着：

“你这该千刀万剐的老天呀，我要让你下十八层地狱！你已经连续下了几天雨了，弄得我屋也漏了，粮食也霉了，柴火也湿了，衣服也没得换了，你让我怎么活呀？我要骂你、咒你，让你不得好死……”

年轻人骂得越来越起劲，火气越来越大，但雨依旧淅淅沥沥，毫不停歇。

这时，一位智者对年轻人说：“你湿淋淋地站在雨中骂天，过两天，下雨的龙王一定会被你气死，再也不敢下雨了。”

“哼！它才不会生气呢，它根本听不见我在骂它，我骂它其实也没什么用！”年轻人气呼呼地说。

“既然明知没有用，为什么还在这里做蠢事呢？”

“……”年轻人无言以对。

“与其浪费力气在这里骂天，不如为自己撑起一把雨伞。自己动手去把屋顶修好，去邻家借些干柴，把衣服和粮食烘干，好好吃上一顿饭。”智者说。

“与其浪费力气在这里骂天，不如为自己撑起一把雨伞。”智者的话对于我们来说，不失为一句“醒世恒言”。与其在困境中哀叹命运不公，为什么不把这些精力用在改变困境的行动上呢？

坐着不动是永远也改变不了现状的，同样，坐着不动也是永远做不成事业的。只有傻瓜才寄希望于天上掉馅饼。俗话说：“一分耕耘，一分收获。”没有耕耘，就是没有行动，那就自然不会有收获。不论你是运用大脑，还是运用体力，你一定要“动”起来才行。

思路突破：用行动改变现状

一位哲人曾这样说过：“我们生活在行动中，而不是生活在岁月里。”要改变你的生活，你首先要行动起来，只有行动才是改变你现状的捷径。

曾亲眼目睹两位老友因车祸去世而患上抑郁症的美国男子沃特，在无休止的暴饮暴食后，体重迅速膨胀到了无法自抑的地步，直线逼近200公斤。当逛一次超市就足以让沃特气喘吁吁缓不过气儿时，沃特意识到自己已经到了绝境。绝望之中的沃特再也无法平静，他决定做点什么。

打开年轻时的相册，里面的自己是一个多么英俊的小伙子啊。深受刺激的沃特决定开始徒步全美国的减肥之旅，迅速收拾好行囊，沃特带着接近200公斤的庞大身躯出发了。穿越了加利福尼亚的山脉，行走了新墨西哥的沙漠，踏过了都市乡村，旷野郊外……整整一年时间，沃特都在路上。他住廉价旅馆，或者就在路边野营。他曾数次遇到危险，一次在新墨西哥州，他险些被一条剧毒的眼镜蛇咬伤，幸亏他及时开枪将之打死。至于小的伤痛简直就是家常便饭，但是他坚持走过了这一年，一年后，他步行到了纽约。

他的事情被媒体曝光后，深深触动了美国人的神经。这个徒步行走立志减肥的中年男子，被《华盛顿邮报》、《纽约时报》等媒体誉为“美国英雄”，他的故事感动了美国。不计其数的美国人成为沃特的支持者，他们从四面八方赶来，为的就是能和这个胖男人一起走上一段路。每到一个地方，就会有沃特的支持者们在那里迎接他。

当他被美国一个知名电视节目请到现场时，全场掌声雷动，为这个执着的男人欢呼。出版商邀请他写自传，电视台找他拍摄专辑……更不可思议的是，他的体重成功减掉50公斤，这是一个多么惊人的数字！

许多美国人称：沃特的故事使他们深受激励，原来只要行动，生活就可以过得如此潇洒。沃特说这一切让他感到意外：“人们都把我看作是一个美国英雄式的人物，但我只是一个普通人，现在我意识到，这是一次精神的旅行，而不仅仅是肉体。”他的个人网站“行走中的胖子”，吸引了无数访问者，很多慵懒的胖子开始质问自己：“沃特可以，为什么我不可以？”

徒步行走这一年，沃特的生活发生了巨变。从一个行动迟缓的胖子到一个堪比“现代阿甘”的传奇式人物，沃特用了一年的时间，他的收获绝不仅仅是减肥成功这么简单。放弃舒适的固有生活，做一种人生的改变，人人都可以做到，但未必人人愿意行动。所以，沃特成功了。

你也是，只要付诸行动，没有什么不可以。勇敢行动起来，创造自己生命的奇迹吧！

业精于勤荒于嬉

对很多人来说，懒惰是生活的常态。懒惰的人总是寄希望于明天，在幻想中沉迷于未来的美好；还有的人，虽然极想克服这种状态，但往往不知道如何做起，因而日复一日，得过且过。

“业精于勤荒于嬉”出自韩愈的《劝学解》，意思是说学业由于勤奋而精通,但它却荒废在嬉笑声中。古往今来，多少人都是依靠勤奋成就了事业。有个很好的典故说的也是这个道理。战国时期的苏秦，虽然很有雄心壮志，但由于学识浅薄，找了许多地方都无法得到重用。后来他下决心发奋读书，有时读书读到深夜，困得坚持不下去的时候，苏秦就用锥子刺自己的大腿。他就是用这种办法，驱逐睡意，振作精神，后来终于成了著名的政治家。

懒惰从某种意义上讲就是一种堕落，一种具有毁灭性的东西，它就像一种精神腐蚀剂，慢慢地侵蚀着你。一旦背上了懒惰的包袱，生活将是为你掘下的坟墓。

一位母亲在出门前，怕自己的儿子饿着，给他烙了几张足以吃半个月的大饼；又怕儿子懒得动手，就给他套在了脖子上。然而当她一周后回家时，看到儿子已经饿死了，大饼却剩下一大半。原来儿子只将脖前的饼啃掉，啃完后又懒得用自己的手去转一下，以便吃到另一面。结果就被饿死了。

这个故事虽然有些夸张，却说明了懒惰的恶劣本质。一个连自己的手都懒得抬起，害怕或不愿意付出相应劳动的人，还能奢望拥有什么呢？

懒惰者是不能成大事的，因为懒惰的人总是贪图安逸，遇到一点儿风险就吓破了胆。另外，这些人还缺乏吃苦实干的精神，总存有侥幸心理。而成大事之人，他们更相信“勤奋是金”。不经历风雨怎么见彩虹，一个人怎能随随便便成功？所以在被懒惰摧毁之前，你要先学会摧毁懒惰。从现在开始，摆脱懒惰的纠缠，不能有片刻的松懈。

业精于勤荒于“懒”。懒惰是学习的大敌，是工作的大敌，是生活的大敌。一个人的懒惰只是个人的不幸，一个民族的懒惰，则是整个民族的悲哀！我们肩负着中华民族伟大复兴的历史使命，全面建设小康社会，需要我们每个人打起十二分的精神，艰苦创业，勤奋工作。

思路突破：美好的生活要靠勤奋获取

一位哲人曾经说过：“世界上能登上金字塔顶的生物只有两种，一种是鹰，一种是蜗牛。不管是天资奇佳的鹰，还是资质平庸的蜗牛，能登上塔尖，极目四望，俯视万里，都离不开两个字——勤奋。”

“勤奋是通往荣誉圣殿的必经之路！”

这是古罗马皇帝临终前留下的遗言。古罗马人有两座圣殿，一座是勤奋的圣殿，一座是荣誉的圣殿。他们在安排座位时有一个顺序，必须经过前者的座位，才能达到后者——勤奋是通往荣誉圣殿的必经之路。

人生路上，要想到达成功的圣殿，唯一的一条道路也是勤奋。

艾伦是一个公司的速记员。一个星期六下午，同事们约好了去看球赛，这时一位律师走进来问艾伦，去哪儿能找到一位速记员来帮忙。艾伦告诉他，公司所有速记员都看球赛去了，如果晚来5分钟，自己也会走。艾伦又说：“球赛随时都可以看，工作第一，让我来帮你吧。”

律师问应该付多少钱给艾伦，艾伦开玩笑地回答：“哦，既然是你的工作，大约1000元吧。换了别人，我就免费帮忙。”律师笑了笑，向艾伦表示谢意。

艾伦确实是在开玩笑，他早把1000元的事忘得一干二净。但在6个月后，律师却支付他1000元，还邀请艾伦到自己的公司工作，薪水比现在的高一倍。

艾伦只是在不经意间多做了一点点事情，结果却得到如此巨大的回报。这样看来，比别人勤奋一点点，你将会受益匪浅。

很多人认为，只要完成分配的任务就可以了，其实只想这些还远远不够，你还需要多做一些事情，多承担些责任。也许你的付出无法立刻得到相应的回报，但不要灰心失望，只要你一如既往地投入，回报可能会在不经意间，以出人意料的方式出现。所以拒绝懒惰，走向勤奋吧，只有这样，你才能拥有一个美好的明天。

绕开好高骛远的行动陷阱

有一个年轻人，给自己定下的目标是做一个伟大的政治家。

在这样一个和平的时代，要做一个伟大的政治家，他就应该先读大学的政治专业，或者别的文科专业，然后在分配的时候努力进入一个能够得到晋升的政府机关，然后在单位进行各个方面的努力。

而这个年轻人，在定下这个目标之后，他竟然什么都没有去做。

这时他还在读高中，成绩平平。家里人督促他学习的时候，他是这么说的："我的目标是做一个伟大的政治家，做一个伟大人物，读书做什么？"

哦，他的这个目标看来是来自于那些伟大人物的激发。奇怪的是，他到底是怎么想的呢？怎么才能达到目标？

高三的时候，他已不专心学习，似乎也不想去考大学了，只是看课外书，他看的课外书当然都是一些政治人物传记，像《林肯传》、《丘吉尔传》等。除了看伟人传记，他所做的就是玩了。

他可能是想，很多取得大成就的人也没有读多少书呀。

在生活中，他也开始用大人物的眼光来看待人和事物。比如，他的妹妹和小姐妹闹矛盾了，他以领导者的口气说："你们两个，吵什么嘛！要团结，要和平，不要闹矛盾！"

当老师批评他学习不用功的时候，他也总是"据理力争"。

而他，由于沉浸在伟人梦中，不好好读书，结果当然没考上大学。一个没受过高等教育的青年，在现在的和平年代里，有可能成为一个伟大的政治人物吗？

也许有可能。但即使有，也是对那些肯上进、求进取的青年来说的，却不是他这样的青年。那么，他是个什么样的青年？

从他的表现来看，毫无疑问，他是个典型的好高骛远的人。所谓好高骛远，就是不切实际地追求过高的目标。每个人都有自己的极限，超过自己极限的事，当然是不可能做到的。叫一个从来没有念过书的人去做爱因斯坦，这可能吗？

思路突破：踏实跨出你的每一步

很多人都想在生活中寻找一条成功的捷径，其实成功的捷径很简单，那就是勤于积累，脚踏实地。

很多身陷贫穷，没有取得成功的人常常都想通过买彩票、买股票等投机方法获得成功。但往往通过这种方式成功的人却没有几个。

这些人的想法和做法其实离获取成功的方法很远。那成功的捷径到底是什么呢？答案其实很简单，那就是一步一个脚印地前进。

事情往往是这样的，那些心存侥幸、渴望点石成金的人往往会一无所获、双手空空；而那些看似没有多少进步的人，积累一段时间以后，就会获得成功。因此，生活中的有心人必须记住：踏实跨出你的每一步，你就能积少成多，获得成功。

克服拖延的毛病

《明日歌》曾经写道："明日复明日，明日何其多！我生待明日，万事成蹉跎。"这里就在说明拖延给我们的生活带来的影响。生活中拖延的现象屡见不鲜，但拖延久了，事事拖延，就养成了一种习惯，这种习惯势必让你产生病态的拖延心理。拖延心理会让人一事无成，甚至毁掉你的前程。

人为什么会被"拖延"的恶魔所纠缠，很大的原因在于当认识到目标的艰巨时所采取的一种逃避心理——能以后再面对的就以后再面对，只要今天舒服就行。拖延就这样成了"逃避今天的法宝"，而逃避是弱者最明显的特征。

有些事情你的确想做，绝非别人要求你做，尽管你想，但却总是在拖延。你不去做现在可以做的事情，却想着将来某个时间再做。这样你就可以避免马上采取行动，同时你安慰自己并没有真正放弃决心。你会跟自己说："我知道我要做这件事，可是我也许会做不好或不愿意现在就做。应该准备好再做，于是，我当然可以心安理得了。"每当你需要完成某个艰苦的工作时，你都可以求助于这种所谓的“拖延法宝”，这个法宝成了你最容易、也是最好的逃避方式。

人的本质都是懦弱的，从这一点上说，拖延和犹豫是人类最合乎人性的弱点，但是正因为它合乎人性，没有明显的危害，所以无形中耽误了许多事情，因此而引起的烦恼，其实比明显的罪恶还要厉害。你拖延得了一时，却拖延不过一世，今天你利用拖延这张证件避免了危险和失败，但这样做又能达到怎样的目的呢？在你避免可能遭到失败的同时，你也失去了取得成功的机会。

思路突破：从现在开始行动

不要逃避今天的责任而等到明天去做，因为，明天是永远不会来临的。现在就采取行动吧，即使你的行动不会使你马上成功，但是总比坐以待毙要好。即使成功可能不是行动所摘下来的那个果子，但是，没有行动，任何果子都会在枝上烂掉。

现在必须采取行动。你要一遍又一遍，每一小时、每一天，重复这句话，一直等到这句话像你的呼吸一样融入你的生命。而跟在它后面的行动，要像你眨眼睛那种本能一样迅速。任何时刻，当你感到推脱苟且的恶习正悄悄地向你靠近，或者此恶习已迅速缠上你，使你动弹不得之际，你都需要用这句话提醒自己。

总有很多事需要完成，如果你正受到怠惰的钳制，那么不妨从碰见的任何一件事开始着手。这是件什么事并不重要，重要的是，你要突破无所事事的恶习。从另一个角度来说，如果你想规避某项杂务，那么你就应该从这项杂务着手，立即进行。否则，事情还是会不断地困扰你，使你觉得烦琐无趣而不愿动手。

当你养成“现在就动手做”的习惯，那么你就将掌握个人主动进取的精髓。

生命中真正的财富往往属于那些能以行动积极寻求的人。成功不会由挂着皇家徽章的管

弦乐队伴随着而来，它往往属于长期艰苦努力工作的人。

采取主动，就能创造属于自己的机会。缜密思虑下策划的行动，是没有任何东西可以取代的。

你可以用尽各种方法，告诉全世界，你有多么优秀，但是你必须通过行动。要让别人知道你的成就，你应该先付诸行动，让人从行动中看到你的成就。

不要等待“时来运转”，也不要由于等不到而觉得恼火和委屈，要从小事做起，要用行动争取胜利。

记住，立即行动！

制订切实可行的计划

法国作家雨果说过：“有些人每天早上计划好一天的工作，然后照此实行。他们是有效利用时间的人。而那些平时毫无计划，靠遇到事现打主意过日子的人，只有‘混乱’二字。”

在明确工作目的和任务后，能不能实现它就在于能否进行合理的组织工作。

生物学家沃森在回顾自己的职业生涯时说：“我的助手有一个非常好的习惯，这也是我一直没有替换他的主要原因。他有一本形影不离的工作日记，每天早晨，他都会把前一天写好的工作计划再翻看一遍，而在一天的工作结束后，他要对这一天的工作进行总结，同时把下一天的计划再做出来。”

制订计划是一种很好的行为，它能有效地引导我们的行动，使我们的生活变得井井有条起来。那么，我们又该如何制订切实可行的计划呢？

史蒂芬·柯维说：“我赞美彻底和有条理的工作方式。一旦在某些事情上投下了心血，就可以减少重复，开启更大和更佳的工作任务之门。”

没有一个明确可行的工作计划，必然会浪费时间，要高效率地工作就更不可能了。试想，如果一个搞文字工作的人把资料乱放，就是找个材料都会花半个天工夫，那么他的工作是没有效率可言的。工作的有序性，体现在对时间的支配上，首先要有明确的目的性，很多成功人士就指出：如果能把自己的工作任务清楚地写下来，便是很好地进行了自我管理，就会使得工作条理化，因而使得个人的能力得到很大的提高。

只有明确自己的工作是什么，才能认识自己工作的全貌，从全局着眼观察整个工作，防止每天陷于杂乱的事务之中。明确的办事目的将使你正确地掂量各个工作之间的不同侧重，弄清工作的主要目标在哪里，防止不分轻重缓急，耗费时间又办不好事情。

在制订工作计划的过程中，我们不仅要明确自己的工作是什么，还要明确每年、每季度、每月、每周、每日的工作及工作进程，并通过有条理的连续工作，来保证以正常速度执行任务。在这里，要为日常工作和下一步进行的项目编出目录，这不但是一种不可低估的时间节约措施，也是提醒我们记住某些事情的方法，可见，制订一个合理的工作日程是多么重要。

工作日程与计划不同，计划在于对工作的长期计算，而工作日程表是指怎样处理现在的问题。比如今天还有明天的工作，就是逐日推进的计划。有许多人抱怨工作太多又太杂乱，实际是由于他们不善于制定日程表，无法安排好日常工作，有时候反而抓住没有意义的事情不放，不得不被工作压得喘不过气来。

思路突破：将计划付诸行动

菲尔德爵士指出：“制订计划是为了达成计划，计划制订好之后，就要付诸行动去实现它。如果不化计划为行动，那么所制订的计划就失去了意义。”

实际上，制订计划相对容易，难的是付诸行动。制订计划可以坐下来用脑子去想、用笔去写，实现计划却需要扎扎实实的行动，只有行动才能化计划为现实。

在这个世界上，想成功没有别的途径，只有行动才是达成计划的唯一途径。

计划制订好后，就不能有一丝一毫的犹豫，而要坚决地投入行动。观望、徘徊或者畏缩都会使你延误时间，以致使计划化为泡影。

很多人都有过这样的经验，刚订好计划时颇有磨刀霍霍的干劲，可是过了3个星期后就没劲了，更别提实现计划的自信了。当你拟妥一项计划后，首要的步骤就是把它写在纸上，当你把计划写下来之后，随之而来最重要的一步就是立即让自己行动起来，向着实现计划的方向拿出具体的行动，可别一拖再拖。一个真正的决定必然是有行动的，并且还是立即的行动，此时你就要针对自己的计划采取积极的行动。你先别管要行动到什么程度，最重要的是要行动起来，打一个电话或拟一份行动方案都是可行的，只要在接下去的10天内每天都有持续的行动。当你能这么做时，这10天的行动必然会形成习惯，最终把你带向成功。

把计划转化为行动，可尝试按以下步骤进行：

将没有开始行动的若干原因写下来

为什么我当时没有行动？是不是当时有什么困难？回答这些问题有助于你认识未付诸行动的原因，乃是跟去做的痛苦有关，因此宁可拖延。如果你认为这跟痛苦无关的话，那么不妨再多想一想，或许是这个痛苦在你眼里微不足道，以至于你并不认为那是痛苦。

写出如果你不马上改变所造成的后果

如果你再不停止吃那么多的糖分和脂肪，那么会怎么样？如果你不停止抽烟，后果会如何？如果你不打通认为应该打的电话会怎样？如果你不每天运动的话，对健康会有什么影响？2年、3年、4年及5年后会生出什么样的毛病？如果你不改变的话，在人际关系上得付出什么样的代价？在自我形象上会付出什么代价？在钱财上会付出什么样的代价？对这些问题你要怎么回答呢？找出能使你感到痛苦的答案，那么痛苦便会成为你的朋友，帮助你改掉不能马上改变的坏习惯，以实现人生计划。

消除犹豫不决的行动障碍

世界上有许多人没能意识到自己的潜力，过分的谨慎阻碍了他们前进的脚步。他们知道自己能干得更好，但他们从没有向前进取过。同那些比他们成功的人相比，他们有同样的能力取得事业上的成功，但他们自觉不如，总是找很多的理由说服自己。他们看见了机遇，但不去抓住它们。他们看到老朋友成功了，就纳闷自己为什么不行。他们想拥有万贯家财，但就是不采取行动。

从很大程度上看，他们的惰性和忧虑是直接的。惰性指的是物体保持自身原有的运动状态的性质，不受外力作用就不会变化。惰性的原理也适用于人，也许就适用于你。要想在工作中取得很大的变化，也许得下大决心、花大力气。

在面对是否采取行动的问题上，特别是当这种行动涉及冒险时，我们会发现自己容易犹豫不决、坐失良机。在这种情况中，是传统的观点在作怪：不要轻易去尝试，不要轻易鲁莽行动，这里很可能有危险。

缺乏信心是人们常常犹豫不决的原因。我们能完全意识到我们的弱点，而怀疑就经常从这里产生。我们对一切了解得太多，所以我们生性谨慎，宁愿推迟重大的决定，有时甚至无动于衷。

怎样才能知道别人比你决心更大呢？如果你既了解自己，也了解他人，你可能不会对他们的恶习和弱点感到吃惊，他们完全有可能比你更加踌躇。问题是，你对你的一切知道得又具体又透彻，而对他人的一切却了解甚微。其实，你与“那人”可能十分相同，只要你有相同的成功机遇，你完全可以同他一决高下。

思路突破：在行动中引发行动

大自然中没有任何一种事情可以自己行动，即使我们天天要用的几十种机械设备也离不开这个原理。因此，每一个行动前面都有另一个行动。

如果你想调节家里的室温，你必须选择行动；如果你想让你的汽车变速，那么你必须换挡才可以。这个原理同样也适用于我们的心理，先使心理平静，才能理顺思路，发挥作用。

凡成功者都不会等到精神好时才去做事，而是推动自己的精神去做事。

为了养成行动的好习惯，你可以遵照以下两点去做。

第一，用自动反应去完成简单的、烦人的杂务。

不要想它烦人的一面，什么都不想就直接投入，一眨眼就完成了。

大部分的家庭主妇都不喜欢洗碗，拿破仑·希尔的母亲也不例外。但她自己发明了一套做法来解决这个问题，以便有时间做她喜欢做的事。

她离开饭桌时，便带着空盘子，在她根本没想到洗碗这个工作时，就已经开始洗碗了，几分钟就可以洗好。这种做法不是比清洗一大堆堆了很久的脏盘子更好吗？

现在就开始练习，先做一件你不喜欢的工作，在还没想到它讨厌之前就赶快做，这是处理杂务最有效的方法。

第二，将这种方法推而广之。

把这种方法应用到“设计新构想”、“拟订新计划”、“解决新问题”，以至应用到需要仔细推敲的工作上。不能等精神来推动你去做，要推动你的精神去做。

这里有个技巧保证有效，用一支铅笔和白纸去计划。铅笔是使你“全神贯注”的最好工具。潜能大师安东尼·罗宾认为，如果要从“布置豪华、设备完善的办公室”跟“铅笔与纸”中任选一项来提高工作效率的话，他宁肯选择铅笔与纸，因为用铅笔与纸可以把心思牢牢专注在一个问题上。

把你的想法写在纸上时，你的注意力就会集中在上面，你的潜能也会因此而被发掘出来。因为我们无法一心二用，何况你在纸上写东西时，也会同时将它写在心里。如果把相关的想法同时写出来，就可以记得更久，记得更准确，这是许多实验已经证实并得出的结论。

一旦养成这个习惯，你的思想就会促使你行动，你的行动就会引发新的行动。

用目标为你的行动导航

每一个走向成功的人，无疑都会面临一个选择方向、确定目标的问题。正如空气、阳光之于生命那样，人生须臾不能离开目标的引导。

有了目标，人们才会下定决心攻占事业高地；有了目标，深藏在内心的力量才会找到“用武之地”。若没有目标，你绝不会采取真正的实际行动，自然与成功无缘。

早在40多年前，生活在洛杉矶的15岁的少年约翰·戈达德对自己一生中计划要做的事开了一张清单，上面有127个要实现的目标，他将此清单称为“我的生命清单”。59岁时戈达德已实现了106个目标。他说：“我在少年时开列的生命清单，反映了一个少年人的兴趣。尽管有些事情我是永远也无法做到的——例如，登上珠穆朗玛峰和访问月球。然而，确定的目标往往是这样的：有些事情可能超出你的能力。但那并不意味着你得放弃整个梦想。”现在，他仍然不放弃确定的目标，努力实现目标，包括参观中国的万里长城和访问月球。

可见，是目标所蕴含的神奇推力使戈达德勇往直前，虽然他已不再年轻，但却仍然能够信心十足。

只要你选准了目标，选对了适合自己的道路，并不顾一切地走下去，终能走向成功。确立了目标并坚定地“咬住”目标的人，才是最有力量的人。目标，是一切行动的前提。事业有成，是目标的赠予。确立了有价值的目标，才能较好地分配自己有限的时间和精力，较准确地寻觅突破口，找到聚光的“焦点”，专心致志地向既定方向猛打猛冲。那些目标如一的人，能抛除一切杂念，聚积起自己的所有力量，全力以赴地向目标高地挺进。

一个人只要不丧失使命感，或者说还保持着较为清醒的头脑，就决然不会把人生之船长期停泊在某个温暖的港湾，而是重新扬起风帆，驶向生活的惊涛骇浪，领略其间的无限风光。人，不仅要战胜失败，而且还要超越胜利。只有目标始终如一，才能焕发出极大的活力；只有超越生命本身，人生才可以不朽。

有目标的人，就会产生一股巨大的、无形的力量，将自身与事业有机地“融合”为一体。

目标，能唤醒人，能调动人，能塑造人，目标的伟大力量是难以估计的。有明确目标的人，生活必然充实有劲，决不会因无所事事而无聊。目标能使人不沉湎于现状，能激励人不断进取，能引导人不断开发自身的潜能，去摘取成功的桂冠。

思路突破：制定目标的技巧

要成功就要设定目标，没有目标是不会成功的。

而目标的设定也是需要技巧的，当你确立了自己人生的终极目标之后，你就应该为了你的终极目标制订多个向总目标一步步接近的具体目标，然后慢慢执行，最后达到终极目标。

你的计划应根据不同时间长度而有所分别，如1小时、1星期、1年、10年。显然，考虑明年1年的计划与考虑今后10年的计划，那是有很大不同的。你能够而且应该超前计划10年，但是你不能想得很精细，因为不确定的因素太多了。你能够而且应该计划一个小时内要做的事，你也能够很精确地制订这个计划，但是，一个小时对你当然不会有太大的影响。

你可以将自己的目标大致做如下分类：

★长期计划

长远目标仍然与所追求的整个生活方式密切相关——你想从事的职业类型，你是否想结婚，你向往的家庭类型，你追求的总的生活境况。设计将来应当有一些总体性的考虑，在考虑长远计划时，不必拘泥于细节，因为以后的变化太多。应该有一个全局性的计划，但又要具有一定的灵活性。

★中期计划

中期目标是5年左右的目标，它包括你正渴望得到的那种专门的训练和教育，你生活历程中的经验。你要能够较好地把握住这些目标，并且在实施中预见你能否达到目的，并按照情况的变化不断调整努力的方向。

★短期计划

短期目标指的是1个月至1年的目标。你要很现实地确定这些目标，并且能够迅速明晰地说出你是否正在实现它们。不要为自己设立不可能实现的目标。人总是希望自己有所进步，但也不能要求过高，以免达不到而挫伤信心。目标要实际，但更要不惜一切去实现。

★小计划

小目标指的是1天到1个月的目标。控制这些目标比控制较长远的目标容易得多。你能列出下一个星期或一个月要做的事，并且你完成计划也是大有可能的（假如你的计划是合理的话）。假如你发现你的计划过大，以后要修改它。考虑到的整块时间越小，你就越能控制每一整块的时间。

人生无处不套牢，思路决定出路

危机就是自己的“闹钟”